高职高专"十二五"规划教材

本书荣获中国石油和化学工业优秀出版物奖（教材奖）

配套电子课件

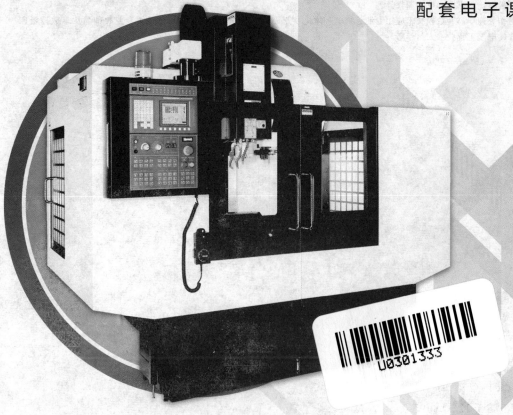

U0301333

数控机床

电气控制（第二版）

杨 兴 主编　白树森 副主编

化学工业出版社

·北京·

本书共分8章，内容包括：数控机床电气控制概述；数控机床常用低压电器、执行电器及检测装置；数控机床电气控制系统的基本环节和基本电路；机床数控装置；数控机床驱动装置；可编程控制器及其应用；数控系统的综合应用等。并且为了使学生对数控车床和数控铣床的结构和工作过程有一个基础认识，编入了普通机床电气控制。

本书内容丰富，层次清晰，重点突出，重视实践技能的培养，通过大量实例的介绍，力图帮助一线操作人员提高水平和应用能力，使其由经验型向知识型转变。

为方便教学，本书配套电子课件。

本书可作为高职高专数控技术应用专业、机电一体化专业等机电类专业教材，也可供相关专业教师与从事数控机床调试、维修的电气工程技术人员参考。

图书在版编目（CIP）数据

数控机床电气控制/杨兴主编. —2版. —北京：化学工业出版社，2014.1（2018.2重印）
ISBN 978-7-122-18995-0

Ⅰ.①数… Ⅱ.①杨… Ⅲ.①数控机床-电气控制 Ⅳ.①TG659

中国版本图书馆 CIP 数据核字（2013）第 270817 号

责任编辑：韩庆利
责任校对：蒋　宇　　　　　　　　　　　　　　装帧设计：张　辉

出版发行：化学工业出版社（北京市东城区青年湖南街 13 号　邮政编码 100011）
印　　刷：三河市延风印装有限公司
装　　订：三河市宇新装订厂
787mm×1092mm　1/16　印张 15　字数 394 千字　2018 年 2 月北京第 2 版第 3 次印刷

购书咨询：010-64518888（传真：010-64519686）　　售后服务：010-64518899
网　　址：http://www.cip.com.cn
凡购买本书，如有缺损质量问题，本社销售中心负责调换。

定　　价：29.00 元　　　　　　　　　　　　　　　　版权所有　违者必究

前言

《数控机床电气控制》自2008年出版以来，得到了各校师生的支持和帮助。随着数控技术的发展和高等职业技术教育改革的不断深入，《数控机床电气控制》第1版已不能适应当前教学工作的要求。在广泛征求各校意见的基础上，结合编者近几年数控教学与实践经验，对《数控机床电气控制》第1版进行了必要的修订。在第一版的基础上，简化了内部原理介绍、增加了应用介绍。此次修订主要有：

1. 增加对熔断器、断路器、继电器、接近开关、电磁阀等电器参数的解读和应用。
2. 增加数控装置接口功能的介绍。
3. 增加对单轴、两轴小型数控系统的介绍。
4. 简化变频器内部原理介绍，增加变频器应用实例。
5. 增加小型主轴驱动装置及其应用介绍。
6. 增加步进电机驱动装置应用介绍。
7. 增加伺服驱动装置应用介绍。
8. 改第八章硬件连接为数控系统综合应用。

本书可作为高等职业技术院校数控技术应用专业、机电一体化专业等机电类专业教材，也可供相关专业教师与从事数控机床调试、维修的电气工程技术人员参考。

本教材共包括8章内容。第1章数控机床电气控制概述，第2章数控机床常用低压电器、执行电器及检测装置，第3章数控机床电气控制系统的基本环节和基本电路，这三章为本书的基础部分；第5章机床数控装置，第6章数控机床驱动装置，第7章可编程控制器及其应用，这三章为本书主干部分；第8章数控系统综合应用为本书应用部分。为了使学生对数控车床和数控铣床的结构和工作过程有一个基础认识，编入第4章普通机床电气控制，作为数控车床和数控铣床的对比内容和基础内容。为提高学生的实践动手能力和理论联系实际的能力，应与《数控机床电气控制技能实训》配合教学。

本书由杨兴担任主编，白树森担任副主编，于艳君等参编。杨兴编写了第3章、第4章、第7章、第8章；白树森编写了第1章、第2章、第5章、第6章；于艳君等参加了其中部分内容的编写工作。全书由杨兴统稿。

本书配有电子教案，可免费赠送给用书的学校和老师，如有需要，请发送邮件至hql-book@126.com索取。

在编写过程中得到宋建武教授和张家口市双佳液压有限公司、河北燕兴机械厂等单位工程技术人员的大力支持，在此向他们表示衷心感谢。此外，编写时查阅了大量资料，也在此向原作（编）者表示谢意。

限于编者的水平，书中难免有不足之处，衷心希望读者给予批评指正。

编　者

第一版前言

数控机床是机电一体化的典型产品。数控机床电气控制在整个数控机床中占有绝对重要的位置。要想掌握数控机床安全操作和维护，对数控机床电气控制方面的故障能进行简单的分析、诊断与维修，就必须对数控机床电气控制的基础原理有一个全面的了解。通过本书的学习，可以使学生了解数控机床电气控制系统的结构和工作原理，并对典型数控系统电气控制有一个规律性的认识。

本书可作为高等职业技术院校数控技术应用专业、机电一体化专业等机电类专业教材，也可供相关专业教师与从事数控机床调试、维修的电气工程技术人员参考。

本教材共包括8章内容。第1章数控机床电气控制概述，第2章数控机床常用低压电器、执行电器及检测装置，第3章数控机床电气控制系统的基本环节和基本电路三章为该书的基础部分；第5章机床数控装置，第6章数控机床驱动装置，第7章可编程控制器及其应用三章为该书主干部分；第8章典型数控系统电气控制硬件连接为该书应用部分。为了使学生对数控车床和数控铣床的结构和工作过程有一个基础认识，编入第4章普通机床电气控制，作为数控车床和数控铣床的对比内容和基础内容。为提高学生的实践动手能力和理论联系实际的能力，应与《数控机床电气控制实训》配合教学。

本书由杨兴担任主编，白树森担任副主编，于艳君等参编。杨兴编写了第3章、第4章、第7章、第8章；白树森编写了第1章、第2章、第5章、第6章；于艳君等参加了其中部分内容的编写工作。全书由杨兴统稿。

本书配有电子教案，可免费赠送给用书的学校和老师，如有需要，请发送邮件至 hanqingli@cip.com.cn 索取。

在编写过程中得到宋建武老师的大力支持，在此向他表示衷心感谢。此外，编写时查阅了大量资料，也在此向原作（编）者表示谢意。

限于编者的水平，书中难免有不足之处，衷心希望读者给予批评指正。

编 者

目 录

第 1 章　数控机床电气控制概述 ………………………………………………………… 1

1.1　数控机床电气控制系统的组成及特点 …………………………………………… 1

　　1.1.1　数控机床电气控制系统的组成 ……………………………………………… 1

　　1.1.2　数控机床的特点 ……………………………………………………………… 2

1.2　数控机床的分类及性能指标 ……………………………………………………… 3

　　1.2.1　数控机床的分类 ……………………………………………………………… 3

　　1.2.2　数控机床的性能指标 ………………………………………………………… 5

1.3　数控机床电气控制系统发展 ……………………………………………………… 6

　　1.3.1　数控系统的发展趋势 ………………………………………………………… 6

　　1.3.2　伺服系统的发展 ……………………………………………………………… 7

1.4　数控机床自动控制基础 …………………………………………………………… 7

　　1.4.1　自动控制系统 ………………………………………………………………… 7

　　1.4.2　自动控制系统控制方式 ……………………………………………………… 7

思考题及习题 …………………………………………………………………………… 8

第 2 章　数控机床常用低压电器、执行电器及检测装置 ……………………………… 9

2.1　控制、保护电器 …………………………………………………………………… 9

　　2.1.1　熔断器 ………………………………………………………………………… 9

　　2.1.2　低压断路器 …………………………………………………………………… 10

　　2.1.3　主令电器 ……………………………………………………………………… 11

　　2.1.4　继电接触器 …………………………………………………………………… 16

2.2　执行电器 …………………………………………………………………………… 19

　　2.2.1　电磁阀 ………………………………………………………………………… 19

　　2.2.2　三相异步电动机 ……………………………………………………………… 20

　　2.2.3　步进电动机 …………………………………………………………………… 21

　　2.2.4　交流伺服电动机 ……………………………………………………………… 23

2.3　检测装置与技术 …………………………………………………………………… 23

2.3.1 检测系统的组成 ……………………………………………………………………… 23

2.3.2 测量的方法 ……………………………………………………………………………… 24

2.3.3 检测系统的基本特性 ……………………………………………………………… 24

2.3.4 光电编码器 ……………………………………………………………………………… 25

2.3.5 光栅测量装置 ……………………………………………………………………… 27

2.3.6 感应同步器 ……………………………………………………………………………… 28

2.3.7 旋转变压器 ……………………………………………………………………………… 29

2.3.8 磁栅位移传感器 ……………………………………………………………………… 31

思考题及习题 ……………………………………………………………………………………… 33

第 3 章 数控机床电气控制系统的基本环节和基本电路 …………………………… 35

3.1 电气控制系统的基本环节 ……………………………………………………………… 35

3.1.1 点动环节 ……………………………………………………………………………… 35

3.1.2 长动与自锁环节 ……………………………………………………………………… 35

3.1.3 正反转与互锁环节 ……………………………………………………………… 36

3.1.4 多地控制环节 ……………………………………………………………………… 38

3.1.5 顺序控制环节 ……………………………………………………………………… 38

3.1.6 保护环节 ……………………………………………………………………………… 40

3.2 电气控制系统的基本电路 ……………………………………………………………… 43

3.2.1 三相笼型异步电动机的启动控制电路 …………………………………… 43

3.2.2 三相笼型异步电动机的制动控制电路 …………………………………… 47

3.2.3 三相笼型异步电动机的调速控制电路 …………………………………… 52

思考题及习题 ……………………………………………………………………………………… 54

第 4 章 普通机床电气控制 ……………………………………………………………………… 55

4.1 机床电气识图的一般知识 ……………………………………………………………… 55

4.1.1 电气制图与识图的相关国家标准 ………………………………………… 55

4.1.2 机床电气控制电路图类型及其识读 ……………………………………… 56

4.1.3 机床电气控制线路分析基础 ………………………………………………… 64

4.2 普通卧式车床结构及电气控制 ……………………………………………………… 67

4.2.1 普通卧式车床的结构、运动形式及其拖动方式与控制要求 ……… 67

4.2.2 C650 车床电路图的分析与识读 ………………………………………… 68

4.3 卧式万能铣床的结构及电气控制 …………………………………………………… 72

4.3.1 卧式万能铣床的结构、运动形式及其拖动方式与控制要求 ……… 72

4.3.2 X62W 型万能铣床电路图的分析与识读 …………………………… 73

思考题及习题 ……………………………………………………………………………………… 79

第 5 章 机床数控装置 …………………………………………………………………………… 83

5.1 机床数控装置的结构及工作原理 …………………………………………………… 83

5.1.1 机床数控装置的硬件结构及工作原理 …………………………………… 83

5.1.2 机床数控装置的软件结构及特点 ………………………………………… 87

5.1.3 机床数控装置系统软件的工作过程 ……………………………………… 89

   5.1.4　CNC 装置的通信接口 ………………………………………………… 90

5.2　FANUC 数控装置 ………………………………………………………… 91

   5.2.1　FANUC 数控装置概述 ……………………………………………… 91

   5.2.2　FANUC 0i/0i Mate 数控装置组成及接口定义 …………………… 93

5.3　SIEMENS 数控装置 ……………………………………………………… 101

   5.3.1　SIEMENS 数控装置概述 …………………………………………… 101

   5.3.2　SINUMERIK 数控装置组成及接口定义 …………………………… 103

5.4　GSK（广州数控）数控装置 ……………………………………………… 113

   5.4.1　GSK 数控装置概述 ………………………………………………… 113

   5.4.2　GSK 数控装置组成及接口定义 …………………………………… 113

思考题及习题 …………………………………………………………………… 114

第 **6** 章　数控机床驱动装置 …………………………………………………… 115

6.1　数控机床驱动装置概况 …………………………………………………… 115

   6.1.1　数控机床驱动装置的类型 ………………………………………… 115

   6.1.2　对数控机床驱动系统的基本要求 ………………………………… 116

6.2　数控机床主轴驱动装置 …………………………………………………… 117

   6.2.1　通用变频器基本原理 ……………………………………………… 117

   6.2.2　通用变频器的使用简介 …………………………………………… 123

   6.2.3　交流伺服电动机专用主轴驱动装置 ……………………………… 126

6.3　数控机床进给驱动装置 …………………………………………………… 129

   6.3.1　步进电动机驱动装置 ……………………………………………… 129

   6.3.2　交流伺服电动机进给驱动装置 …………………………………… 134

思考题及习题 …………………………………………………………………… 149

第 **7** 章　可编程控制器及其应用 ……………………………………………… 151

7.1　数控机床 PLC 概述 ……………………………………………………… 151

   7.1.1　数控机床 PLC 的形式 ……………………………………………… 151

   7.1.2　数控机床 PLC 的控制对象 ………………………………………… 153

7.2　通用型可编程序控制器的基础知识 ……………………………………… 154

   7.2.1　可编程序控制器的定义 …………………………………………… 154

   7.2.2　可编程序控制器的应用范围 ……………………………………… 154

   7.2.3　可编程序控制器的分类 …………………………………………… 155

   7.2.4　可编程控制器的主要特点 ………………………………………… 155

   7.2.5　通用型 PLC 主要性能指标 ………………………………………… 155

   7.2.6　通用型 PLC 系统的软硬件组成 …………………………………… 155

   7.2.7　PLC 的编程语言 …………………………………………………… 156

   7.2.8　PLC 的工作原理 …………………………………………………… 156

7.3　S7 系列可编程序控制器 ………………………………………………… 158

   7.3.1　S7-200 系列 PLC 的组成 ………………………………………… 158

   7.3.2　S7-300 系列 PLC 的组成及编址 ………………………………… 161

   7.3.3　S7 系列 PLC 的指令系统 ………………………………………… 163

7.3.4 S7 系列 PLC 应用举例（PLC 在机械手控制系统中的应用） ·············· 172

7.4 FANUC 数控系统 PMC ··· 179

7.4.1 FANUC 数控系统 PMC 概述 ·· 179

7.4.2 FANUC 数控系统 PMC 的基本指令和功能指令 ·············· 180

7.4.3 FANUC 数控系统 PMC 应用程序示例分析 ··················· 187

7.5 SIEMENS 数控系统 PMC ·· 188

7.5.1 802S 数控系统的内外部信号联系 ···························· 188

7.5.2 802S PMC 的编程资源和 CNC 的相关机床参数 ············· 190

7.5.3 802S 数控车床 PMC 应用程序示例 ························· 192

思考题及习题 ··· 193

第 8 章 数控系统的综合应用 ·· 195

8.1 普通机床的数控化改造示例 ··· 196

8.2 中、高频淬火装置控制系统的数控化改造示例 ················ 215

8.3 液压油缸环缝自动焊接设备的数控化设计示例 ··············· 224

思考题及习题 ··· 229

参考文献 ·· 230

第1章

数控机床电气控制概述

【本章学习目标】
掌握数控机床电气控制系统的组成及特点；
了解数控机床的分类及主要性能指标；
了解机床电气控制系统的发展；
掌握数控机床自动控制基础知识。

1.1 数控机床电气控制系统的组成及特点

1.1.1 数控机床电气控制系统的组成

数字控制（NC，Numerical Control，简称数控）技术是用数字化信息进行控制的自动控制技术，采用数控技术的控制系统称为数控系统，装备了数控系统的机床即为数控机床。

数控机床电气控制系统由数控装置（CNC，Computer Numerical Control）、主轴驱动系统、进给伺服系统、检测反馈系统、机床强电控制系统、编程装置等几部分组成。数控机床电气控制系统的组成如图 1-1 所示。

1. 数控装置（CNC）

数控装置是数控机床的核心。数控装置从内部存储器中取出或接受输入装置送来的数控加工程序，经过数控装置的逻辑电路或系统软件进行编译、运算和逻辑处理后，输出各种控制信息和指令，控制机床各部分的工作，使其进行规定的有序运动和动作。零件的轮廓图形往往由直线、圆弧或其他非圆弧曲线组成，刀具在加工过程中必须按零件形状和尺寸的要求进行运动，即按图形轨迹移动。但输入的零件加工程序只能是各线段轨迹的起点和终点坐标值等数据，不能满足要求，因此要进行轨迹插补，也就是在线段的起点和终点坐标值之间进行"数据点的密化"，求出一系列中间点的坐标值，并向相应坐标输出脉冲信号，控制各坐标轴（即进给运动的各执行元件）的进给速度、进给方向和进给位移量等。

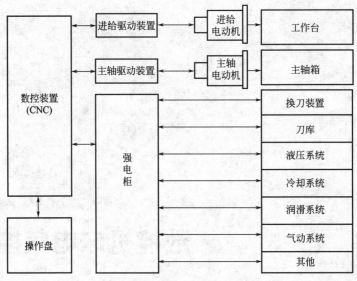

图 1-1　数控机床电气控制系统组成

2. 进给系统

进给系统由进给驱动装置（步进驱动装置或伺服驱动装置）、各轴进给电动机（步进电动机或伺服电动机）以及速度、位置检测反馈装置等组成。进给运动主要完成工件或刀具的 X、Y、Z 等方向的精准运动。

3. 主轴系统

主轴系统主要由主轴驱动装置、主轴电动机、速度检测反馈装置等组成。主轴运动主要完成切削任务，其动力约占整台机床动力的 $70\%\sim80\%$。正、反转和准停以及自动换挡无级调速是主轴的基本控制功能。

4. 机床强电控制系统

机床强电控制系统主要完成对机床辅助运动和辅助动作，如刀库及换刀装置、液压系统、气动系统、冷却系统、润滑系统等的控制，以及对各保护开关、行程开关、操作键盘按钮、指示灯、波段开关等的检测和控制。

5. 操作盘

操作盘包括数控装置自带键盘、手脉、编程计算机等，数控机床加工程序可通过数控装置自带键盘、手脉用手工方式直接输入数控系统，还可由编程计算机或采用网络通信方式传送到数控系统中。

1.1.2　数控机床的特点

数控机床是一种高度自动化机加工设备。与普通机床相比有以下特点。

（1）对零件加工的适应性强、灵活性好。因数控机床能实现若干个坐标联动，加工程序可按对加工零件的要求而变换，而不需改变机械部分和控制部分的硬件，所以其适应性强、灵活性好。

（2）加工精度高、加工质量稳定。在数控机床上加工零件，零件加工的精度和质量由机床保证，消除了操作者的人为误差。所以数控机床的加工精度高，一致性好，加工质量稳定。

（3）加工生产效率高。在数控机床上可以采用较大的切削用量，有效地节省了加工时间。还有自动换刀、自动换速和其他辅助操作自动化等功能，而且无需工序间的检验与测量，故使辅助时间大为缩短。

（4）能完成复杂型面的加工。许多复杂曲线和曲面的加工，普通机床无法实现而数控机床则完全可以做到。

（5）减轻劳动强度，改善劳动条件。数控机床的加工，除了装卸零件、操作键盘、观察机床运行外，其他机床动作都是按照程序要求自动连续地进行切削加工，操作者不需要进行繁重的重复手工操作。因此能减轻工人劳动强度，改善劳动条件。

（6）有利于生产管理。采用数控设备，有利于向计算机控制和管理生产方向发展，为实现制造和生产管理自动化创造了条件。

1.2　数控机床的分类及性能指标

1.2.1　数控机床的分类

1. 按运动轨迹分类

（1）点位控制系统　点位控制系统数控机床只要求控制一个位置到另一个位置的精确移动，在移动过程中不进行任何加工。为了精确定位和提高生产率，一般先快速移动到终点附近，然后再减速移动到定位点，以保证良好的定位精度，而对移动路径不作要求。图 1-2 为数控钻床点位控制示意图。

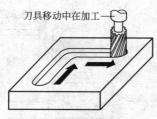

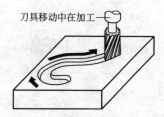

图 1-2　数控钻床点位　　　图 1-3　数控铣床直线　　　图 1-4　数控铣床轮廓
　　控制示意图　　　　　　　　控制示意图　　　　　　　　加工示意图

（2）直线控制系统　直线控制系统不仅要求具有准确的定位功能，而且要控制两点之间刀具移动的轨迹是一条直线，且在移动过程中刀具能以给定的进给速度进行切削加工。直线控制系统的刀具运动轨迹一般是平行于各坐标轴的直线。特殊情况下，如果同时驱动两套运动部件，其合成运动的轨迹与坐标轴成一定夹角的斜线。数控铣床直线控制如图 1-3 所示。

（3）轮廓控制系统　又称连续控制系统，其特点是数控系统能够对两个或两个以上的坐标轴同时进行连续控制。加工时不仅要控制起点和终点，还要控制整个加工过程中每点的速度和位置。图 1-4 为数控铣床轮廓加工示意图。

2. 按工艺用途分类

（1）金属切削类数控机床　金属切削类数控机床和传统的通用机床产品种类类似，有数控车床、数控铣床、数控钻床、数控磨床、数控镗床以及加工中心机床等。数控加工中心是带有自动换刀装置，在一次装夹后，可以进行多种工序加工的数控机床。

（2）金属成形类数控机床　金属成形类数控机床有数控折弯机、数控弯管机、数控压力机等。

3

（3）数控特种加工机床　数控特种加工机床有数控线切割机床、数控电火花加工机床、数控激光切割机床等。

3. 按伺服系统的类型分类

（1）开环控制系统　开环控制系统机床的伺服进给系统中没有位移检测反馈装置，通常使用步进电动机作为执行元件。数控装置发出的控制指令经驱动装置直接控制步进电动机的运转，然后通过机械传动系统转化成工作台的位移，开环控制系统结构如图1-5所示。

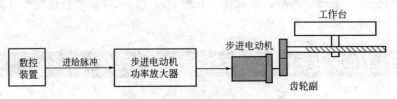

图1-5　开环控制系统结构

（2）闭环控制系统　闭环控制系统的机床上安装有检测装置，直接对工作台的位移量进行检测，当数控装置发出进给指令信号后，经伺服驱动系统使工作台移动时，安装在工作台上的位置检测装置把机械位移量变为电量，反馈到输入端与输入设定指令信号进行比较，得到的差值经过转换和放大，最后驱动工作台向减少误差的方向移动，直到误差值消除停止移动。闭环系统具有很高的控制精度。图1-6为闭环数控系统的结构图。

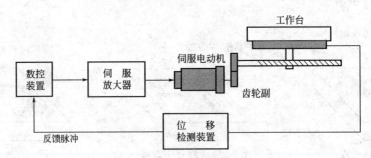

图1-6　闭环数控系统的结构图

（3）半闭环控制系统　半闭环控制系统的机床是在伺服电动机上同轴安装了位置检测装置，或在滚珠丝杠轴端安装有角位移检测装置，通过测量角位移间接地测出移动部件的直线位移，然后反馈至数控系统中去。常用的角位移检测装置有光电编码器、旋转变压器或感应同步器等。如图1-7所示为半闭环控制系统结构图。由于在半闭环控制系统中，进给传动链中的滚珠丝杠副、导轨副等机构的误差都没有全部包括在反馈环路内，因此其位置控制精度

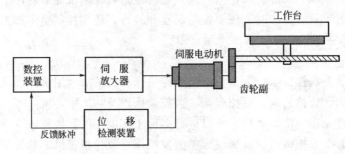

图1-7　半闭环控制系统结构图

低于闭环伺服系统。但是，由于把惯性质量较大的工作台安排在反馈环之外，因此半闭环伺服系统稳定性能好，调试方便，目前应用比较广泛。至于传动链误差，可以通过适当提高丝杠、螺母等机械部件的精度以及采用误差软件补偿（如反向间隙补偿、丝杠螺距误差补偿）的措施来减少。

1.2.2　数控机床的性能指标

1. 数控机床的运动性能指标

（1）数控机床的可控轴数和联动轴数　数控机床的可控轴数是指数控机床数控装置能够控制的坐标数量。数控机床可控轴数与数控装置的运算处理能力、运算速度及内存容量等有关。

数控机床的联动轴数，是指机床数控装置可同时进行运动控制的坐标轴数。目前有两轴联动、3 轴联动、4 轴联动、5 轴联动等。3 轴联动数控机床能三坐标联动，可加工空间复杂曲面。4 轴联动、5 轴联动数控机床可以加工飞行器叶轮、螺旋桨等零件。

（2）主轴转速　数控机床主轴一般均采用直流或交流调速主轴电动机驱动，选用高速轴承支承，保证主轴具有较宽的调速范围和足够高的回转精度、刚度及抗振性。目前，数控机床主轴转速已普遍达到 $5000\sim10000r/min$，有利于对各种小孔加工，提高零件加工精度和表面质量。

（3）进给速度　数控机床的进给速度是影响零件加工质量、生产效率以及刀具寿命的主要因素。它受数控装置的运算速度、机床运动特性、刚度等因素的限制。

（4）坐标行程　一般数控机床坐标轴 X、Y、Z 的行程大小，构成数控机床的空间加工范围。坐标行程是直接体现机床加工能力的指标参数。

（5）刀库容量和换刀时间　刀库容量和换刀时间对数控机床的生产率有着直接的影响。刀库容量是指刀库能存放加工所需要刀具的数量。中小型数控加工中心多为 $16\sim60$ 把刀具，大型加工中心可达 100 把刀。换刀时间是指带有自动交换刀具系统的数控机床，将主轴上使用的刀具与装在刀库上的下一工序需用的刀具进行交换所需要的时间。

2. 数控机床的精度指标

（1）定位精度　定位精度是指数控机床工作台等移动部件移动到指令位置的准确程度，即实际移动位置与指令要求位置的一致性，移动部件实际位置与指令位置之间的误差称为定位误差。被控制机床坐标的误差（即定位误差）包括驱动此坐标轴控制系统（伺服系统、检测系统、进给系统等）的误差，也包括移动部件导轨的几何误差等。定位误差将直接影响零件加工的位置精度。

（2）重复定位精度　重复定位精度是指在同一条件下，用相同的方法，重复进行同一动作时，控制对象到达同一指令位置的一致程度。即在同一台数控机床上，应用相同程序相同代码加工一批零件，所得到的连续结果的一致程度，也称为精密度。重复定位精度受伺服系统特性、进给系统的间隙、刚性以及摩擦特性等因素影响。

（3）分辨率与脉冲当量　分辨率是指两个相邻的分散细节之间可以分辨的最小间隔。对数控机床电气控制系统而言，分辨率是可以控制的最小位移增量，其数值的大小决定数控机床的加工精度和表面质量。数控装置发出一个脉冲信号，机床移动部件的位移量叫做脉冲当量。脉冲当量是设计数控机床原始数据之一，脉冲当量越小，数控机床的加工精度和加工表面质量越高。

1.3 数控机床电气控制系统发展

1.3.1 数控系统的发展趋势

1. 高速度高精度化

数控系统的高速度高精度化要求数控系统在读入加工指令数据后，能高速度计算出伺服电机的位移量，并能控制伺服电机高速度准确地运动。此外，要实现生产系统的高速度化，还必须要求主轴转速、进给率、刀具交换、托板交换等实现高速度化。提高微处理器的位数和速度是提高 CNC 速度的最有效的手段。

2. 智能化

数控系统应用高技术的重要目标是智能化。智能化技术主要体现在以下几个方面：

（1）自适应控制技术　自适应控制系统（AC, adaptive control）可对机床主轴转矩、功率、切削力、切削温度、刀具磨损等参数值进行自动测量，并由 CPU 进行比较运算后，发出修改主轴转速和进给量大小的信号，确保 AC 系统处于最佳切削状态，从而在保证加工质量条件下，使加工成本最低或生产率最高。

（2）附加人机会话自动编程功能　建立切削用量专家系统和示教系统，从而提高编程效率和降低对编程操作人员技术水平的要求。

（3）具有设备故障自诊断功能　数控系统出了故障，控制系统能够进行自诊断，并自动采取排除故障的措施，以适应长时间无人操作环境的要求。

3. 多轴化

多轴联动加工，如采用 5 轴联动对三维曲面零件的加工，可用刀具最佳几何形状进行切削，零件在一台数控机床上一次装夹后，可进行自动换刀、旋转主轴头、旋转工作台等操作，完成多工序、多表面的复合加工，不仅光洁度高，而且效率也大幅度提高。

4. 操作界面图形化

高档数控系统发展对图形化界面的功能和水平要求进一步提高，用户希望看到更丰富、更形象、更直观的界面，以此减少用户编程难度，提高编程和加工效率。图形化界面包括界面控件的图形化和加工过程的三维实时仿真。

5. 在线测量功能集成

数控系统在线测量与编程、加工的进一步集成是高档数控系统发展的一个趋势。数控系统自动对刀，或加工过程中的自动测量是数控系统中需要集成的一个重要功能，在现实中也有很迫切的应用需求。

6. 网络化

数控装备的网络化将极大地满足生产线、制造系统、制造企业对信息集成的需求，也是实现新的制造模式如敏捷制造、虚拟企业、全球制造的基础单元。国内外一些著名数控机床和数控系统制造公司都推出了相关的新概念和样机，反映了数控机床加工向网络化方向发展的趋势。网络化还可实现计算机群控（DNC），它是用一台大型通用计算机为数台数控机床进行自动编程，并直接控制一群数控机床的系统。

7. 系统软数控化

所谓系统软数控化就是 CNC 软件全部装在计算机中，而硬件部分仅是计算机与伺服驱动和外部 I/O 之间的标准化通用接口。就像计算机中可以安装各种品牌的声卡和相应的驱动程序一样。用户可以在 WINDOWSNT 平台上，利用开放的 CNC 内核，开发所需的各种功能，构成各种类型的高性能数控系统。通过软件智能替代复杂的硬件，正在成为当代数控系统发展的重要趋势。其典型产品有美国 MDSI 公司的 Open CNC、德国 Power Automation 公司的 PA8000NT 等。

1.3.2　伺服系统的发展

早期的数控机床伺服系统多采用晶闸管直流驱动系统，但是由于直流电动机受机械换向的影响和限制，大多数直流驱动系统适用性差，维护比较困难，而且其恒功率调速范围较小。20 世纪 80 年代后期，随着交流调速理论、微电子技术和大功率半导体技术的发展，交流驱动系统进入实用阶段，在数控机床的伺服驱动系统中得到了广泛的应用。目前，交流伺服驱动系统已经基本取代了直流伺服驱动系统。

1.4　数控机床自动控制基础

1.4.1　自动控制系统

自动控制系统，是指利用控制装置操纵被控对象，使被控对象自动地按照给定的规律运行使被控量等于给定值或根据输入信号的变化按所需规律去变化，如图 1-8 所示。

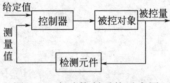

图 1-8　自动控制系统示意图

1.4.2　自动控制系统控制方式

自动控制系统有开环控制和闭环控制两种最基本的形式。

1. 开环控制

开环控制是指控制装置与被控对象之间只有正向控制作用而没有反馈控制作用，如图 1-9 所示。

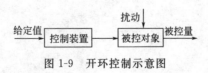

图 1-9　开环控制示意图

开环控制的系统结构和控制过程均很简单，无抗干扰能力，控制精度较低，一般在控制性能要求不高时采用。

2. 闭环控制

闭环控制系统的控制装置与被控对象之间，不但有正向控制作用，而且还有反馈控制作用，即被控量的偏差可以影响控制过程，如图 1-10 所示。闭环控制又称为反馈控制或偏差控制。

闭环控制系统具有以下特点。

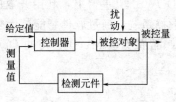

图 1-10　闭环控制示意图

（1）闭环控制系统中由给定值至被控量的信号通道称为顺向或正向通道；由被控量至系统输入端的信号通道称为反馈通道。

（2）闭环控制系统能减小或消除反馈通道中扰动所引起的偏差值，具有较高的控制精度和较强的抗干扰能力。

（3）若设计调试不当，易产生振荡甚至不能正常工作。

思考题及习题

1-1　何谓数控机床？数控机床与普通机床有何不同？

1-2　数控机床的电气控制系统由哪些装置组成？

1-3　点位控制、直线控制和轮廓控制各有何特点？

1-4　说明开环、半闭环和闭环伺服系统的组成及各自的特点？

1-5　简述数控伺服系统的发展趋势。

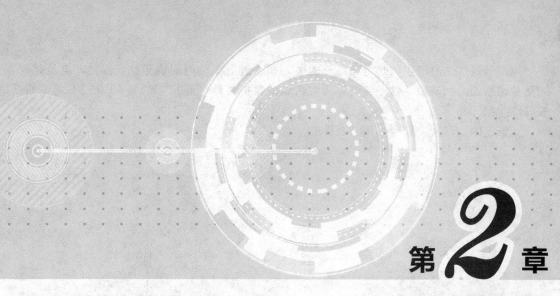

第2章

数控机床常用低压电器、执行电器及检测装置

【本章学习目标】

掌握数控机床常用低压电器的类型、基本结构、工作原理；

掌握数控机床执行电器的类型、基本结构、工作原理；

掌握数控机床常用检测装置的类型、基本结构、工作原理。

2.1　控制、保护电器

2.1.1　熔断器

1. 熔断器的结构

不同的熔断器有不同的结构，但主要由熔体（俗称保险丝）或熔芯和安装熔芯的熔管（或熔座）两部分组成。图 2-1 为数控机床强电柜中使用的 RT18-32 熔断器外形结构示意图。熔体由易熔金属材料铅、锡、锌、银、铜及其合金制成，然后置于一个装有石英沙的瓷管内做成熔芯。熔管是装熔芯的外壳，由陶瓷、绝缘钢纸或玻璃纤维制成。

2. 工作原理及符号

熔断器的熔体与被保护的电路串联，当电路正常工作时，熔体允许通过一定的电流而不熔断。当电路发生短路或严重过载时，熔体中流过的电流猛增，电流产生的热量达到熔体的熔点时，熔体熔断切断电路，从而达到保护的目的。

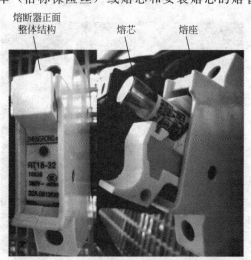

图 2-1　RT18-32 熔断器外形图

电流通过熔体时产生的热量与电流的平方和通过电流的时间成正比，因此，电流越大，则熔体熔断的时间越短。这一特性称为熔断器的保护特性（或安-秒特性）。图 2-2 为熔断器安-秒特性图。

熔断器的图形文字符号如图 2-3 所示。

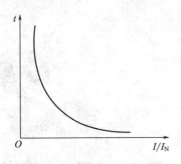

图 2-2　熔断器安-秒特性图

图 2-3　熔断器的图形
文字符号

3. 熔断器的选择

（1）熔断器类型主要根据线路要求、使用场合和安装条件选择。

（2）熔断器额定电压必须大于或等于线路的工作电压。

（3）熔断器额定电流必须大于或等于所装熔体的额定电流。

（4）熔体额定电流的选择。可按以下几种情况选择：

① 对于阻性负载或继电接触器控制回路的短路保护，应使熔体的额定电流大于或等于电路最大工作电流，即

$$I_{FU} \geqslant I_{30}$$

式中　I_{FU}——熔体额定电流；

　　　I_{30}——电路的最大工作电流。

② 保护一台电动机时，考虑到电动机启动冲击电流的影响，应按下式计算

$$I_{FU} \geqslant (1.5 \sim 2.5)I_{N}$$

式中　I_{N}——电动机额定电流。

注意： 由于熔断器在作感性负载过载保护时所选规格远大于线路正常工作电流，故保护存在很大的盲区。因此，机床电气控制系统主电路中目前已不采用熔断器保护，仅在控制电路中作短路保护。

2.1.2　低压断路器

1. 低压断路器的结构及工作原理

低压断路器主要由触点及灭弧系统、脱扣器、操作机构等部分组成。DZ47-63 低压断路器的外形结构如图 2-4 所示。低压断路器的结构及工作原理如图 2-5 所示。断路器的主触点依靠操作机构手动或电动合闸，主触点闭合后自由脱扣机构将主触点锁在合闸位置上。过流脱扣器的线圈及热脱扣器的热元件串接

图 2-4　DZ47-63 低压断路器的外形结构

于主电路中，失压脱扣器的线圈并联在电路中。当电路发生短路或严重过载时，过电流脱扣器 3 线圈中的磁通急剧增加，将衔铁吸合并使之逆时针旋转，使自由脱扣机构动作，主触点在弹簧作用下分开，从而切断电路。

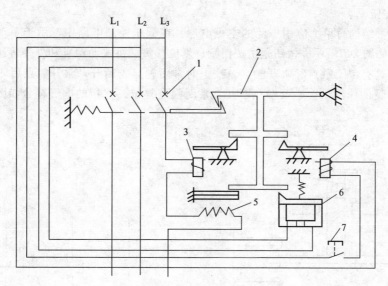

图 2-5　低压断路器的结构及工作原理

1—主触点；2—自由脱扣机构；3—过电流脱扣器；4—分励脱扣器；

5—热脱扣器；6—失压脱扣器；7—按钮

当电路过载时，热脱扣器的热元件使双金属片向上弯曲，推动自由脱扣机构动作。当线路发生失压或欠压故障时，失压脱扣器 6 电压线圈中的磁通下降，使电磁吸力下降或消失，衔铁在弹簧作用下向上移动，推动自由脱扣机构动作，使主触点 1 在弹簧作用下被拉向左方，使电路分断。分励脱扣器 4 用作远距离分断电路。

注意：机床电气控制系统目前采用的低压断路器主要为 DZ47 型，其内部一般装设热脱扣器和电磁脱扣器，分别起过载保护和短路保护作用。

图 2-6　低压断路器的图形
文字符号

2. **低压断路器的符号及热脱扣器和电磁脱扣器的选择**

低压断路器的图形文字符号如图 2-6 所示。选择低压断路器时，热脱扣器的整定电流应大于或等于所控制负载额定电流。电磁脱扣器的瞬时脱扣的整定电流应大于负载电路正常工作时的尖峰电流。低压断路器的其型号及含义如下所示：

低压断路器——D □ □ □ □ - □ / □

W—万能式

WX—万能式限流型

Z—塑料外壳式

ZX—塑料外壳式限流型

ZL—漏电断路器(新标准中称剩余电流断路器)

极数

额定电流(A)

派生型号：L—漏电

设计代号

2.1.3　主令电器

控制系统中，主令电器是一种专门发布命令、直接或通过电磁式继电器间接作用于控制电路的电器。常用来控制电力拖动系统中电动机的启动、停车、调速及制动等。

常用的主令电器有：控制按钮、行程开关、接近开关、万能转换开关、主令控制器及其他主令电器，如脚踏开关、倒顺开关、紧急开关、钮子开关等。本节仅介绍几种常用的主令电器。

1. 控制按钮

按钮是一种结构简单、应用广泛的主令电器。在低压控制电路中，用于手动发出控制信号。按钮结构如图 2-7 所示。按钮是由按钮帽、复位弹簧、桥式动触点和外壳等组成，通常做成复合式，即具有常闭触点和常开触点。按下时常闭触点先断开，常开触点后闭合。撤掉外力后在复位弹簧的作用下，常开触点断开，常闭触点复位。按钮的电气符号如图 2-8 所示。

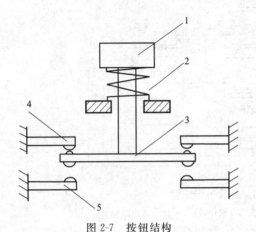

图 2-7　按钮结构

1—按钮帽；2—复位弹簧；3—桥式动触点；

4—动断静触点；5—动合静触点

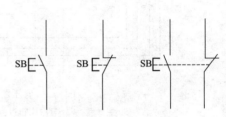

图 2-8　按钮的电气符号

常用国产按钮的型号有 LA 系列，如 LA18、LA19、LA20、LA25、LA30 等系列。

为标明各个按钮的作用，避免误操作，通常将按钮做成红、绿、黑、蓝、白等颜色，以示区别。一般红色表示停止，绿色表示启动等。另外，为满足不同控制和操作需要，按钮的结构形式也有所不同，如钥匙式、旋钮式、紧急式、保护式等。

2. 行程开关

行程开关又称限位开关，是一种按工作机械的行程，发出操作命令的位置开关。行程开关主要用于行程控制、位置及极限位置的保护等，属于行程原则控制的范围。

（1）直动式行程开关　直动式行程开关结构如图 2-9 所示，其动作原理与控制按钮

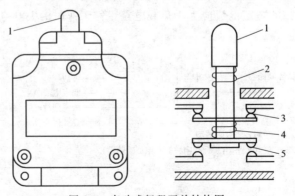

图 2-9　直动式行程开关结构图

1—顶杆；2—弹簧；3—动断触点；4—触点弹簧；5—动合

类似，所不同的是直动式行程开关用运动部件上的撞块来碰撞行程开关的推杆，使触点的开闭状态发生变化，触点连接在控制电路中，从而使相应的电器动作，达到控制的目的。

直动式行程开关的优点是：结构简单，成本较低。缺点是：触点的分合速度取决于撞块移动速度。若撞块移动速度太慢，则触点就不能瞬时切换电路，使电弧在触点上停留时间过长，容易烧蚀触点。因此这种开关不宜用在撞块移动速度低于 0.4m/min 的场合。

（2）滚轮式行程开关　滚轮式行程开关可分为单滚轮自动复位与双滚轮非自动复位的形式。滚轮式行程开关的型号有 LX 系列，如 LX1、LX19 等。

图 2-10 为单轮自动复位行程开关的原理图。当滚轮 1 受到向左的外力作用时，上转臂 2 向左下方转动，推杆 4 向右转动，并压缩右边弹簧 8，同时下面的小滚轮 5 也很快沿着擒纵杆 6 向右转动。小滚轮滚动又压缩弹簧 7，当小滚轮 5 走过擒纵杆 6 的中点时，盘形弹簧 3 和弹簧 7 都使擒纵杆 6 迅速转动，因而使动触点迅速地与右边的静触点分开，并与左边的静触点闭合。这样就减少了电弧对触点的损坏，并保证了动作的可靠性。这类行程开关适用于低速运动的机械。

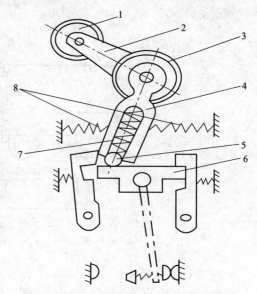

图 2-10　单轮自动复位行程开关的结构原理

1—滚轮；2—上转臂；3—盘形弹簧；
4—推杆；5—小滚轮；6—擒纵杆；
7—弹簧；8—左右弹簧

双轮非自动复位的行程开关，其外形是在 U 形的传动摆杆上装有两个滚轮，内部结构与单轮自动复位的相似，只是没有恢复弹簧。当撞块推动其中的一个滚轮时，传动摆杆转过一定的角度，使触点动作，而撞块离开滚轮转后，摆杆并不自动复位，直到撞块在返回行程中再推动另一滚轮时，摆杆才回到原始位置，使触点复位。这种开关由于有"记忆"作用，在某些情况下可使控制线路简化。根据不同的需要，行程开关的两个滚轮可布置在同一平面内或分别布置在两个平行的平面内。滚轮式行程开关的外形图及行程开关在电路中的图形文字符号如图 2-11 所示。

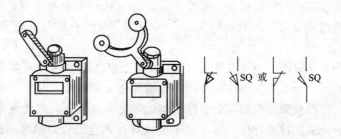

图 2-11　滚轮式行程开关的外形图及图形文字符号

滚轮式行程开关具有通断速度不受运动部件速度的影响，动作快的优点，但结构复杂，价格较贵。

3. 微动开关

微动开关是行程非常小的瞬时动作开关，其特点是操作力小和操作行程短，用于机械、纺织、轻工、电子仪器等各种机械设备和家用电器中作限位保护与联锁保护等。微动开关也可以看成尺寸甚小而又非常灵敏的行程开关。其缺点是易损不耐用。

微动开关的结构如图 2-12 所示，其型号有 LX31、LXW-11、JW 等系列。微动开关是由撞块压动推杆，使片状弹簧变形，从而使触点动作，当撞块离开推杆后，片状弹簧恢复原状，触点复位。

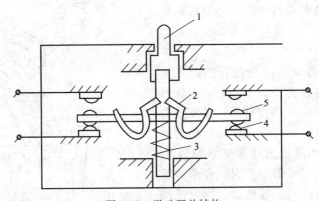

图 2-12　微动开关结构

1—推杆；2—片状弹簧；3—触点弹簧；4—静触点；5—动触点

4. 非接触式行程开关

行程开关和微动开关均属接触式行程开关，工作时均有撞块与推杆的机械碰撞使触点分合，在动作频繁时，容易产生故障，工作可靠性较低。近年来，随着电子器件及控制装置发展的需要，一些非接触式的行程开关产品随之出现，此类产品的特点是：当撞块行程动作时，不需与开关中的部件接触，即可发出电信号，所以这类开关使用寿命长、操作频率高、动作迅速可靠，在生产中得到了广泛的应用。

（1）接近开关　接近开关有电感型、电容型、霍尔效应型等类型。

电感式接近开关由三大部分组成：振荡器、开关电路及放大输出电路。振荡器产生一个交变磁场。当金属物体接近这一磁场并达到感应距离时，在金属物体内产生涡流，从而导致振荡衰减，以至停振。振荡器振荡及停振的变化被后级放大电路处理并转换成开磁信号，触发驱动控制器件，从而达到非接触式检测目的。物体离传感器越近，线圈内的阻尼就越大，阻尼越大，传感器振荡器的电流越小。电感式接近开关按线数分有 2 线、3 线、4 线等；按输出状态分有直流型和交流型；直流型又有 PNP 和 NPN 型；按开关量分有常开型、常闭型等。

电容式接近开关亦属于一种具有开关量输出的位置传感器，它的测量头通常是构成电容器的一个极板，而另一个极板是物体的本身，当物体移向接近开关时，物体和接近开关的介电常数发生变化，使得和测量头相连的电路状态也随之发生变化，由此便可控制开关的接通和关断。这种接近开关的检测物体，并不限于金属导体，也可以是绝缘的液体或粉状物体，在检测较低介电常数 ε 的物体时，可以顺时针调节多圈电位器（位于开关后部）来增加感应灵敏度。

注意！ 不同的接近开关接线和工作电压、电流性质各不相同，具体使用时参见相关说明书。

图 2-13 为某电感式接近开关外形结构和图形文字符号及应用电路示例。

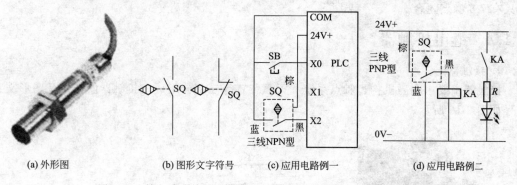

(a) 外形图 　　　　 (b) 图形文字符号 　　　　 (c) 应用电路例一 　　　　 (d) 应用电路例二

图 2-13　某电感式接近开关外形结构和图形文字符号及应用电路

（2）光电开关　具有体积小、可靠性高、检测精度高、响应速度快、易与 TTL 及 CMOS 电路兼容等优点。光电开关的光源可采用红外线、可见光、光纤、色敏等。光电开关的工作原理分透光型和反射型两种。

透光型光电开关的发光器件和受光器件相对放置的中间留有间隙。当被测物体到达这一间隙时，发射光被遮住，从而使接收器件（光敏元件）能检测出物体已经到达，并发出控制信号。

反射型光电开关发出的光经被测物体反射后再落到检测器件上，它是利用检测反射光来实现的。

5. 万能转换开关

万能转换开关是一种多挡式、控制多回路的主令电器。万能转换开关主要用于各种控制线路的转换、电压表、电流表的换相测量控制、配电装置线路的转换和遥控等，还可以用于直接控制小容量电动机的启动、调速和换向。如图 2-14 所示为万能转换开关操作手柄及其单层的结构示意图。常用产品有 LW 系列，如 LW5 和 LW6 等。

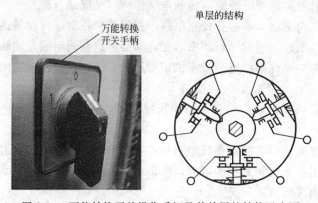

图 2-14　万能转换开关操作手柄及其单层的结构示意图

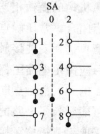

图 2-15　万能转换开关在电路图中的图形文字符号

万能转换开关的手柄操作位置是以角度表示的。不同型号的万能转换开关的手柄有不同的位置数，万能转换开关在电路图中的图形文字符号如图 2-15 所示。图中 3 条虚线表示此开关有 3 个有效位置，即 0 位、1 位、2 位；每条虚线上有黑点对应该触点在此虚线对应位置时接通，无黑点的触点则不通。例如，当把 SA 万能转换开关的操作手柄打到 1 位置时

数控机床电气控制

1-2、3-4、5-6 三组触点闭合，7-8 触点断开；打到 0 位置时只有 5-6 触点闭合；打到 2 位置时只有 7-8 触点闭合。

2.1.4 继电接触器

1. 接触器

接触器主要由电磁机构、触点系统和灭弧装置等三部分组成。接触器的结构及图形文字符号如图 2-16 所示。

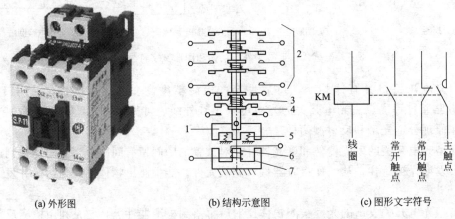

(a) 外形图　　　　　　　(b) 结构示意图　　　　　　　(c) 图形文字符号

图 2-16　接触器的结构及图形文字符号图

1—动铁心；2—主触点；3—辅助常开触点；4—辅助常闭触点；

5—复位弹簧；6—线圈；7—静铁心

电磁机构由电磁线圈、动铁心（衔铁）和静铁心组成。工作时在线圈中通以励磁电压信号，静铁心中就会产生磁场，从而吸引衔铁；当衔铁受力移动时，带动触点系统断开或接通受控电路。断电时励磁电流消失，电磁场也消失，衔铁被弹簧反作用力释放。

注意！ 选择安装接触器时，要注意电磁线圈的额定电压和电流性质（交流或直流）。

触点系统由主触点和辅助触点组成。主触点串接在控制电路的主回路中控制电气设备通断；辅助触点容量较小，用来切换控制电路。每对触点均由动触点和静触点共同组成，动触点与电磁机构的衔铁相连。当接触器的电磁线圈得电时，衔铁带动动触点动作，使接触器的常开触点闭合，常闭触点断开。

注意！ 选择安装接触器时，要注意触点容量应大于或等于所控制设备额定容量；开/闭触点数目应满足电路图标注数目。

触点的动、静触点断开时会形成电弧。电弧的存在既烧损触点金属表面，降低电器的寿命，又可能延长了电路的分断时间，引起火灾和其他的事故，所以对切换较大电流的触点系统必须采取灭弧措施。接触器通常采用灭弧罩进行灭弧。

2. 继电器

继电器是根据某种输入信号的变化，接通或断开控制电路，实现自动控制的电器。继电器的种类很多，按输入信号的性质分为：电压继电器、电流继电器、时间继电器、温度继电器、速度继电器、压力继电器等。按工作原理可分为：电磁式继电器、感应式继电器、电动式继电器、热继电器和电子式继电器等。按输出形式可分为：有触点和无触点继电器。按用途可分为：控制用与保护用继电器等。

电磁式继电器是应用最多的一种继电器，其工作原理与电磁式接触器大致相同，主要由电磁机构和触点系统组成。与接触器相比，由于继电器是用于切换小电流的控制电路和保护电路，触点的容量较小（一般在 5A 以下），不需要灭弧装置，不分主触点辅助触点。

电磁式继电器按励磁线圈电流的种类可分为直流电磁式继电器和交流电磁式继电器；按反应参数可分为电压继电器和电流继电器；按触点数量和动作时间又可分为中间继电器和时间继电器等。

下面介绍数控机床常用的几种继电器。

（1）中间继电器　中间继电器在电路中起到扩大触点数量和容量的中间放大与转换作用。其种类有很多，选择时要注意其电磁线圈的额定电压和电流性质（交流或直流）要与电路图标注相一致；触点电流应大于或等于所控制设备额定电流；开/闭触点数目应满足电路图标注数目。

注意！ 对于单刀双投触点的中间继电器，开/闭触点只能使用一次。例如 4 开 4 闭的单刀双投中间继电器，只能提供 4 开或 3 开 1 闭或 2 开 2 闭或 1 开 3 闭或 4 闭 4 个触点，而非 4 开和 4 闭 8 个触点。

中间继电器的外形图和图形文字符号如图 2-17 所示。

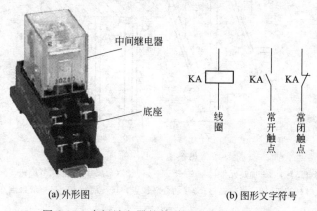

(a) 外形图　　　　　　　　　(b) 图形文字符号

图 2-17　中间继电器的外形图和图形文字符号

（2）时间继电器　主要用于需要按时间顺序进行控制的电气控制系统中。当其检测部分（线圈）在检测到有或无控制信号后，使其触点延时一段时间闭合或断开。

时间继电器从动作原理可分为机械式时间继电器和电气电子式时间继电器。前者包括阻尼（空气阻尼、电磁阻尼等）式、水银式、钟表式和热双金属片式等；后者包括电动式、计数器式、热敏电阻式和阻容式（含电磁式、电子式）等。时间继电器按延时方式可分为通电延时型和断电延时型两种。时间继电器的图形文字符号如图 2-18 所示。

（3）热继电器　是一种利用电流的热效应原理来工作的保护电器，专门用来对过载及电源断相进行保护，防止电动机因上述故障导致过热而损坏。

热继电器主要由加热元件、动作机构和复位机构三部分组成。图 2-19 为热继电器工作原理示意图。其工作原理为：主双金属片 1 与加热元件 2 串接在接触器负载的主回路中，当电动机过载时，主双金属片受热弯曲推动导板 3，并通过补偿双金属片 4 与推杆 6 将触点 10 和 11 分开，以切断电路保护电动机。调节旋钮 5 是一个偏心轮，改变它的半径可以改变补偿双金属片 4 和导板 3 的距离，从而达到调节整定动作电流值的目的。此外，

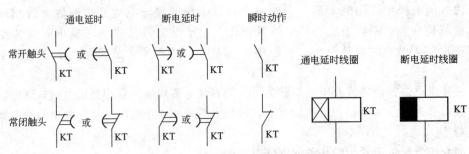

图 2-18　时间继电器的图形文字符号

靠调节复位螺钉 8 来改变动合静触点 9 的位置，使热继电器能工作在自动复位或手动复位两种状态。调成手动复位时，在排除故障后要按下按钮 7 才能使动触点 10 恢复与静触点 11 相接触的位置。

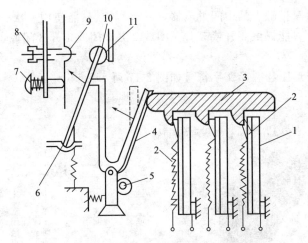

图 2-19　热继电器工作原理示意图

1—主双金属片；2—加热元件；3—导板；4—补偿双金属片；5—调节旋钮；6—推杆；
7—按钮；8—复位螺钉；9—动合静触点；10—动触点；11—静触点

热继电器的选择主要根据电动机的额定电流来确定热继电器的型号及热元件的额定电流等级。对星形接线的电动机可选两相或三相结构式的；对三角形接线的电动机，应选择带断相保护的热继电器。所选热继电器的整定电流通常与电动机的额定电流相等。热继电器的图形文字符号如图 2-20 所示。

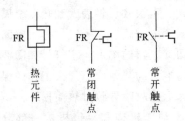

图 2-20　热继电器的图形文字符号

（4）速度继电器　速度继电器主要用作笼型异步电动机的制动控制。它主要由转子、定子和触点三部分组成，转子是一个圆柱形永久磁铁。定子是一个笼型空心圆环，由硅钢片叠成，并装有笼型绕组。图 2-21 为速度继电器的原理示意图及图形文字符号。

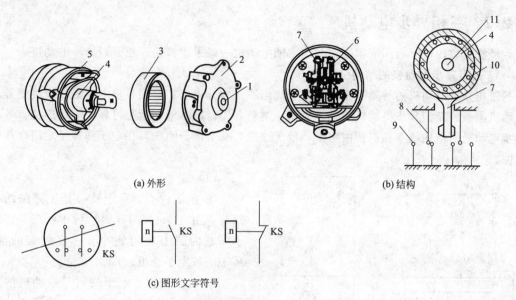

(a) 外形   (b) 结构

(c) 图形文字符号

图 2-21 速度继电器的原理示意图及图形文字符号

1—连接头；2—端盖；3—定子；4—转子；5—可动支架；6—触点；

7—胶木摆杆；8—簧片；9—静触点；10—绕组；11—轴

2.2 执行电器

数控机床的各种运动功能都必须通过执行电器才能完成。常见的数控机床执行电器有电磁阀和各种电动机。

2.2.1 电磁阀

数控机床液压、气动控制系统经常采用电磁阀作为电气信号的使能设备。电磁阀由电磁铁和阀（阀体、阀芯和油路系统等）两部分组成。其基本工作原理为：当电磁铁线圈通、断电时，衔铁吸合或释放，由于电磁铁的动铁心与阀的阀芯连接，使得阀芯位移，以实现液体或气体的流通、切断或方向变换，最终操纵各种机构动作，如气缸的往返，电动机的旋转，油路系统的升压、卸荷和其他工作部件的顺序动作等。

交流电磁铁由于起动力较大，不需要专门的电源，吸合、释放快，动作时间约为 0.01～0.03s，其缺点是若电源电压下降 15％以上，则电磁铁吸力明显减小，若衔铁不动作，干式电磁铁会在 10～15min 后烧坏线圈（湿式电磁铁为 1～1.5h），且冲击及噪声较大，寿命低，因而在实际使用中交流电磁铁允许的切换频率一般为 10 次/min，不得超过 30 次/min。直流电磁铁工作可靠，吸合、释放动作时间约为 0.05～0.08s，允许使用的切换频率较高，一般可达 120 次/min，最高可达 300 次/min，且冲击小、体积小、寿命长。但需有专门的直流电源，成本较高。选择电磁阀时，要注意电磁线圈的额定电压和电流性质（交流或直流）要与电路图标注一致。某型气动阀外形如图 2-22 所示。

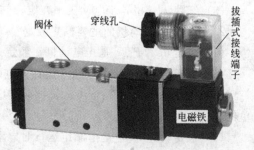

图 2-22 某型气动阀外形图

2.2.2 三相异步电动机

经济型数控机床通用变频器控制的主轴电动机一般采用普通三相笼型异步电动机。

1. 三相异步电动机的结构

三相异步电动机的种类很多，按转子绕组的结构分类有：笼型异步电动机和绕线型异步电动机两类。笼型异步电动机的结构简单、制造方便、成本低、运行可靠、应用广泛。各类异步电动机的结构基本相同，由定子和转子这两大基本部分组成，在定子和转子之间存在着气隙。

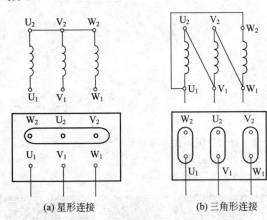

(a) 星形连接　　　　(b) 三角形连接

图 2-23　定子绕组端子排列及接线

（1）定子

① 定子铁心。定子铁心是主磁路的一部分，由 0.5mm 的硅钢片叠压而成。在定子铁心内圆上均匀地冲有一定数目的槽，用来嵌放定子绕组。

② 定子绕组。定子绕组是电动机的定子电路部分，嵌放在定子铁心的槽内。三相绕组的六个出线端都引至接线盒上，首端为 U$_1$、V$_1$、W$_1$，尾端为 U$_2$、V$_2$、W$_2$。定子绕组端子排列及接线如图 2-23 所示，根据需要可以连成星形和三角形。

③ 机座。机座是电动机机械结构的组成部分，用来支撑整个电动机。

（2）转子　三相异步电动机的转子由转子铁心、转子绕组和转轴组成。

① 转子铁心。转子铁心也是主磁路的一部分并且用来嵌放转子绕组。它由厚 0.5mm 的硅钢片叠压而成，在铁心外缘冲有一圈开口槽，外表面成圆柱形。中小型异步电动机的转子铁心一般直接固定在转轴上，而大型异步电动机的转子铁心则套在转子支架上，然后把支架固定在转轴上。

② 转子绕组。转子绕组是转子的电路部分，它的作用是感应电势、流过电流并产生电磁转矩。按结构形式可分为笼型和绕线型转子两种。数控机床常用笼型转子异步电动机。笼型转子绕组是在转子铁心的每个槽内放入一根导体，在伸出铁心的两端分别用两个导电端环把所有的导条连接起来，形成一个自行闭合的短路绕组。

③ 转轴。转轴是支撑转子铁心和输出转矩的部件，它必须具有足够的刚度和强度。转轴一般用中碳钢车削加工而成，轴伸出端铣有键槽，用来固定带轮或联轴器。

（3）气隙　三相异步电动机中在定、转子之间有一气隙，一般仅为 0.2～1.5mm。

2. 三相异步电动机的主要额定数据

（1）额定功率 P_N　是指电动机在额定运行时转轴上输出的机械功率，单位 kW。

（2）额定电压 U_N　是指额定运行时电网加在定子绕组上的线电压，单位 V 或 kV。

（3）额定电流 I_N　是指电动机在额定电压下，输出额定功率时，定子绕组中的线电流，单位 A。

（4）额定转速 n_N　是指额定运行时电动机的转速，单位转/分（r/min）。

（5）额定频率 f_N　是指电动机所接电源的频率，单位 Hz。

3. 三相异步电动机的工作原理

（1）三相异步电动机基本工作原理　图 2-24 为三相异步电动机基本工作原理的示意图。当三相异步电动机接到三相电源上时，定子绕组中便有对称的三相交流电流（相序为 U、V、W）通过，产生一个旋转的磁场，旋转磁场转速的公式为

$$n_1 = \frac{60 f_1}{P}$$

式中　n_1——旋转磁场的转速，r/min；

　　　f_1——电源频率，Hz；

　　　P——定子绕组磁极对数。

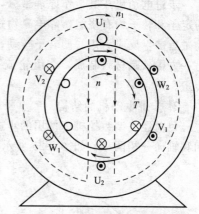

图 2-24　三相异步电动机
基本工作原理示意图

　　由于启动瞬间转子是静止的，因此该旋转磁场与转子导体之间有相对运动，转子导体切割旋转磁场产生感应电势。由于转子绕组闭合，转子绕组中便有电流通过，该电流与旋转磁场作用，产生电磁力，形成电磁转矩 T。当电磁力矩大于转子所受的阻力矩的时候，转子就沿着电磁转矩方向旋转起来。电动机把由定子输入的电能转变成机械能从轴上输出。由图 2-25 可知，异步电动机的旋转方向与旋转磁场的旋转方向是一致的，并且转子的转速 n 始终小于旋转磁场的转速 n_1。因为如果当转子的转速 n 等于旋转磁场的转速 n_1 的时候，转子导体与旋转磁场之间就不再有相对运动，转子导体就不再切割旋转磁场的磁通，转子绕组中的电流及其所受的电磁力均消失。这就是异步电动机得名的原因。

　　由于异步电动机的旋转方向始终与旋转磁场的转向一致，而旋转磁场的方向又取决于三相电流的相序，因此要改变转向，只需改变电流的相序即可，即任意对调电动机的两根电源线，便可使电动机反转。

　　（2）三相异步电动机变频调速原理　由旋转磁场转速的公式可知，在异步电动机定子绕组磁极对数 P 一定的情况下，旋转磁场转速 n_1 与电源频率 f_1 成正比例关系。即电源频率越高旋转磁场转速就越高。在负载转矩一定的情况下，异步电动机转子的转速 n 与旋转磁场的转速 n_1 大致存在一个正比例关系。所以，通过改变电源频率即可对应改变三相异步电动机的转速。

2.2.3　步进电动机

较早的经济型数控机床经常用步进电动机作为驱动电动机。

1. 步进电动机的分类

步进电动机作为执行元件，是机电一体化产品的关键器件之一，广泛应用在各种自动化控制系统中。

　　步进电动机按其输出转矩的大小来分，可以分为快速步进电动机和功率步进电动机。快速步进电动机连续工作频率高而输出转矩较小，一般在 N·cm 级，可以控制小型精密机床的工作台（例如线切割机床），也可以和液压转矩放大器组成电液脉冲马达去驱动数控机床的工作台；而功率步进电动机的输出转矩较大，是 N·m 级的，可以直接去驱动机床的移动部件。

　　步进电动机按其励磁相数，可以分为两相、三相、四相、五相甚至八相。一般来说随着相数的增加，在相同频率的情况下，每相导通电流的时间增加，各相平均电流会高些，从而

使电动机的转速——转矩特性会好些，步距角亦小。但是随着相数的增加，电动机的尺寸就增加，结构亦复杂，目前多用 3~6 相的步进电动机。

步进电动机按其工作原理来分，主要有激磁式、反应式、永磁式等。激磁式步进电动机的定子和转子均有绕组，靠电磁力矩使转子转动；反应式步进电动机转子无绕组，定子绕组励磁后产生反应力矩，使转子转动；永磁式步进电动机转子和定子的某一方具有永久磁钢，另一方由软磁材料制成，绕组轮流通电，建立的磁场与永久磁钢的恒定磁场相互作用产生转矩。

2. 步进电动机的结构

目前经济型数控机床使用的步进电动机一般为反应式步进电动机，这种电动机有径向分相和轴向分相两种，如图 2-25 所示，它由定子 1、定子绕组 2、转子 3 组成。

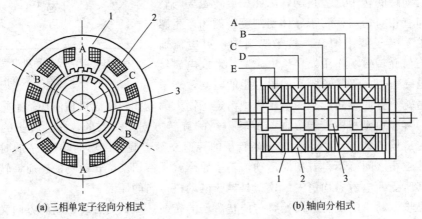

(a) 三相单定子径向分相式　　　　　　　　　　(b) 轴向分相式

图 2-25　反应式步进电动机的结构示意图

3. 步进电动机工作原理

某三相反应式步进电机定子上有六个均匀分布的磁极，每个定子磁极上均布 5 个齿，齿槽距相等，齿间夹角为 9°。转子上没有绕组，沿圆周方向均匀分布了 40 个齿，齿槽等宽，齿间夹角也是为 9°。因此，电动机三相定子磁极上的小齿在空间依次错开了 1/3 齿距，如图 2-26 所示。

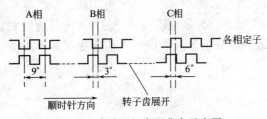

图 2-26　步进电机齿距分布示意图

由于三相定子磁极上的小齿在空间依次错开了 1/3 齿距，当 A 相磁极上的齿与转子上的齿对齐时，B 相磁极上的齿刚好超前（或滞后）转子齿 1/3 齿距角，即 3°，C 相磁极上的齿超前（或滞后）转子齿 2/3 齿距角，即 6°。当采用直流电源给三相反应式步进电动机的 A、B、C 三相定子绕组轮流供电时，感应力矩将吸引步进电动机的转子齿与 A、B、C 三相定子磁极上的齿分别对齐，转子将被拖动，按定子上 A、B、C 磁极位置顺序的方向一步一步移动，每步移动的角度为 3°，称为步距角。

步进电动机绕组的每一次通断电称为一拍，每拍中只有一相绕组通电，即按 A—B—C—A 的顺序连续向三相绕组通电，称为三相单三拍通电方式。如果每拍中都有两相绕组通电，即按 AB—BC—CA—AB 的顺序连续通电，则称为三相双三拍通电方式。

如果通电循环的各拍交替出现单、双相通电状态，即按 A—AB—B—BC—C—CA—A，则称为三相六拍通电方式，又称三相单双拍通电方式。

如果改变步进电动机绕组通电的频率，可改变步进电动机的转速；在某种通电方式中如果改变步进电动机绕组通电的顺序，例如在三相单三拍通电方式中，将通电顺序改变为 A—C—B—A，则步进电动机将向相反方向运动。

步进电动机的步距角 α 可按下式计算

$$\alpha = \frac{360°}{kmz}$$

式中　k——通电方式系数，采用单拍或双拍通电方式时，$k=1$；采用单双相轮流通电方式时，$k=2$；

　　　m——步进电动机的相数；

　　　z——步进电动机转子齿数。

2.2.4　交流伺服电动机

交流伺服电动机分为交流同步型伺服电机和交流异步型伺服电机两大类。交流同步型伺服电机由变频电源供电时，可方便地获得与频率成正比的转速，可得到很硬的机械特性和较宽的调速范围。同步型交流伺服电机按结构可分为永磁式、反应式、磁阻式等多种类型。

数控机床进给伺服系统多采用永磁式交流同步型伺服电机，它结构简单、运行可靠、效率高。永磁同步交流伺服电机，气隙磁场由稀土永磁体产生，转矩控制由调节电枢的电流实现，转矩的控制较感应电机简单，并且能达到较高的控制精度；转子无铜、铁损耗，效率高、功率因数高，也具有无刷免维护的特点，体积和惯量小，快速性好；在控制上需要轴位置传感器，以便识别气隙磁场的位置；价格较感应电机贵。

反应式交流同步伺服电机，其转子用磁极材料和非磁极材料拼镶而成，其直轴方向的磁阻小而交轴方向的磁阻大。当反应式同步电动机定子绕组接交流电源，由于直轴和交轴的磁阻不同，从而形成磁阻转矩（也叫反应转矩），拖动负载同步运行。

磁滞式交流同步伺服电机，其转子由硬磁材特性材料制作，在旋转过程中被磁化，到达同步转速时，转子被磁化为永久磁钢。异步运转时可产生异步转矩，因此磁滞式电动机无需启动绕组。转子磁滞材料层用硬磁材料制成，硬磁材料的磁滞现象十分突出，具有较宽的磁滞回线，其剩磁和矫顽力都很大。

交流异步型伺服电机又称交流感应式伺服电机。交流异步型伺服电机为感应交流电动机，其定子接通交流电后产生旋转磁场，其转子是由非磁性材料（铜或铝）制成的空心杯，当转子与旋转磁场存在相对运动时，转子导体切割磁力线产生感应电势，形成感应电流，导体在磁场中受到电磁力作用，带动转子旋转，方向与旋转磁场一致。由于采用空心杯转子结构，所以异步型交流伺服电机转子重量轻、惯量小、响应速度快。交流异步型伺服电机具有转子结构简单、坚固、价格便宜、过载能力强的优点。但与相同输出转矩的永磁式同步伺服电机相比，效率较低、体积大，转子也有较大的损耗和发热。

注意! 低转速、大扭矩交流同步伺服电动机，目前广泛用于主轴交流伺服系统，可大大减小主轴变速箱齿轮变比和体积，甚至取消变速箱。

2.3　检测装置与技术

2.3.1　检测系统的组成

检测系统一般由传感器、测量电路和显示记录装置等几个部分组成，它们分别完成信息的获取、转换、显示和处理等功能，如图 2-27 所示。

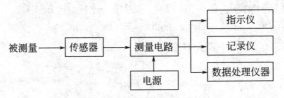

图 2-27 检测系统的组成

数控机床常用的传感器有位置传感器、速度传感器等。

2.3.2 测量的方法

1. 直接测量和间接测量

用事先标定好的测量仪表直接读取被测量结果的方法称为直接测量。例如，利用电压表测量电压或利用温度表测量温度等都属于直接测量。直接测量比较直观，同时具有方法简单、使用方便、响应迅速的优势，是工业检测中最常用的方法。

间接测量一般在无法进行直接测量时采用，其方法是先对与被测量有确定函数关系的几个参量进行测量，并将结果代入函数关系经过计算得到所需被测量的值。例如，测量电功率时，根据 $P=UI$，分别对 U 和 I 进行直接测量，再计算出电功率 P。间接测量方法比较复杂，花费时间也比较长。

2. 偏差式测量、零位式测量和微差式测量

偏差式测量是指通过仪表指针相对于刻度初始点的位移来决定被测量的值的测量方法。在使用这种方法的测量仪表内没有标准量具，只有经过标准量具校准过的标尺。在测量时，利用仪表指针在标尺上的示值读出被测量的数值。这种方法广泛应用于工程测量中，其优点是测量简单、迅速，但精度一般不高。零位式测量是利用已知的标准去平衡或抵消被测量的作用，并用指零式仪表来检测系统的平衡状态，从而判定被测量值等于已知标准量的方法，例如利用天平测量物体即是一个典型的零位式测量的例子。在零位式测量中，标准量具是测量系统的一部分，它提供一个可调节的标准量，被测量能够直接与标准量相比较，测量误差主要是标准量具本身的误差。另外，指零机构的灵敏度和准确度也会对测量结果产生一定的影响。因此，零位式测量可以获得比较高的测量精度。但这种方法测量过程比较复杂，花费时间也比较长。微差式测量是将偏差式测量和零位式测量的优点综合起来的一种测量方法。其基本思路是将被测量的大部分作用先与已知标准量相互抵消，剩余部分再使用偏差法进行测量。在微差式测量中，总是先设法使差值很小，然后就可以选用具有较高灵敏度的偏差式仪表测量，这样即使偏差式仪表的精度不高，最终结果也能够达到较高的精度。微差式测量的优点是反应速度快，测量精度高，特别适合于在线控制参数的测量。

2.3.3 检测系统的基本特性

1. 静态特性

静态特性是指当输入量为常量或变化极为缓慢时系统的 I/O 特性，其主要指标有线性度、灵敏度、分辨力、稳定性、迟滞、重复性、温度稳定性、各种抗干扰稳定性等。

（1）线性度 线性度是用实测的 I/O 曲线与拟合直线之间最大偏差和满量程输出的百分比来表示的。

（2）灵敏度 灵敏度是指传感器或检测系统输出变化量和引起此变化的输入变化量的比

24

值。如果系统的灵敏度为一个常数，则输出和输入之间有线性关系。一般希望灵敏度在整个测量范围内能够保持常数，这样既可以得到均匀的刻度，也便于测量结果的分析和处理。

一般来说，提高灵敏度可以得到较高的精度，但灵敏度越高，测量范围也越小，稳定性也越差。

（3）分辨率　分辨率是指仪表能够检测出被测量的最小变化的能力。输入量从任意值开始缓慢增加，直到可以测量到输出的变化为止，此时的输入量的增量就是分辨率，它表明了检测仪表响应和分辨输入量最小变化的能力。一般来说，分辨率和灵敏度有关，灵敏度越高，分辨率就越好。

（4）测量范围和量程　测量范围是指在正常工作条件下，测量仪表所能测量的被测量值的范围。一般以上下限度来表示。量程是指测量范围上下限的代数差。

2. 动态特性

在实际工作中，被测量往往是随时变化的，即呈现一个动态的过程。这就要求检测系统能够快速响应变化的参数，即具有良好的动态特性。

2.3.4　光电编码器

光电编码器是一种码盘式角度-数字检测元件。它有两种基本类型：一种是增量式编码器；一种是绝对式编码器。增量式编码器具有结构简单、价格低、精度易于保证等优点，所以目前采用最多。绝对式编码器能直接给出对应于每个转角的数字信息，便于计算机处理，但当进给数大于一转时，须作特别处理，而且必须用减速齿轮将两个以上的编码器连接起来，组成多级检测装置，使其结构复杂、成本高。

1. 增量式编码器

增量式编码器是指随转轴旋转的码盘给出一系列脉冲，然后根据旋转方向用计数器对这些脉冲进行加减计数，以此来表示转过的角位移量。

增量式编码器的工作原理如图 2-28 所示。它由主码盘、鉴向盘、光学系统和光电变换器组成。在图形的主码盘（光电盘）周边上刻有节距相等的辐射状窄缝，形成均匀分布的透明区和不透明区。鉴向盘与主码盘平行，并刻有两组透明检测窄缝，它们彼此错开 1/4 节距，以使 A、B 两个光电变换器的输出信号在相位上相差 90°。工作时，鉴向盘静止不动，主码盘与转轴一起转动，光源发出的光投射到主码盘与鉴向盘上。当主码盘上的不透明区正好与鉴向盘上的透明窄缝对齐时，光线被全部遮住，光电变换器输出电压为最小；当主码盘上的透明区正好与鉴向盘上的透明窄缝对齐时，光线全部通过，光电变换器输出电压为最大。主码盘每转过一个刻线周期，光电变换器将输出一个近似的正弦波电压，且光电变换器 A、B 的输出电压相位差为 90°。经逻辑电路处理就可以测出被测轴的相对转角和转动方向。

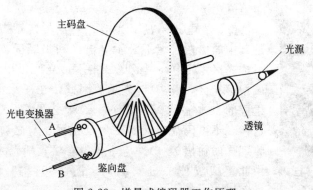

图 2-28　增量式编码器工作原理

利用增量式编码器还可以测量轴的转速。

2. 绝对式编码器

绝对式编码器是把被测转角通过读取码盘上的图案信息直接转换成相应代码的检测元件。绝对式编码器的码盘有光电式、接触式和电磁式三种，下面介绍常见的接触式、光电式码盘。

(1) 接触式码盘　图 2-29 为接触式码盘示意图。图 2-29(b) 为 4 位 BCD 码盘，它在一个不导电基体上做成许多金属区使其导电，其中涂黑部分为导电区，用"1"表示，其他部分为绝缘区，用"0"表示。这样，在每一个径向上，都有由"1"、"0"组成的二进制代码，最里一圈是公用的，它和各码道所有导电部分连在一起，经电刷和电阻接电源正极。除公用圈以外，4 位 BCD 码盘的 4 圈码道上也都装有电刷，电刷经电阻接地，电刷布置如图 2-29(a) 所示。

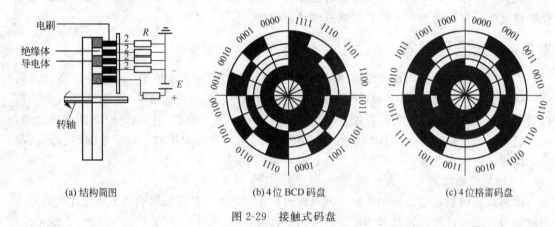

(a) 结构简图　　　　(b) 4 位 BCD 码盘　　　　(c) 4 位格雷码盘

图 2-29　接触式码盘

由于码盘是与被测转轴连在一起的，而电刷位置是固定的，因此当码盘随被测轴一起转动时，电刷和码盘的位置发生相对变化，若电刷接触的是导电区域，则经电刷、码盘、电阻和电源形成回路，该回路中的电阻上有电流流过，为"1"；反之，若电刷接触的是绝缘区域，则不能形成回路，电阻上无电流流过，为"0"。由此可根据电刷的位置得到由"1"、"0"组成的 4 位 BCD 码。通过图 2-29(b) 可看出电刷位置与输出代码的对应关系。码道的圈数就是二进制的位数，且高位在内，低位在外。由此可以推断出，若是 n 位二进制码盘，就有 n 圈码道，且圆周均为 2^n 等分，即共有 2^n 个数据来分别表示其不同位置。

图 2-29(c) 为 4 位格雷码盘，其特点是任何两个相邻数码间只有一位是变化的，可消除非单值性误差。

图 2-30　8 码道光电式码盘（1/4 圆）

(2) 光电式码盘　光电式码盘与接触式码盘结构相似，只是其中的黑白区域不表示导电区和绝缘区，而是表示透光区或不透光区。其中，黑的区域指不透光区，用"0"表示；白的区域指透光区，用"1"表示。因此，在任意角度都有"1"、"0"组成的二进制代码。另外，在每一码道上都有一组光电元件，这样，不论码盘转到哪一角度位置，与之对应的各光电元件接收到光的输出为"1"电平，没有接收到光的输出为"0"电平，由此组成 n 位二进制编码。图 2-30 为 8 码道光式电码盘示意图。

2.3.5　光栅测量装置

光栅是一种新型的位移检测元件，是一种将模拟量位移转变为数字脉冲的测量装置。它的特点是测量精确度高（可达±1μm）、响应速度快、量程范围大、可进行非接触测量等。其易于实现数字测量和自动控制，广泛用于数控机床和精密测量中。

1.　光栅的构造

所谓光栅就是在透明的玻璃板上，均匀地刻出许多明暗相间的条纹，或在金属镜面上均匀地划出许多间隔相等的条纹，条纹的间隙和宽度是相等的。以透光的玻璃为载体的称为透射光栅，不透光的金属为载体的称为反射光栅；根据光栅的外形可分为直线光栅和圆光栅。

2.　工作原理

如果把两块栅距 W 相等的标尺光栅、指示光栅平行安装，且让它们的刻痕之间有较小的夹角 θ 时，在光源的照射下，就会出现与光栅条纹几乎垂直排列的若干条明暗相间的条纹，这种条纹称莫尔条纹，如图 2-31 所示。莫尔条纹的形成是由于光的干涉效应。

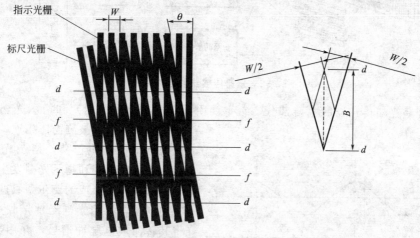

图 2-31　莫尔条纹

莫尔条纹具有如下特点。

（1）莫尔条纹的位移与光栅的移动成比例　当指示光栅不动，标尺光栅向左右移动时，莫尔条纹将沿着近于栅线的方向上下移动；光栅每移动过一个栅距 W，莫尔条纹就移动过一个条纹间距 B，查看莫尔条纹的移动方向，即可确定主光栅的移动方向。

（2）莫尔条纹具有位移放大作用　莫尔条纹的间距 B 与两光栅条纹夹角 θ 之间关系为

$$B=\frac{W}{2\sin\frac{\theta}{2}}\approx\frac{W}{\theta}$$

式中，θ 的单位为 rad，B、W 的单位为 mm。所以莫尔条纹的放大倍数为

$$K=\frac{B}{W}\approx\frac{1}{\theta}$$

可见 θ 越小，放大倍数越大。实际应用中，θ 角的取值范围都很小。例如当 $\theta=10'$ 时，$K=1/\theta=1/0.029\text{rad}\approx345$。也就是说指示光栅与标尺光栅相对移动一个很小的 W 距离时，可以得到一个很大的莫尔条纹移动量 B，可以用测量条纹的移动来检测光栅微小的位移，从而实现高灵敏度的位移测量。

（3）莫尔条纹具有平均光栅误差的作用　莫尔条纹是由一系列刻线的交点组成，它反映

了形成条纹的光栅刻线的平均位置，对各栅距误差起了平均作用，减弱了光栅制造中的局部误差和短周期误差对检测精度的影响。

3. 光栅测量系统

光栅传感器由照明系统、光栅副、光电接收元件、差动放大器、整形器等组成，具体如图 2-32 所示。

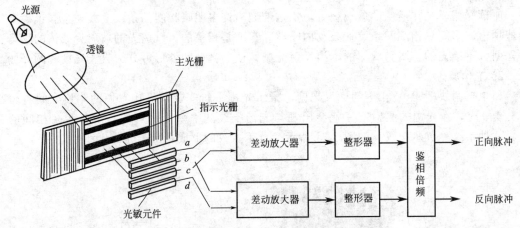

图 2-32　光栅传感器的结构原理

光栅副是光栅传感器的主要部分，它主要由标尺光栅（主光栅）和指示光栅组成，通常，标尺光栅和被测物体相连，随被测物体的移动而产生位移，指示光栅静止不动，当标尺光栅和指示光栅发生相对位移时，由它们所形成的莫尔条纹产生明暗交替的变化，利用光电元件接收这个变化，将其转换成电脉冲信号，并用数字显示，即可测得光栅副间的相对位移，进而测得被测物体的位移。通过光电元件，可将莫

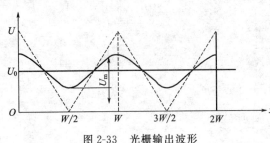

图 2-33　光栅输出波形

尔条纹移动时光强的变化转换为近似正弦变化的电信号，如图 2-33 所示。

其电压

$$U = U_0 + U_m \sin \frac{2\pi x}{W}$$

式中　U_0——输出信号的直流分量；

U_m——输出信号的幅值；

x——两光栅的相对位移。

将此电压信号放大、整形变换为方波，经微分转换为脉冲信号，再经辨向电路和可逆计数器计数，则可用数字形式显示出位移量，位移量等于脉冲与栅距乘积。

2.3.6　感应同步器

感应同步器是利用电磁感应原理把位移量转换成电信号的一种位移传感器。按测量机械位移的对象不同可分为直线型和圆盘型两类，分别用来检测直线位移和角位移。由于它成本低，受环境温度影响小，测量精度高，且为非接触测量，所以在位移检测中得到广泛应用，特别是在各种机床的位移数字显示、自动定位和数控系统中。

1. 感应同步器的结构

直线型感应同步器由定尺和滑尺两部分组成，如图 2-34 所示。图 2-35 为直线型感应同步器定尺和滑尺的结构。其制造工艺是先在基板（玻璃或金属）上涂上一层绝缘黏合材料，将铜箔粘牢，用制造印刷线路板的腐蚀方法制成节距 T 一般为 2mm 的方齿形线圈。定尺绕组是连续的。滑尺上分布着两个励磁绕组，分别称为正弦绕组和余弦绕组。当正弦绕组与定尺绕组相位相同时，余弦绕组与定尺绕组错开 1/4 节距。滑尺和定尺相对平行安装，其间保持一定间隙（0.05～0.2mm）。

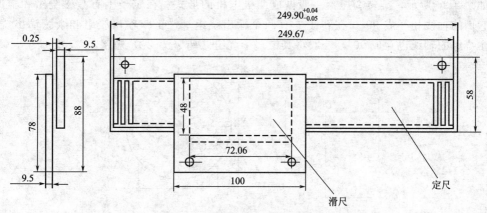

图 2-34　直线型感应同步器的组成

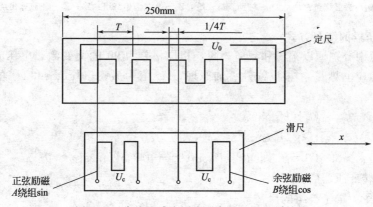

图 2-35　直线型感应同步器定尺和滑尺的结构

2. 感应同步器的工作原理

在滑尺的正弦绕组中，施加频率为 f（一般为 2～10kHz）的交变电流时，定尺绕组感应出频率为 f 的感应电势。感应电势的大小与滑尺和定尺的相对位置有关。当两绕组同向对齐时，滑尺绕组磁通全部交链于定尺绕组，所以其感应电势为正向最大。移动 1/4 节距后，两绕组磁通不交链，即交链磁通量为零；再移动 1/4 节距后，两绕组反向时，感应电势负向最大。依次类推，每移动一节距，周期性重复变化一次，其感应电势随位置按余弦规律变化。

2.3.7　旋转变压器

旋转变压器是一种利用电磁感应原理将转角变换为电压信号的传感器。由于它结构简单，动作灵敏，对环境无特殊要求，输出信号大，抗干扰好，因此被广泛应用于机电一体化产品中。

1. 旋转变压器的构造和工作原理

旋转变压器在结构上与两相绕组式异步电动机相似，由定子和转子组成。当从一定频率（频率通常为 400Hz、500Hz、1000Hz 及 5000Hz 等几种）的激磁电压加于定子绕组时，转子绕组的电压幅值与转子转角成正弦、余弦函数关系，或在一定转角范围内与转角成正比关系。前一种旋转变压器称为正余弦旋转变压器，适用于大角位移的绝对测量；后一种称为线性旋转变压器，适用于小角位移的相对测量。

如图 2-36 所示，旋转变压器一般做成两极电机的形式。在定子上有激磁绕组和辅助绕组，它们的轴线相互成 90°。在转子上有两个输出绕组——正弦输出绕组和余弦输出绕组，这两个绕组的轴线也互成 90°，一般将其中一个绕组（如 Z_1、Z_2）短接。

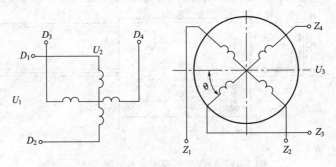

图 2-36　正余弦变压器原理图

D_1，D_2—激磁绕组；D_3，D_4—辅助绕组；Z_1，Z_2—余弦输出绕组；Z_3，Z_4—正弦输出绕组

2. 旋转变压器的测量方式

当定子绕组中分别通以幅值和频率相同、相位相差为 90° 的交变激磁电压时，便可在转子绕组中得到感应电势 U_3，根据线性叠加原理，U_3 值为激磁电压 U_1 和 U_2 的感应电势之和，即

$$U_1 = U_m \sin\omega t$$
$$U_2 = U_m \cos\omega t$$
$$U_3 = kU_1\sin\theta + kU_2\sin(90°+\theta) = kU_m\cos(\omega t - \theta)$$

式中　k——旋转变压器的变压比，$k = w_1/w_2$；

w_1、w_2——转子、定子绕组的匝数。

可见，测得转子绕组感应电压的幅值和相位，可间接测得转子转角 θ 的变化。

线性旋转变压器实际上也是正余弦旋转变压器，不同的是线性旋转变压器采用了特定的变压比 k 和接线方式，如图 2-37 所示。这样使得在一定转角范围内（一般为 ±60°），其输出电压和转子转角 θ 成线性关系。此时输出电压为

$$U_3 = kU_1 \frac{\sin\theta}{1 + k\cos\theta}$$

根据此式，选定变压比 k 及允许的非线性度，则可推算出满足线性关系的转角范围（见图 2-37）。如取 $k = $ 　，非线性度不超过

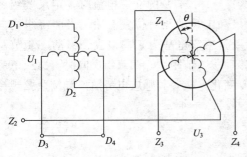

图 2-37　线性旋转变压器原理图

±0.1％，则转子转角范围可以达到±60°。

2.3.8　磁栅位移传感器

磁栅是利用电磁特性来进行机械位移的检测。主要用于大型机床和精密机床作为位置或位移量的检测元件。磁栅和其他类型的位移传感器相比，具有结构简单、使用方便、动态范围大（1～20m）和磁信号可以重新录制等特点。其缺点是需要屏蔽和防尘。

1. 磁栅式位移传感器的结构和工作原理

磁栅式位移传感器的结构原理如图 2-38 所示。它由磁尺（磁栅）、磁头和检测电路等部分组成。磁尺是采用录磁的方法，在一根基体表面涂有磁性膜的尺子上，记录下一定波长的磁化信号，以此作为基准刻度标尺。磁头把磁栅上的磁信号检测出来并转换成电信号。检测电路主要用来供给磁头激励电压和磁头检测到的信号转换为脉冲信号输出。

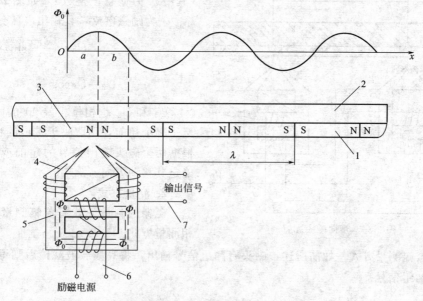

图 2-38　磁栅式位移传感器的结构原理
1—磁性膜；2—基体；3—磁尺；4—磁头；5—铁心；6—励磁绕组；7—拾磁绕组

磁尺是在非导磁材料如铜、不锈钢、玻璃或其他合金材料的基体上，涂敷、化学沉积或电镀上一层 $10～20\mu m$ 厚的硬磁性材料（如 Ni-Co-P 或 Fe-Co 合金），并在它的表面上录制相等节距周期变化的磁信号。磁信号的节距一般为 0.05mm、0.1mm、0.2mm、1mm。为了防止磁头对磁性膜的磨损，通常在磁性膜上涂一层 $1～2\mu m$ 的耐磨塑料保护层。

磁栅按用途分为长磁栅与圆磁栅两种。长磁栅用于直线位移测量，圆磁栅用于角位移测量。

磁头是进行磁-电转换的变换器，它把反映空间位置的磁信号转换为电信号输送到检测电路中去。普通录音机、磁带机的磁头是速度响应型磁头，其输出电压幅值与磁通变化率成正比，只有当磁头与磁带之间有一定相对速度时才能读取磁化信号，所以这种磁头只能用于动态测量，而不用于位置检测。为了在低速运动和静止时也能进行位置检测，必须采用磁通响应型磁头。

磁通响应型磁头是利用带可饱和铁心的磁性调制器原理制成的。在用软磁材料制成的铁心上绕有两个绕组，一个为励磁绕组，另一个为拾磁绕组，这两个绕组均由两段绕向相反并绕在不同的铁心臂上的绕组串联而成。将高频励磁电流通入励磁绕组时，在磁头上产生磁通 Φ_1，当磁头靠近磁尺时，磁尺上的磁信号产生的磁通 Φ_0 进入磁头铁心，并被高频励磁电流所产生的磁通 Φ_1 所调制。于是在拾磁线圈中感应电压为

$$U = U_0 \sin \frac{2\pi x}{\lambda} \sin \omega t$$

式中　U_0——输出电压系数；

　　　　λ——磁尺上磁化信号的节距；

　　　　x——磁头相对磁尺的位移；

　　　　ω——励磁电压的角频率。

这种调制输出信号跟磁头与磁尺的相对速度无关。为了辨别磁头在磁尺上的移动方向，通常采用了间距为 $(m\pm1/4)\lambda$ 的两组磁头（其中 m 为任意正整数）。如图 2-39 所示，i_1、i_2 为励磁电流，其输出电压分别为

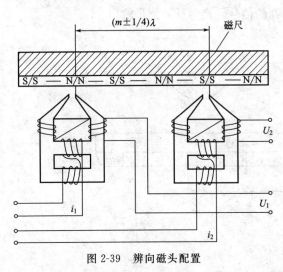

图 2-39　辨向磁头配置

$$U_1 = U_0 \sin \frac{2\pi x}{\lambda} \sin \omega t$$

$$U_2 = U_0 \cos \frac{2\pi x}{\lambda} \sin \omega t$$

U_1 和 U_2 是相位相差 90°的两列脉冲。至于哪个超前，则取决于磁尺的移动方向。根据两个磁头输出信号的超前或滞后，可确定其移动方向。

2. 测量方式

磁栅的测量方式有鉴幅测量方式和鉴相测量方式。

（1）鉴幅测量方式　如前所述，磁头有两组信号输出，将高频载波滤掉后则得到相位差为 $\pi/2$ 的两组信号

$$U_1 = U_0 \sin \frac{2\pi x}{\lambda}$$

$$U_2 = U_0 \cos \frac{2\pi x}{\lambda}$$

两组磁头相对于磁尺每移动一个节距发出一个正（余）弦信号，经信号处理后可进行位置检测。这种方法的检测线路比较简单，但分辨率受到录磁节距 λ 的限制，若要提高分辨率就必须采用较复杂的信频电路，所以不常采用。

（2）鉴相测量方式　采用相位检测的精度可以大大高于录磁节距 λ，并可以通过提高内插脉冲频率以提高系统的分辨率。将图中一组磁头的励磁信号移相 90°，则得到输出电压为

$$U_1 = U_0 \sin \frac{2\pi x}{\lambda} \cos \omega t$$

$$U_2 = U_0 \cos \frac{2\pi x}{\lambda} \sin \omega t$$

在求和电路中相加，则得到磁头总输出电压为

$$U = U_0 \sin \left(\frac{2\pi x}{\lambda} + \omega t \right)$$

由上式可知，合成输出电压 U 的幅值恒定，而相位随磁头与磁尺的相对位置 x 变化而变。读出输出信号的相位，就可确定磁头的位置。

思考题及习题

2-1　常用的测量方法都有哪些？各自有什么优缺点？适用于什么场合？

2-2　位置检测装置在数控机床控制中起什么作用？

2-3　位置检测装置有哪些种类？它们可分别安装在机床的哪些部位？

2-4　有一和伺服电动机同轴安装的光电式编码器，指标为 1024 脉冲/r，该伺服电动机与螺距为 6mm 的滚珠丝杠通过联轴器相连，在位置控制伺服中断 4ms 内，光电式编码器输出脉冲信号经 4 倍频处理后，共计脉冲数 2KB(1KB＝1024 字节)，问：

(1) 倍频的作用是什么？

(2) 工作台移动了多少毫米？

(3) 伺服电动机的转速为多少？

(4) 伺服电动机的旋转方向是怎样判别的？

2-5　光电式编码器安装在滚珠丝杠驱动前端和末端有何区别？

2-6　简述编码器在数控机床中的应用。

2-7　光栅尺由哪些部件构成？莫尔条纹的作用是什么？

2-8　增量式光电编码器或光栅尺输出的"六脉冲"信号指什么？方向判别是怎样实现的？

2-9　旋转变压器和感应同步器各由哪些部件组成？判别相位工作方式和幅值工作方式的依据是什么？

2-10　磁栅由哪些部件组成？被测位移量与感应电压的关系是怎样的？方向判别是怎样实现的？

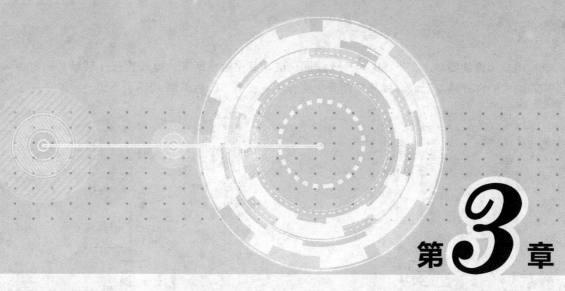

第3章

数控机床电气控制系统的基本环节和基本电路

【本章学习目标】

掌握电气控制系统的基本环节和基本电路的工作原理；

掌握三相异步电动机的启动、制动和调速控制电路及工作原理。

3.1 电气控制系统的基本环节

电气控制系统是由若干基本电路组成的，而基本电路又是由若干基本环节构成的。

3.1.1 点动环节

生产实际工作中，机械设备有时候需要短时或瞬时工作，称为点动。例如数控车床 Z 方向进给调整时，手动按下＋Z 点动键 Z 轴向正方向点动，撒手即停。

图 3-1 为具有点动控制环节的三相异步电动机主电路和控制电路。当按下按钮 SB 时，KM 线圈得电，其主触点闭合，电动机转动，松开 SB，其常开触点复位断开，KM 线圈断电，其主触点断开，电动机停止转动。

3.1.2 长动与自锁环节

生产实际工作中不仅需要点动，更多时候还需拖动电动机长时间运转，即电动机持续工作，称为长动。例如数控车床手动方式下按下主轴正转键，主轴正方向连续旋转。

图 3-2 为具有长动控制环节的三相电动机异步主电路和控制电路。当按下按钮 SB_2 时，KM 线圈得电，其主触点闭合，电动机转动，同时，KM 的辅助常开触点闭合形成"自锁"环节，故松开 SB_2 后 KM 线圈仍得

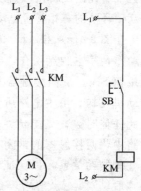

(a) 主电路　(b) 点动控制电路

图 3-1　具有点动控制环节的电路

电,电动机连续转动。按下 SB_1,KM 线圈失电,其主触点断开,电动机停止转动。同时由 KM 的辅助常开触点形成自锁环节断开失去作用,松开 SB_1 后 KM 线圈仍不得电。

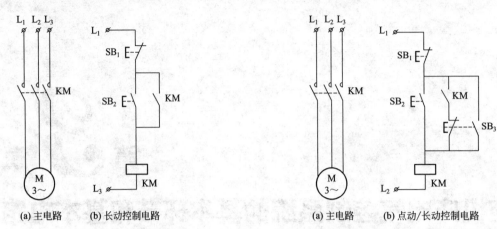

(a) 主电路　　(b) 长动控制电路　　　　　　　　(a) 主电路　　(b) 点动/长动控制电路

图 3-2　具有长动控制环节的电路　　　　　图 3-3　具有点动/长动双重功能控制环节的电路

图 3-3 为具有点动/长动双重功能控制环节的三相异步电动机主电路和控制电路。SB_3 为点动按钮,SB_2 为长动按钮,SB_1 为停车按钮,其工作原理分析如下。按下 SB_2 时,线圈 KM 得电,其常开辅助触点闭合,即可形成自锁环节,实现电动机长动工作;当按下按钮 SB_3 时,SB_3 常闭触点先断开,常开触点后闭合,线圈 KM 得电,其常开辅助触点闭合,但由于没有形成自锁,因此可实现点动功能。

3.1.3　正反转与互锁环节

正反转又称可逆运转。生产实践中,很多设备需要互相相反的运行方向,例如数控车床的主轴正向和反向转动,工作台的前进和后退。这两个相反方向的运动均可通过电动机的正转和反转来实现。在电路中,只要将三相电源中的任意两相对调就可改变电源相序,从而改变电动机的旋转方向。实际电路构成时,可在主电路中用两个接触器的主触点实现正转相序接线和反转相序接线,在控制电路中控制正转接触器线圈得电,其主触点闭合,电动机正转,或者控制反转接触器线圈得电,反转接触器主触点闭合,电动机反转。图 3-4 所示为具有互锁环节的三相异步电动机正反转电路。

在图 3-4(a) 和 (b) 的电路中,按下正向启动按钮 SB_2,正向控制接触器 KM_1 线圈得电动作,其主触点闭合,电动机正向转动;按下停止按钮 SB_1,电动机停转;按下反向启动按钮 SB_3,反向接触器 KM_2 线圈得电动作,其主触点闭合,给电动机送入反相序电源,电动机反转。由主电路可知,若 KM_1 与 KM_2 的主触点同时闭合,将会造成电源短路,因此任何时候,只能允许一个接触器通电工作。要实现这样的控制要求,通常是在控制电路中将两接触器的常闭(动断)触点分别串接在对方的工作线圈电路里,这样可以构成互相制约关系,以保证电路安全正常的正作。这种互相制约的关系称为"互锁",也称为"联锁"。

在图 3-4(b) 的控制电路中,当 KM_1 与 KM_2 的互锁常闭触点由于某种原因有一个或全部粘连后,互锁作用将不复存在,在改变电动机转向时仍将会造成电源短路。为了提高安全系数,采用图 3-4(c) 的双重互锁,即接触器和按钮两方面互锁。另外,图 3-4(b) 的控制电路中,由于改变电动机转向时,必须先按下停止按钮,才能实现方向变换,这样很不方

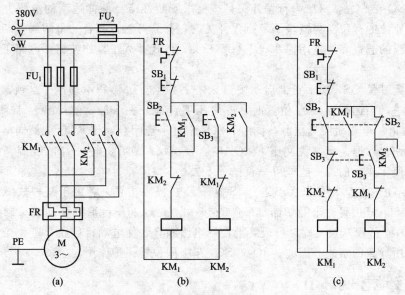

图 3-4　具有互所环节的三相异步电动机正反转电路

便，而图 3-4(c) 就很好地解决了这一问题，当变换电动机转向时，不必先按下停止按钮。因此，生产实际当中普遍采用这种电路。

　　有的机床设备的工作台需在一定的距离内能自动往复循环运动。图 3-5 是机床工作台自动往返运行控制的示意图和电路图。它实质上是用行程开关来自动实现电动机正、反转的。

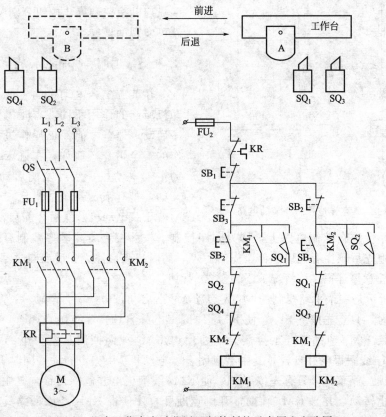

图 3-5　机床工作台自动往返运行控制的示意图和电路图

图中 SQ_1、SQ_2、SQ_3、SQ_4 为行程开关，按要求安装在床身两侧适当的位置上，用来限制加工终点与原位的行程。当撞块压下行程开关时，其常开触点闭合、常闭触点断开。这其实是在一定行程的起点和终点用撞块压下行程开关，以代替人工操作按钮。电路工作原理分析如下。

合上电源开关 QS，按下正向启动按钮 SB_2，接触器 KM_1 得电动作并自锁，电动机正转使工作台前进，当运行到 SQ_2 位置时，撞块压下行程开关 SQ_2，使得 SQ_2 常闭触点断开，KM_1 线圈失电，电动机脱离电源，同时，SQ_2 常开触点闭合，使 KM_2 线圈通电，电动机实现反转，工作台后退。当撞块又压下 SQ_1 时，使 KM_2 线圈断电，KM_1 线圈又得电，电动机重新正转使工作台前进，这样可一直循环下去。

SB_1 为停止按钮，限位开关 SQ_3 与 SQ_4 安装在极限位置。若由于某种故障使工作台到达 SQ_1（或 SQ_2）位置时未能切断 KM_2（或 KM_1），则工作台继续移动到极限位置，压下 SQ_3（或 SQ_4）行程开关，此时可最终把控制电路断开，使电动机停止，避免工作台由于超越允许位置所导致的事故。因此，SQ_3、SQ_4 起极限位置保护作用。

3.1.4　多地控制环节

在大型机床设备中，为了操作方便，常要求能在多个地点进行控制，这种能在多个地点进行同一种控制的电路环节叫做多地控制环节。如图 3-6 所示电路是一个具有两地控制功能的电路。电路中，把两个启动按钮并联起来，把两个停止按钮串联起来，并且各取一只启动按钮和停止按钮分别装在两个地方，就可实现两地操作。

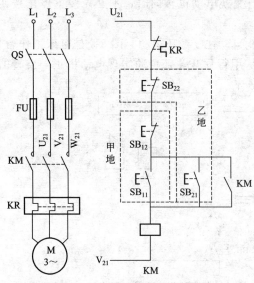

图 3-6　具有异地控制环节的电路

3.1.5　顺序控制环节

在装有多台电动机的生产机械上，各电动机所起的作用不同，有时需要按一定的顺序启动、停车才能保证操作过程的合理和工作的安全可靠。例如，在铣床上就要求先启动主轴电动机，然后才能启动进给电动机。又如，带有液压系统的机床，一般都要先启动液压泵电动机，然后才能启动其他电动机。

这些顺序关系反映在控制电路上，称为顺序控制。按照控制方式顺序控制有手动、自动控制；按照启停先后顺序有先启先停、先启后停、同时启先后停、先后启同时停、任意启先后停、先后启任意停等很多种情况。下面举二例说明。

图 3-7 所示是一个手动控制的 M_1 先启动 M_2 后启动，M_2 先停车 M_1 后停车的顺序控制电路。启动时，只有先按下 SB_3，使 KM_1 线圈得电并自锁，其主触点闭合，电动机 M_1 得电转动，并且 KM_1 辅助常开触点闭合，才使得 KM_2 线圈回路具备得电的可能性。按下 SB_4，使 KM_2 线圈得电并自锁，其主触点闭合，电动机 M_2 得电转动，同时 KM_2 辅助常开触点闭合自锁。停车时，只有先按下 SB_2 使 KM_2 线圈失电并解除自锁，其主触点断开，电动机 M_2 停止转动，并且 KM_2 辅助常开触点断开，才使得 KM_1 线圈回路具备失电的可能性。按下 SB_1 使 KM_1 线圈失电并解除自锁，其主触点断开，电动机 M_1 停止转动。

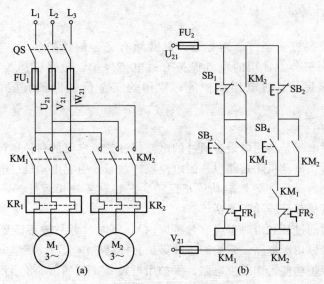

图 3-7　具有先启后停顺序控制环节的电路

图 3-8 所示是一个自动控制的 M_1 先启动 M_2 后启动，M_1 先停车 M_2 后停车的顺序控制电路。启动时，按下 SB_2，使 KM_1 线圈得电并自锁，其主触点闭合，电动机 M_1 得电转动；同时 KT_1 线圈得电，KT_1 延时闭合瞬时断开的常开触点延时闭合，使得中间继电器 KA 线圈得电并自锁，KA 的另外一个常开触点闭合使得 KM_2 线圈得电并自锁，其主触点闭合，电动机 M_2 得电转动；KM_2 的辅助常闭触点断开，KT_1 线圈失电，其延时闭合的常开触点断开；KM_2 的另一个辅助常开触点闭合，为 KT_2 线圈得电做好准备；KM_2 的另一个辅助常闭触点断开，KA 线圈失电并解除自锁。停车时，按下 SB_1，KM_1 线圈失电并解除自锁，其主触点断开，电动机 M_1 失电停止转动；同时 KT_2 线圈得电并自锁，KT_2 延时断开瞬时闭合的常闭触点延时断开，KM_2 线圈失电并解除自锁，其主触点断开，电动机 M_2 失电停止转动；KM_2 另一个辅助常开触点断开，KT_2 线圈失电并解除自锁。

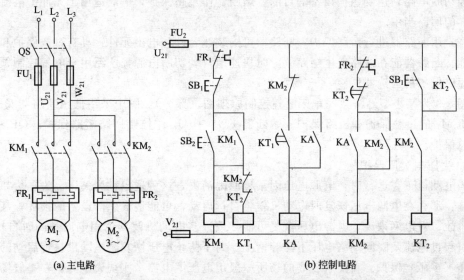

图 3-8　具有自动先启先停顺序控制环节的电路

3.1.6 保护环节

电气控制系统要想安全可靠地运行，就必须有完善的保护环节，如电流保护、电压保护、安全位置保护等。常用的电流保护有过电流保护、短路保护等；常用的电压保护有失压保护、欠压保护、过电压保护等；常用的安全位置保护有限位保护、开闭门保护等。

1. 过电流保护

广义地讲，过电流是指用电设备通过的电流超过其额定值的一种运行状态。但在实际工作中，过电流一般指电动机除短路以外的电流超标状态。引起电动机过电流的原因很多，如过载运行、不正确的操作如频繁启动或正反转、三相设备缺相运行、三相设备部分匝间短路、机械故障如机械部分转动不灵活等。

过载包括长时间过载和短时过载（数秒以内），短时过载一般不需要切断电路，只有长时间过载时，才可以切断电路。常用的过载保护元件是热继电器，热继电器通常与接触器配合使用完成过载保护功能，切断主电路、保护用电设备。例如图 3-8 所示，当电动机 M_1 或 M_2 过载时，相应的过载保护热继电器 FR_1 或 FR_2 的常闭触点断开，使得控制电路中 KM_1 或 KM_2 线圈失电，于是 KM_1 或 KM_2 的主触点断开，电动机 M_1 或 M_2 停止运转，保护了电动机。

对于不正确的操作如频繁启动或正反转引起的过电流，只要建立正确的操作规程，或规范操作程序即可避免此类过电流的发生。

对于三相设备缺相运行引起的过电流，最有效的方法就是安装缺相保护器或选择合适参数的具有热元件的断路器作过电流保护。

对于三相设备部分匝间短路和机械故障，需安装过电流继电器并配合接触器断开电源，避免事故的进一步扩大。

2. 短路保护

短路是电路中常见的一种故障现象。短路保护通常采用熔断器和断路器。

（1）用熔断器进行短路保护　熔断器串联在被保护的电路中，当电路发生短路时，它自动熔断切断电路，达到保护设备的目的。熔断器作短路保护，一般适用于无冲击电流（尖峰电流）的回路当中。

（2）用断路器进行短路保护　断路器可安装热元件和电磁元件，具有过载保护和短路保护功能。断路器能在线路发生短路故障时快速地自动切断电源，广泛用于电气控制领域，是目前短路保护的首选器件。

图 3-9 为某小型经济数控车床电气控制原理图（部分）。图中采用低压断路器 QF_2 作为电动机 M_1 的过载保护和短路保护；熔断器 $FU_1 \sim FU_4$ 作控制回路短路保护；QF_1 作各级短路总保护。

3. 失压与欠压保护

当电动机正在运行时，电源电压因某种原因消失，这种现象称为失压。失压后如果不采取措施，那么在电源电压恢复时电动机就将自行启动，可能造成生产设备的损坏，甚至造成人身事故；对电网来说，电源电压恢复可能导致许多电动机及其他用电设备同时自行启动，以致引起过电流及瞬间网络电压下降等情况。为了防止电压恢复时电动机自行启动的保护称为失压（零压）保护。在要求较高的场所一般用电压继电器来实现失压保护；一般场所用按钮配合继电接触器电路即可实现失压保护。

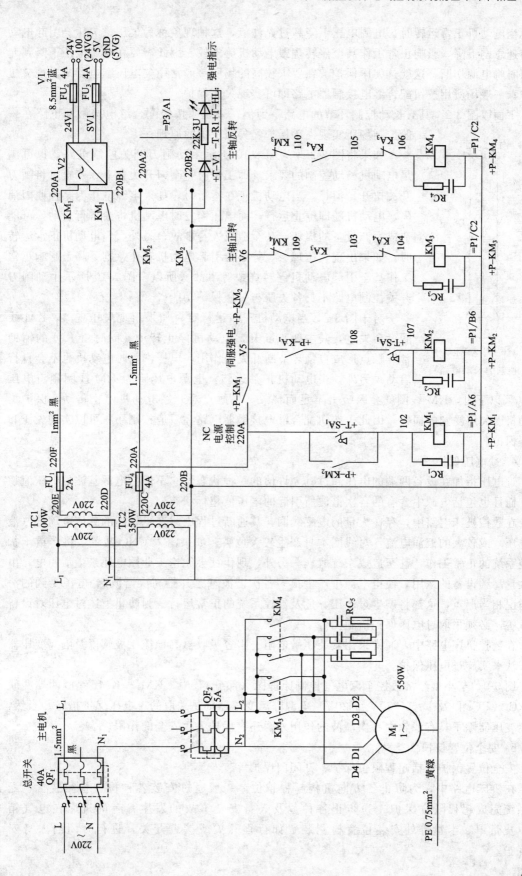

图 3-9 某小型经济数控车床电气控制原理图

当电动机正常运转时，电源电压下降超过允许值，这种现象称为欠压。欠压会引起电动机转速急剧下降，影响正常工作甚至停转烧毁电动机等事故。因此需要在电源电压下降到允许值时将电源切断，这就是欠压保护。在要求较高的场所一般常用欠电压继电器来实现欠压保护；一般场所用按钮配合继电接触器电路即可实现欠压保护。

下面以图 3-2"具有长动控制环节的电路"为例，来说明按钮配合继电接触器电路在一般控制场所实现失压保护、欠压保护的原理。

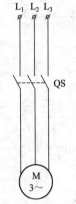

图 3-10　手动闸刀开关
控制的长动电路

如果将图 3-2 改为图 3-10 所示手动闸刀开关控制电路，也可满足电动机长动控制的要求，即工作时将闸刀开关合上，停止时将闸刀开关拉开。但是，当电动机正在运行时，如果电源电压因某种原因消失，电动机随即停止运行，而电压恢复时电动机将会自行启动，可能造成生产设备的损坏，甚至造成人身事故；另外，当电动机正常运转时，如果出现欠压现象，势必会引起电动机转速急剧下降，影响正常工作甚至引起电动机停转烧毁等事故。所以，图 3-10 所示手动闸刀开关控制电路不具备失压与欠压保护功能。

对于图 3-2，当电动机正在运行时，如果出现失压现象，KM 线圈就会失电，其主触点断开，电动机停止转动；同时由 KM 的辅助常开触点形成自锁环节断开失去作用，电压恢复时电动机也不会自行启动。另外，当电动机正常运转，电源电压降为 KM 线圈额定电压的 70％以下时，KM 线圈就会因吸力不足而释放，主触点断开，电动机停止转动，保护了电动机因欠压受到的损害。因此，按钮配合继电接触器电路在一般控制场所可以实现失压和欠压保护。

4. 过电压保护

过电压指加在设备两端的电压超过其允许值的一种状态。它不但指电源基波的电压值超标，而且也包括电源中含有的各次谐波所引起的电压值超标状态。

在数控机床电路中，存在大量的电感线圈，其通断过程中将产生较高的感应电动势（浪涌电压）或较大的浪涌电流，对线圈本身产生较大危害；如果窜入 CNC 装置，将严重干扰数控系统的正常工作，甚至造成系统瘫痪。另外，现代社会无论工业用电还是生活用电，由于大量高频设备的运用，使得电源中产生很多各次谐波（尤其是高次谐波），电源受到的污染情况相当严重，这都将产生过电压，危及数控系统的正常运行。为防止上述过电压对设备的危害，必须采取过电压保护措施。

在数控机床电路中，通常采用安装压敏电阻、阻容吸收器、稳压二极管以及隔离变压器等方法来实施过电压保护。

图 3-9"某小型经济数控车床电气控制原理图（部分）"中，$KM_1 \sim KM_4$ 线圈两端并联的 $RC_1 \sim RC_4$ 以及 1：1(220V：220V) 电源隔离变压器都是采取的过电压保护措施。当然，隔离变压器除了具有滤除中高次谐波的作用外，还有保护人生安全的作用。

5. 安全位置保护

安全位置保护包括超程限位保护、开闭门保护等。

在机床电路中，为防止各方向机构超程越位，一般通过安装各种位置检测装置，配合系统完成超程限位保护。为防止各种危及人身安全事故的发生，有的机床在电气箱门、皮带罩、卡盘等处安装位置检测装置如行程开关或接近开关，进行开闭门人身安全保护。

3.2　电气控制系统的基本电路

电气控制系统的基本电路包括电动机的启动控制电路、制动控制电路和调速控制电路。

3.2.1　三相笼型异步电动机的启动控制电路

由于三相笼型异步电动机全压启动时会产生大于额定电流数倍的启动电流，增加电路损耗、影响相邻设备的正常运行。一般情况下，10kW 以下容量的三相异步电动机，通常采用全压启动，而 10kW 及以上容量的三相异步电动机，一般采用降压启动的方法。

所谓降压启动，是指启动时降低加在电动机定子每相绕组上的电压，待电动机转速稳定后再将电压恢复到额定值，使之运行在额定电压下。降压启动可以减小启动电流，从而减小电路压降。

传统的降压启动包括定子串电阻或电抗器启动；Y-△启动；自耦变压器降压启动；延边三角形启动等。由于串电阻启动时，将在电阻上消耗大量的电能，所以不宜用于经常启动的电机上。用电抗器代替电阻，可克服这一缺点，但设备费用较大，故定子串电阻或电抗器启动目前低压电动机很少采用。由于延边三角形启动采用特制的带"延边绕组"的电动机，对普通电动机不适用，故目前也很少采用。由于 Y-△启动和自耦变压器降压启动目前仍有较高性价比，故仍有采用。

软启动（固态降压启动器）是一种当代电动机控制新技术，具有较高的启动性能，是大中型三相异步电动机启动的一个主要发展方向；普通数控机床的主轴电动机一般采用变频器启动调速。

1. 星形-三角形降压启动控制

对于定子三相绕组的六个线头全部甩出的三相笼型异步电动机，均可采用 Y-△降压启动。启动时，定子绕组先接成星形，待电动机转速上升至稳定转速时，将定子绕组换接成三角形，电动机便进入全压下的正常运转。图 3-11 为 QX4 系列 Y-△降压启动（自动）控制电路。

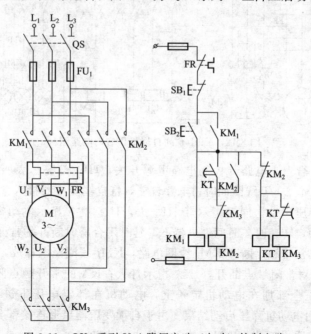

图 3-11　QX4 系列 Y-△降压启动（自动）控制电路

电路工作原理：合上电源开关 QS，按下启动按钮 SB$_2$，KM$_1$、KT、KM$_3$ 线圈同时得电并自锁，电动机三相定子绕组星形接入三相交流电源进行降压启动；当电动机转速稳定时，时间继电器 KT 的延时闭合瞬时断开的常开触点闭合，延时断开瞬时闭合的常闭触点断开，使得 KM$_3$ 线圈断电释放、KM$_2$ 线圈通电吸合并自锁，电动机绕组接成三角形全压运行。当 KM$_2$ 通电吸合后，KM$_2$ 常闭触点断开，使 KT 线圈断电，避免时间继电器长期工作。KM$_2$、KM$_3$ 常闭触点为互锁触点，以防同时接成星形和三角形造成电源短路。

2. 自耦变压器降压启动控制

电动机自耦变压器降压启动是将自耦变压器一次侧接在电网上，启动时定子绕组接在自耦变压器二次侧上。这样，启动时电动机获得的电压为自耦变压器的二次电压。待电动机转速接近电动机额定转速时，再将电动机定子绕组接在全压上，电动机获得额定电压进入正常运转。这种降压启动适用于较大容量电动机的空载或轻载启动，自耦变压器二次绕组一般有两组抽头，一组为 65%U_N，一组为 80%U_N，用户可根据电网允许的启动电流和机械负载所需的启动转矩来选择。

图 3-12 为 XJ01 系列自耦降压启动电路图。图中 KM$_1$ 为降压启动接触器，KM$_2$ 为全压运行接触器，KA 为中间继电器，KT 为降压启动时间继电器，HL$_1$ 为电源指示灯，HL$_2$ 为降压启动指示灯，HL$_3$ 为正常运行指示灯。

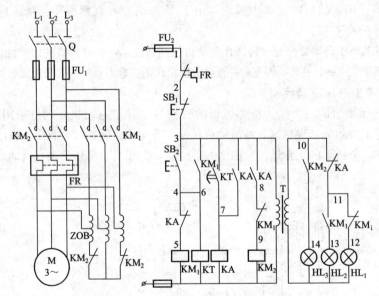

图 3-12　XJ01 系列自耦降压启动电路图

电路工作原理：合上主电路与控制电路电源开关，HL$_1$ 灯亮，表明电源电压正常。按下启动按钮 SB$_2$，KM$_1$、KT 线圈同时得电并自锁，将自耦变压器接入，电动机由自耦变压器二次电压供电作降压启动，同时指示灯 HL$_1$ 灭，HL$_2$ 亮，显示电动机正进行降压启动，当电动机转速接近额定转速时，时间继电器 KT 延时闭合瞬时断开的常开触点闭合，使 KA 线圈得电并自锁，其常闭触点断开 KM$_1$ 线圈电路，KM$_1$ 线圈断电释放，将自耦变压器从电路切除；KA 的另一对常闭触点断开，HL$_2$ 指示灯灭；KA 的常开触点闭合，使 KM$_2$ 线圈得电吸合，电源电压全部加在电动机定子上，电动机在额定电压下进入正常运转，同时HL$_3$ 指示灯亮，表明电动机降压启动结束。由于自耦变压器星形连接部分采用 KM$_2$ 辅助触点来连接，故该电路适用于 13kW 以下的三相异步电动机。

3. 软启动和变频启动

电动机启动时，输入电压从零以预设函数关系逐渐上升，电动机启动转矩逐渐增加，转速也逐渐增加，直至赋予电动机全电压，启动结束，这种启动方式叫做软启动。相应地，电动机逐渐停机的过程，叫做软停车。

电动机软启动和软停车使用的器件为软启动器。软启动器是一种集电动机软启动、软停车、轻载节能和多种保护功能于一体的电动机控制装置。它主要由串接于电源与被控电动机之间的三相反并联晶闸管及其电子控制电路构成。运用不同的方法，控制三相反并联晶闸管的导通角，使被控电动机的输入电压按不同的要求而变化，就可实现不同的软启动、软停车功能。图3-13为软启动器外形图。

图 3-14 为三相异步电动机用软启动器控制的启动电路。图中虚线框所示为软启动器，其内部装有继电器 KA_1、KA_2。KA_1 完成过载保护，合上 QF_1 和 QF_2 后，KA_1 常开触头闭合；电动机过载时，KA_1 常开触头断开。当电动机启动完成时，KA_2 常开触头闭合。KM_1 为线路接触器，KM_2 为旁路接触器，SB_1 为正常停车按钮，SB_2 为启动按钮，SB_3 为紧急停车按钮。工作时，合上电源开关 QF_1 和 QF_2，KM_1 线圈通电吸合，其主触头闭合，三相电源送入软启动器，电动机由软启动器供电。按下启动按钮 SB_2，电动机按设定的启动方式启动，当启动完成后，内部继电器 KA_2 常开触头闭合，KM_2 线圈通电吸合，电动机转由旁路接触器 KM_2 主触头供电，同时将软启动器内部的三相反并联晶闸管短接，电动机经 KM_1 主触头由电网直接供电，实现在额定电压下运行。但此时过载保护仍起作用，过载时，KA_1 常

图 3-13　软启动器外形图

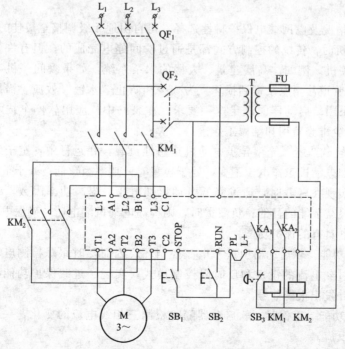

图 3-14　软启动器控制的启动电路图

开触头断开，KM_1 线圈断电释放，软启动器电源切断。正常停车时，按下停车按钮 SB_1，停止指令使旁路接触器 KM_2 跳闸，软启动器进入软停车状态工作，电动机减速停车。当需紧急停车时，按下 SB_3 按钮，接触器 KM_1 直接跳闸，软启动器内部的 KA_2 触头复位，KM_2 跳闸，电动机自由停转。

（1）软启动器的启动方式

① 斜坡升压软启动。这种启动方式最简单，不具备电流闭环控制，仅调整晶闸管导通角，使之与时间成一定函数关系增加。其缺点是，由于不限流，在电动机启动过程中，有时要产生较大的冲击电流使晶闸管损坏，对电网影响较大，实际很少应用。

② 斜坡恒流软启动。这种启动方式是在电动机启动的初始阶段启动电流逐渐增加，当电流达到预先所设定的值后保持恒定，直至启动完毕。启动过程中，电流上升变化的速率是可以根据电动机负载调整设定。电流上升速率大，则启动转矩大，启动时间短。该启动方式是应用最多的启动方式，尤其适用于风机、泵类负载的启动。

③ 阶跃启动。开机即以最短时间，使启动电流迅速达到设定值，即为阶跃启动。通过调节启动电流设定值，可以达到快速启动效果。

④ 脉冲冲击启动。在启动开始阶段，让晶闸管在极短时间内，以较大电流导通一段时间后回落，再按原设定值线性上升，进入恒流启动。该启动方法，在一般负载中较少应用，适用于重载并需克服较大静摩擦的启动场合。

（2）软启动与传统降压启动方式比较　笼型异步电动机传统的降压启动方式有 Y-△ 启动、自耦降压启动等。这些启动方式都属于有级降压启动，存在明显缺点，即启动过程中出现二次冲击电流。软启动与传统降压启动方式的不同之处如下。

① 无冲击电流。软启动器在启动电动机时，通过逐渐增大晶闸管导通角，使电动机启动电流从零线性上升至设定值。

② 恒流启动。软启动器可以引入电流闭环控制，使电机在启动过程中保持恒流，确保电动机平稳启动。

③ 根据负载情况及电网继电保护特性选择，可自由地无级调整至最佳的启动电流。

④ 电动机停机时，传统的控制方式都是通过瞬间停电完成的。但有许多应用场合，不允许电动机瞬间关机。例如：高层建筑、大楼的水泵系统，如果瞬间停机，会产生巨大的"水锤"效应，使管道甚至水泵遭到损坏。为减少和防止"水锤"效应，需要电动机逐渐停机，即软停车，采用软启动器能满足这一要求。在泵站中，应用软停车技术可避免泵站的"拍门"损坏，减少维修费用和维修工作量。

⑤ 软启动器轻载节能。笼型异步电动机是感性负载，在运行中，定子线圈绕组中的电流滞后于电压。如电动机工作电压不变，处于轻载时，功率因数低；处于重载时，功率因数高。软启动器能实现在轻载时，通过降低电动机端电压，提高功率因数，减少电动机的铜耗、铁耗，达到轻载节能的目的；负载重时，则提高电动机端电压，确保电机正常运行。

（3）软启动器具有的保护功能

① 过载保护功能。软启动器引进了电流控制环，因而随时跟踪检测电动机电流的变化状况。通过增加过载电流的设定和反时限控制模式，实现了过载保护功能，使电动机过载时，关断晶闸管并发出报警信号。

② 缺相保护功能。工作时，软启动器随时检测三相线电流的变化，一旦发生断流，即可作出缺相保护反应。

③ 过热保护功能。通过软启动器内部热继电器检测晶闸管散热器的温度，一旦散热器

温度超过允许值后自动关断晶闸管，并发出报警信号。

④ 其他功能。通过电子电路的组合，还可在系统中实现其他联锁保护。

（4）软启动器和变频器启动的比较

① 软启动器和变频器是两种完全不同用途的产品。变频器主要用于需要调速的地方，软启软停只是其附属功能；软启动器只用于异步电动机软启软停。变频器具备所有软启动器功能，但它的价格比软启动器贵，结构也复杂得多。

② 变频器输出不但改变电压而且同时改变频率；软启动器实际上是个调压器，输出只改变电压不改变频率。变频器属于变频变速，而软启动器是通过改变输出电压来改变电动机启停转速的。

③ 变频器可以使电动机以较小的启动电流获得较大的启动转矩，即变频器可以启动重载负荷；而软启动器并不适用于重载启动的电动机。变频器可以实现恒转矩启动，在低速下也可以有和高速相同的转矩，而软启动是无法实现的。

3.2.2　三相笼型异步电动机的制动控制电路

由于机械惯性，三相异步电动机从切除电源到完全停止旋转，需要经过一定的时间，这往往不能满足生产机械要求迅速停车的要求，也影响生产效率的提高。因此应对电动机进行制动控制。制动控制有机械制动和电气制动。所谓的机械制动是用机械装置产生机械力来强迫电动机迅速停车，机械制动又有纯机械装置制动和电磁抱闸制动以及电磁离合器制动等方式，根据制动时有无电源，二者分为得电制动和失电制动两种情况；电气制动是使电动机的电磁转矩方向与电动机旋转方向相反，起制动作用。电气制动有反接制动、能耗制动、再生制动，以及派生的电容制动等。这些制动方法各有特点，适用不同场合。

1. 电磁抱闸制动以及电磁离合器制动

电磁抱闸制动以及电磁离合器制动的制动原理基本相同。

图 3-15 所示为失电制动电磁抱闸结构示意图，电磁抱闸主要由电磁铁和闸瓦制动器组成。当电磁抱闸线圈通电时，衔铁吸合动作，克服弹簧力推动杠杆，使闸瓦松开闸轮，电动机能正常运转。反之，当电磁抱闸线圈断电时，衔铁与铁心分离，在弹簧的作用下，闸瓦与闸轮紧紧抱住，电动机被迅速制动而停转。

电磁离合器又称电磁联轴节。它是应用电磁感应原理和内外摩擦片之间的摩擦力，使机械传动系统中两个旋转运动的零件，在主动零件不停止运动的情况下，与从动零件结合或分离的电磁机械连接器，它是一种自动执行的电器。电磁离合器可以用来控制机械的启动、反转、调速和制

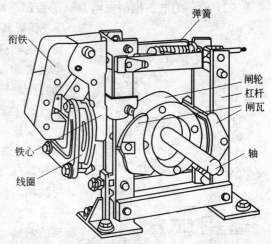

图 3-15　失电制动电磁抱闸结构示意图

动等。它具有结构简单、动作快、控制能量小、便于远距离控制；体积小，扭矩大，制动迅速且平稳等优点。因此，电磁离合器广泛应用于各种加工机床和机械传动系统中。

图 3-16 为机床上普遍采用的多片式得电制动电磁离合器的结构简图。主动轴 1 的花键轴上，装有主动摩擦片 6（内摩擦片），它可沿花键轴自由移动，由于与主动轴 1 是花键连

接，主动摩擦片随主动轴一起转动。从动摩擦片 5（外摩擦片）与主动摩擦片交替装叠，其外缘凸起部分卡在与从动齿轮 2 固定在一起的套筒 3 内，因而可以随同从动齿轮一起转动，在内、外摩擦片未压紧之前，主动轴转动时它可以不转动。当电磁线圈 8 通电后产生磁场，将摩擦片吸向铁心 9，衔铁 4 也被吸住并紧紧压住各摩擦片。于是通过主动与从动摩擦片之间的摩擦力，如果作传动用，从动齿轮随主动轴一起转动；如果作制动用，则由于从动摩擦片事先做成固定状态，不能转动，所以主动摩擦片制动停转。如果加在离合器线圈上的电压达到额定值的 85%～105%，就能可靠地工作。线圈断电时，装在内、外摩擦片之间的圈状弹簧使衔铁与摩擦片复位。从动齿轮停转，离合器不再传递工作力矩。电磁线圈一端通过电刷和集电环 7 输入直流电，另一端则接地。

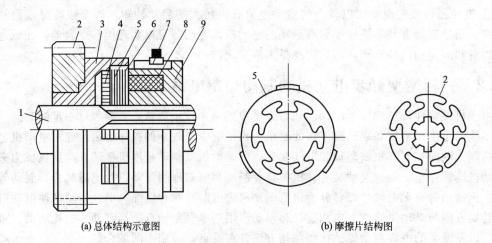

(a) 总体结构示意图　　　　　　　　　　　　(b) 摩擦片结构图

图 3-16　多片式摩擦电磁离合器结构示意图

1—主动轴；2—从动齿轮；3—套筒；4—衔铁；5—从动摩擦片；
6—主动摩擦片；7—集电环；8—线圈；9—铁心

图 3-17 所示为电磁抱闸失电制动的控制电路。图中 YA 为电磁抱闸电磁铁的线圈。按下 SB₂，KM 线圈通电吸合，YA 得电，闸瓦松开闸轮，电动机启动。按下停止按钮 SB₁，KM 断电释放，电动机和 YA 同时断电，电磁抱闸在弹簧作用下，使闸瓦与闸轮紧紧抱住，电动机被迅速制动而停转。

2. 电动机单向运行反接制动控制

反接制动是利用改变电动机电源的相序，使定子绕组产生相反方向的旋转磁场，因而产生制动转矩的一种制动方法。电源反接制动时，转子与定子旋转磁场的相对转速接近两倍的电动机同步转速，所以定子绕组中流过的反接制动电流相当于全压启动时启动电流的两倍，因此反接制动制动转矩大，制动迅速，冲击大，通常适用于 10kW 及以下的小容量电动机。为了降低冲击电流，通常在笼型异步电动机定子电路中串入反接制动电阻。另外，当电动机转速接近零时，要及时切断反相序电源，以防电动机反向再启动，通

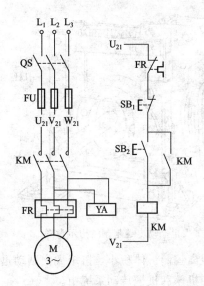

图 3-17　电磁抱闸失电制动原理图

常用速度继电器来检测电动机转速并控制电动机反相序电源的断开。

　　图 3-18 为电动机单向反接制动控制电路。图中 KM_1 为电动机单向运行接触器，KM_2 为反接制动接触器，KS 为速度继电器，R 为反接制动电阻。启动时，合上电源开关 Q，按下 SB_2，KM_1 线圈通电并自锁，主触点闭合，电动机全压启动，当与电动机有机械连接的速度继电器 KS 转速超过其动作值 120r/min 时，其相应触点闭合，为反接制动作准备。停止时按下停止按钮 SB_1，SB_1 常闭触点断开，使 KM_1 线圈断电释放，KM_1 主触点断开，切断电动机正相序三相交流电源，电动机仍以惯性高速旋转；同时，SB_1 常开触点闭合，使 KM_2 线圈通电并自锁，电动机定子串入三相对称电阻接入反相序三相交流电源进行反接制动，电动机转速迅速下降。当转速下降到 KS 释放转速 100r/min 时，KS 常开触点复位，断开 KM_2 线圈电路，KM_2 断电释放，主触点断开电动机反相序交流电源，反接制动结束，电动机自然停车至零。

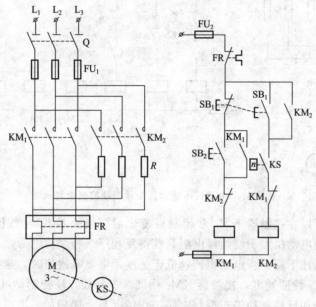

图 3-18　电动机单向反接制动控制电路

3. 电动机可逆运行反接制动控制

　　图 3-19 为电动机可逆运行反接制动控制电路。图中 KM_1、KM_2 为电动机正、反转接触器，KM_3 为短接制动电阻接触器，KA_1、KA_2、KA_3、KA_4 为中间继电器，KS 为速度继电器，其中 KS-1 为正转闭合触点，KS-2 为反转闭合触点。R 电阻为电动机启动时定子串电阻降压启动用，停车时，又作为反接制动电阻。

　　电路工作原理：合上电源开关，按下正转启动按钮 SB_2，正转中间继电器 KA_3 线圈通电并自锁，其常闭触点断开，互锁了反转中间继电器 KA_4 线圈电路，KA_3 另一常开触点闭合，使接触器 KM_1 线圈通电，KM_1 主触点闭合使电动机定子绕组经电阻 R 接通正相序三相交流电源，电动机 M 开始正转降压启动。当电动机转速上升到一定值时，速度继电器正转常开触点 KS-1 闭合，中间继电器 KA_1 通电并自锁。这时由于 KA_1、KA_3 的常开触点闭合，接触器 KM_3 线圈通电，于是电阻 R 被短接，定子绕组直接加以额定电压，电动机转速上升到稳定工作转速。

　　在电动机正转运行状态停车时，可按下停止按钮 SB_1，则 KA_3、KM_1、KM_3 线圈相继断电释放，但此时电动机转子仍以惯性高速旋转，KS-1 仍维持闭合状态，中间继电器 KA_1

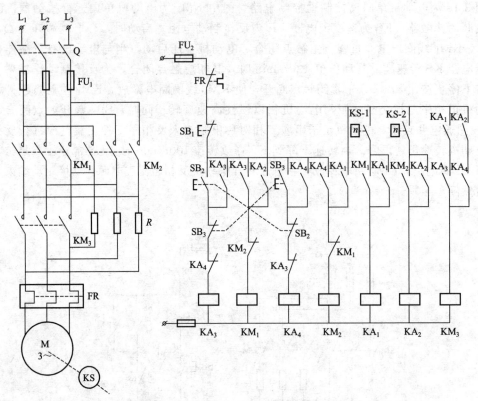

图 3-19　电动机可逆运行反接制动控制电路

仍处于吸合状态，所以在接触器 KM_1 常闭触点复位后，接触器 KM_2 线圈便通电吸合，其常开主触点闭合，使电动机定子绕组经电阻只获得反相序三相交流电源，对电动机进行反接制动，电动机转速迅速下降，当电动机转速低于速度继电器释放值时，速度继电器常开触点 KS-1 复位断开，KA_1 线圈断电，接触器 KM_2 线圈断电释放，反接制动过程结束。

电动机反向启动和反接制动停车控制电路工作情况与上述相似，不同的是速度继电器反向触点 KS-2 起了作用，中间继电器 KA_2 替代了 KA_1，其余情况相同，在此不再复述，由读者自行分析。

4. 电动机单向运行能耗制动控制

能耗制动是在电动机脱离三相交流电源后，向定子绕组内通入直流电流，建立静止磁场，转子以惯性旋转，转子导体切割定子恒定磁场产生转子感应电动势，产生转子感应电流，利用转子感应电流与静止磁场的作用产生制动的电磁制矩，达到制动的目的。在制动程中，电流、转速和时间三个参量都在变化，可任取一个作为控制信号。按时间作为变化参量，控制电路简单，实际应用较多，图 3-20 为电动机单向运行时间原则控制能耗制动电路图。

电路工作原理：电动机现已处于单向运行状态，所以 KM_1 通电并自锁。若要使电动机停转，只要按下停止按钮 SB_1，KM_1 线圈断电释放，其主触点断开，电动机断开三相交流电源。同时，KM_2、KT 线圈同时得电并自锁，KM_2 主触点将电动机定子绕组接入直流电源进行能耗制动，电动机转速迅速降低，当转速接近零时，通电延时型时间继电器 KT 延时时间到，KT 延时断开瞬时闭合的常闭触点断开，使 KM_2、KT 线圈相继断电释放，能耗制动结束。

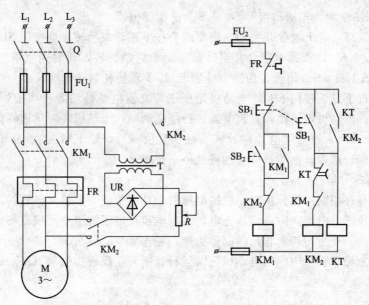

图 3-20　电动机单向运行时间原则控制能耗制动电路图

图中 KT 的瞬动常开触点与 KM_2 自锁触点串接，其作用是：当发生 KT 线圈断线或机械卡住故障，致使 KT 常闭通电延时断开触点断不开，常开瞬动触点也合不上时，只有按下停止按钮 SB_1，成为点动能耗制动。若无 KT 的常开瞬动触点串接 KM_2 常开触点，在发生上述故障时，按下停止按钮 SB_1 后，将使 KM_2 线圈长期通电吸合，使电动机两相定子绕组长期接入直流电源损坏电动机。

5. 电动机可逆运行能耗制动控制

图 3-21 为速度原则控制电动机可逆运行能耗制动电路。图中 KM_1、KM_2 为电动机正、

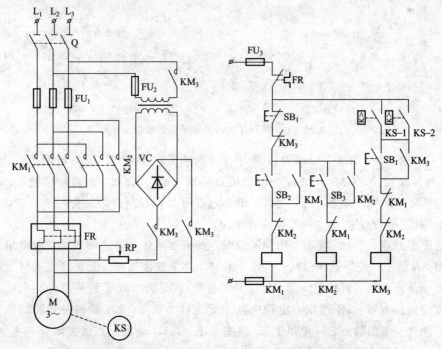

图 3-21　速度原则控制电动机可逆运行能耗制动电路

反转接触器，KM₃ 为能耗制动接触器，KS 为速度继电器。

电路工作原理：合上电源开关 Q，根据需要按下正转或反转启动按钮 SB_2 或 SB_3，相应接触器 KM_1 或 KM_2 线圈通电吸合并自锁，电动机启动旋转，此时速度继电器相应的正向或反向触点 KS-1 或 KS-2 闭合，为停车接通 KM_3 实现能耗制动作准备。

停车时，按下停止按钮 SB_1，电动机定子三相交流电源被切除。当按到底时，KM_3 线圈通电并自锁，电动机定子接入直流电源进行能耗制动，电动机转速迅速降低，当转速下降到低于 100r/min 时，速度继电器释放，其触点复位断开，使 KM_3 线圈断电释放，切除直流电源，能耗制动结束，电动机依惯性自然停车至零。

6. 电容制动

电容制动是在切断三相异步电动机的电源后，在定子绕组上接入电容器，转子内剩磁切割定子绕组产生感应电流，向电容器充电，充电电流在定子绕组中形成磁场，磁场与转子感应电流相互作用，产生与转向相反的制动力矩，使电动机迅速停转。图 3-9 "某小型经济数控车床电气控制原理图"中，当电动机正常运行、断开正反转接触器 KM_3 或 KM_4 时，RC_5 起制动作用。

3.2.3 三相笼型异步电动机的调速控制电路

由三相异步电动机转速 $n = 60f_1(1-s)/p$ 可知，三相异步电动机调速方法有变极对数、变转差率和变频调速三种。但值得注意的是，随着变频技术的发展，变频器的性价比越来越高，变频调速已成为现代电力传动的一个主要发展方向，已广泛应用于工业自动控制中。

1. 三相笼型异步电动机变极调速

图 3-22 是变极调速采用的 4/2 极双速电动机定子绕组接线示意图。

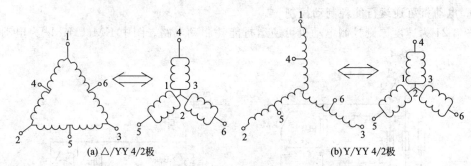

(a) △/YY 4/2极　　　　　　　　(b) Y/YY 4/2极

图 3-22　4/2 极双速电动机定子绕组接线示意图

图 3-23 为双速电动机变极调速控制电路（△/YY）。图中 KM_1 为电动机三角形（△）连接（4 极）接触器，KM_2、KM_3 为电动机双星形（YY）连接（2 极）接触器，KT 为电动机低速换高速时间继电器，SA 为高、低速选择开关，有左、中、右三个位置，"左"位为低速，"右"位为高速，"中间"位为停止位。

电路工作原理：当 SA 置于"中间"位时，所有继电接触器均不得电，电动机处于停止状态。当 SA 置于"左"低速位时，KM_2、KM_3、KT 线圈均被切除，只有 KM_1 线圈得电，电动机处于低速启动运行状态。当 SA 置于"右"高速位时，KT 线圈首先得电，其瞬时触点立刻闭合使得 KM_1 线圈得电，电动机处于低速启动状态；KT 延时一段时间后，其延时断开瞬时闭合的常闭触点断开使得 KM_1 线圈失电，KM_1 辅助触点恢复闭合，主触点断开，紧接着 KT 延时闭合瞬时断开的常开触点闭合使得 KM_2 线圈得电，KM_2 常开触点闭合，使

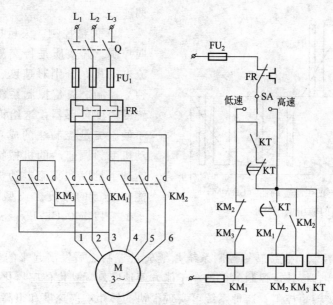

图 3-23　双速电动机变极调速控制电路

得 KM_3 线圈得电，KM_2、KM_3 主触点闭合，电动机进入高速运行状态。

2. 三相笼型异步电动机变频调速

电动机交流变频调速技术是当今国内外广泛采用的调速方式。它是节电、改善工艺流程，提高产品质量和改善环境、推动技术进步的一种主要手段。变频调速以其优异的调速和启动、制动性能，高效率、高功率因数、节电以及适用范围广等优点，取代直流调速成为当今最主要的调速方式。作为变频调速的变频器目前已经迈入高性能化、多功能化、智能化、小体积化以及廉价化阶段，其性价比越来越高。

（1）电动机交流变频调速原理　根据三相异步电动机转速公式 $n=(1-s)60f_1/p$，在电动机极对数 p 一定的情况下，转速 n 正比于电源频率 f_1。所以，只要连续改变交流电源的频率，即可对电动机进行连续调速。变频调速采用的器件为变频器。目前广泛采用的交-直-交电压型变频器基本结构，如图 3-24 所示。

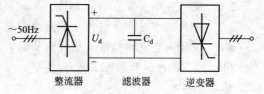

图 3-24　交-直-交电压型变频器基本结构

其工作原理是先将频率为 $50\,Hz$、额定电压的交流电经整流后变成直流电，通过滤波，再经过逆变电路，把直流电逆变成频率连续可调、输出电压可变的矩形波三相交流电。通过脉宽调制，即改变输出脉冲的占空比（PWM）来改变输出电压。现在的变频器普遍采用正弦脉宽调制（SPWM）。正弦脉宽调制（SPWM）的输出电压波形如图 3-25 所示。

（2）变频调速的控制方式　变频器根据电动机的外特性对供电电压、电流和频率进行控制。不同的控制方式所得到的调速性能、特性及用途是不同的，按系统调速规律来分，变频调速主要有恒压频比（U/f）控制、矢量控制和直接转矩控制等形式。

① 恒压频比（U/f）控制。恒压频比（U/f）控制就是变频器的输出电压与频率的比值保持恒定（$U/f=$ 常数），从而使电动机的磁通 Φ_m 基本保持恒定。所以这种调速属于恒转矩调速。其优点是电动机开环速度控制、结构简单、成本较低；缺点是系统性能不高，只能在额定频率以下调速，低速性能较差。它主要用于要求不高的场合，如风机、水泵的节能

53

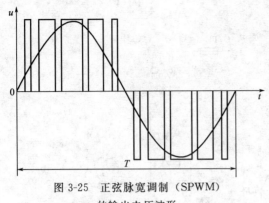

图 3-25　正弦脉宽调制（SPWM）
的输出电压波形

调速。

② 矢量控制。矢量控制，也称磁场定向控制。其实质是将交流电动机等效为直流电动机，分别对速度、磁场两个量进行独立控制。矢量控制系统需要配置转子位置或速度传感器，这给许多应用场合带来不便。矢量控制法的成功实施，使异步电动机变频调速后的机械特性以及动态性能达到了足以和直流电动机调压式的调速性能相媲美的程度。典型机种有 FUJI（富士） FTN5000G5/P5、SANKEN（三垦）

MF 系列等。

③ 直接转矩控制。直接转矩控制系统是继矢量控制之后发展起来的另一种高性能的交流变频调速系统。直接转矩控制的优点在于能方便地实现无速度传感器化。这种控制也称为无速度传感器直接转矩控制。这种系统可实现很快的转矩响应速度和很高的速度、转矩控制的精度，但也带来了转矩脉动，因而限制了调速范围。

通用变频器的简单使用示例见本书 6.2.2 通用变频器的使用简介。

思考题及习题

3-1　电气控制系统的基本环节包括哪些？分别起何作用，举例说明。

3-2　电气控制系统的基本电路包括哪些？

3-3　三相笼型异步电动机的启动控制电路有哪些？

3-4　三相笼型异步电动机的制动控制电路有哪些？

3-5　三相笼型异步电动机的调速控制电路有哪些？

3-6　设计一个具有点动、自锁、异地控制环节的电路。

3-7　设计一个时间原则的先启后停控制环节的电路。

3-8　设计一个电动机带动机械机构运动的电路。要求：

(1) 按下连续运行按钮，机构前进，当碰到位置开关 SQ_1 后返回，当碰到位置开关 SQ_2 后自动停车；

(2) 前进和后退的任意位置都能停车或重新启动；

(3) 机构能够点动前进或后退；

(4) 能够两地控制机构连续前进或后退。

3-9　设计一个两台电动机顺序启动停车的电路。要求：

(1) 按下启动按钮，M_1 先启动，经 10s 后 M_2 自行启动；

(2) 按下停车按钮，M_2 先停车，经 10s 后 M_1 自行停车。

3-10　设计一台三相异步电动机自耦降压启动能耗制动的电路。

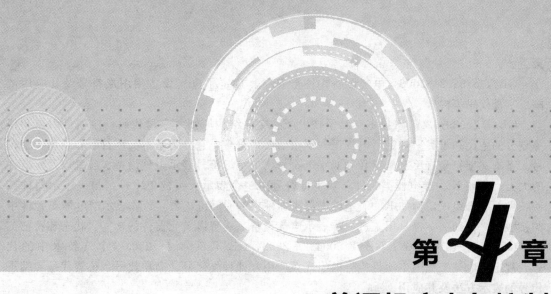

第4章
普通机床电气控制

【本章学习目标】

掌握机床电气识图的一般知识；

了解普通车床和铣床的结构；

会根据电路图分析普通车床和铣床的工作原理；

掌握普通车床和铣床的工作过程和特点。

4.1 机床电气识图的一般知识

4.1.1 电气制图与识图的相关国家标准

GB/T 4728.1～GB/T 4728.5—2005；GB/T 4728.6～GB/T 4728.13—2008《电气简图用图形符号》系列标准

GB/T 5465.2—2008《电气设备用图形符号》

GB/T 20939—2007《技术产品及技术产品文件结构原则　字母代码　按项目用途和任务划分的主类和子类》

GB/T 5094.1—2002；GB/T 5094.2—2003；GB/T 5094.4—2005《电气技术中的代号》

GB/T 14689—2008～146990、91—1993《技术制图》系列标准

GB 6988—1986《电气制图》

GB/T 4728.1～4728.13—2005～2008《电气简图用图形符号》系列标准中规定了各类电气产品所对应的图形符号，标准中规定的图形符号基本与国际电气技术委员会（IEC）发布的有关标准相同。图形符号由符号要素、限定符号、一般符号以及常用的非电操作控制的动作符号（如机械控制符号等）根据不同的具体器件情况组合构成。该标准除给出各类电气元件的符号要素、限定符号和一般符号以外，还给出了部分常用图形符号及组合图形符号示例。此标准中给出的图形符号例子有限，实际使用中可通过已规定的图形符号适当组合进行

派生。

GB/T 5465.2—2008《电气设备用图形符号》规定了电气设备用图形符号及其应用范围、字母代码等内容。

GB/T 20939—2007《技术产品及技术产品文件结构原则 字母代码 按项目用途和任务划分的主类和子类》规定了电气工程图中的文字符号，它分为基本文字符号和辅助文字符号。基本文字符号有单字母符号和双字母符号。单字母符号表示电气设备、装置以及元器件的大类，例如 K 为继电器类元件；双字母符号由一个表示大类的单字母与另一表示器件某些特性的字母组成，例如 KT 表示继电器类器件中的时间继电器，KM 表示继电器类元件中的接触器。辅助文字符号用来进一步表示电气设备、装置以及元器件的功能、状态和特征。

GB/T 5094.1—2002；GB/T 5094.2—2003；GB/T 5094.4—2005《电气技术中的代号》规定了电气工程图中项目代号的组成及应用，即种类代号、高层代号、位置代号和端子代号的表示方法及其应用。

GB/T 14689—2008～146990、91—1993《技术制图》系列标准规定了电气图纸的幅面、标题栏、字体、比例、尺寸标注等。

GB 6988—1986 为《电气制图》标准。其中，GB 6988.1 为电气制图术语；GB 6988.2 为电器制图一般规则；GB 6988.3 为电器制图系统图和框图；GB 6988.4 为电路图；GB 6988.5 为接线图和接线表；GB 6988.6 为功能表图；GB 6988.7 为逻辑图。

读者如需电气图形符号和基本文字符号的详细资料，请查阅相关国家标准。

4.1.2 机床电气控制电路图类型及其识读

机床电气控制电路图常见的类型有系统图与框图、电气原理图、电器元件布置图、电气接线图和接线表。其中电气接线图又包括单元接线图、互连接线图和端子接线图。

1. 系统图与框图识读

系统图与框图是采用符号或带注释的框来概略表示系统、分系统、成套装置等的基本组成及其功能关系的一种电气简图，是从整体和体系的角度反映对象的基本组成和各部分之间的相互关系；从功能的角度概略地表达各组成部分的主要功能特征。系统图与框图的区别是系统图一般用于系统或成套装置，而框图用于分系统或单元设备。它们是进一步编制详细技术文件的依据；是读懂复杂原理图必不可少的基础图样；亦可供操作和维修时参考。

（1）系统图与框图的组成及应用

1）系统图与框图的组成 系统图与框图主要由矩形框、正方形框或《电气图用图形符号》标准中规定的有关符号、信号流向、框中的注释与说明组成，框符号可以代表一个相对独立的功能单元（如分机、整机或元器件组合等）。一张系统图或框图可以是同一层次的，也可将不同层次（一般以三、四层次为宜，不宜过多）的内容绘制在同一张图中。

2）系统图与框图的应用

① 符号的使用。系统图或框图主要采用方框符号，或带有注释的框绘制。框图的注释可以采用符号、文字或同时采用文字与符号，如图 4-1 所示为标准型数控系统基本组成框图。

框图中框内出现元器件的图形符号并不一定与实际的元件和器件一一对应，但可能用于表示某一装置、单元的主要功能或某一装置、单元中主要的元件或器件，或一组元件或器件。

图 4-2 是晶闸管-直流调速系统图。全图采用的均为图形符号。图中反映的器件不一定是一个，而可能是一组，它只反映该部分及其功能，无法严格与实际器件一一对应。方框符号的功能是由限定符号来表示，每一个方框符号本身已代表了实际单元的功能。

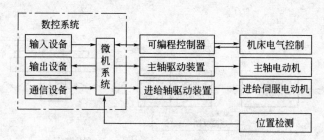

图 4-1　标准型数控系统基本组成框图

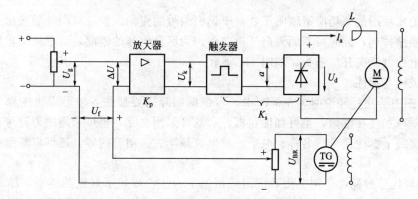

图 4-2　晶闸管-直流调速系统图

各种图形符号可以单独出现在框图上，表示某个装置或单元，也可用框线围起，形成带注释的框。框中的注释可以是符号，也可以是文字，或者是文字与符号兼有。其各自的特点如下。

采用符号作注释。由于符号所代表的含义可以不受语言、文字的障碍，只要正确选用标准化的各种符号，可以得到一致的理解，但缺点是缺乏专业训练的人员就难以理解，如图 4-3(a) 所示。

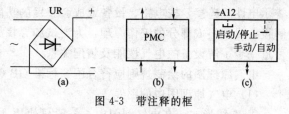

采用文字注释。用文字在框图中注释可以简单地写出框的名称，也可较为详细地表示该框的功能或工作原理，甚

图 4-3　带注释的框

至还可以概略地标注各处的工作状态和电参数等。其优点是非常有助于设备和装置的维修人员对故障的快速诊断和检修，如图 4-3(b) 所示。

符号与文字兼有的注释较为直观和简短，兼备了上述两种注释的优点，如图 4-3(c) 所示。

除了以上使用符号的方法之外，系统图和框图常会出现框的嵌套形式，此种形式可以用来形象和直观地反映其对象的层次划分和体系结构。在一张图纸中常常出现嵌套形式，是为了较好地表现系统局部的若干层次，这种围框图的嵌套形式能清楚地反映出各部分的从属关系。如图 4-1 所示。

系统图与框图中的"线框"应是实线画成的框，"围框"则是用点画线画成的框，如图 4-1 所示。

② 布局与信息流向。在系统图和框图中，为了充分表达功能概况，常常绘制非电过程的部分流程。因此在系统图与框图的绘制上，若能把整个图面的整体布局，参照其相应的非电过程流程图的布局而作适当安排，将更便于识读，如图 4-4 所示。

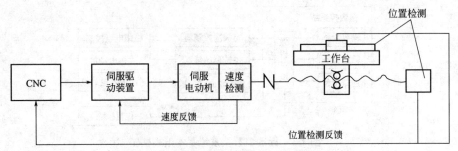

图 4-4　数控机床进给伺服系统图

系统图或框图的布局应清晰明了，易于识别信号的流向。信息流向一般按由左至右、自上而下的顺序排列，此时可不画流向开口箭头；为区分信号的流向，对于流向相反的信号最好在导线上绘制流向开口箭头。如图 4-4 所示。

（2）说明与标注

① 框图中的注释和说明。在框图中，可根据实际需要加注各种形式的注释和说明。注释和说明既可加注在框内，也可加注在框外；既可采用文字，也可采用图形符号；既可根据需要在连接线上标注信号、名称、电平、波形、频率、去向等内容，还可将其集中标注在图中空白处。

② 项目代号的标注。在一张系统图或框图中，往往描述了对象的体系、结构和组成的不同层次。采用不同层次绘制系统图或框图，或者在一张图中用框线嵌套来区别不同的层次，或者标注不同层次的项目代号。如图 4-1 和图 4-3（c）所示。

2. 电气原理图识读

用图形符号并按工作顺序排列，详细表示电路、设备或成套装置的全部基本组成和连接关系，而不考虑其实际位置的简图称为电气原理图。该图是以图形符号代表其实物，以实线表示电性能连接，按电路、设备或成套装置的功能和原理绘制。电气原理图主要用来详细理解设备或其组成部分的工作原理，为测试和寻找故障提供信息，与框图、接线图等配合使用可进一步了解设备的电气性能及装配关系。

电气原理图的绘制规则应符合国家标准 GB 6988。

（1）电气原理图中的图线

① 图线形式。在电气制图中，一般只使用 4 种形式的图线，实线、虚线、点画线和双点画线。其绘制形式和一般应用见表 4-1。

表 4-1　电气图中图线的形式及一般应用

图线名称	图线形式	一般应用
实线	———————	基本线、简图主要内容用线、可见轮廓线、可见导线
虚线	-----------	辅助线、屏蔽线、机械连接线、不可见轮廓线、不可见导线、计划扩展内容用线
点画线	— — — — —	分界线、结构围框线、功能围框线、分组围框线
双点画线	— — — — —	辅助围框线

② 图线宽度。在电气技术文件的编制中，图线的粗细可根据图形符号的大小选择，一般选用两种宽度的图线，并尽可能地采用细图线。有时为区分或突出符号，或避免混淆而特别需要，也可采用粗图线。一般粗图线的宽度为细图线宽度的两倍。在绘图中，如需两种或两种以上宽度的图线，则应按细图线宽度 2 的倍数依次递增选择。

图线的宽度一般从下列数值中选取：0.25mm，0.35mm，0.5mm，0.7mm，1.0mm，1.4mm。

（2）箭头与指引线

① 箭头。电气简图中的箭头符号有开口箭头和实心箭头两种形式。开口箭头如图 4-5（a）所示，主要用于表示能量和信号流的传播方向。实心箭头如图 4-5（b）所示，主要用于表示可变性、力和运动方向，以及指引线方向。

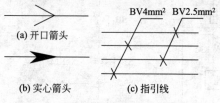

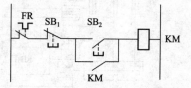

图 4-5　电气简图中的箭头和指引线　　　　图 4-6　水平布局的电气原理图

② 指引线。指引线主要用于指示注释的对象，采用细实线绘制，其末端指向被注释处。末端在连接线上的指引线，采用在连接线和指引线交点上画一短斜线或箭头表示终止，并允许有多个末端，如图 4-5（c）表示自上而下 1、3 线为 BV 2.5mm²；2、4 线为 BV 4mm²。

（3）电气原理图的布局方法　电气原理图的布局比较灵活，原则上要求：布局合理，图面清晰，便于读图。

① 水平布局。即将元件和设备按行布置，使其连接线处于水平布置状态，如图 4-6 所示。

② 垂直布局。即将元件和设备按列布置，使其连接线处于垂直布置状态，如图 4-7 所示。

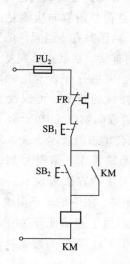

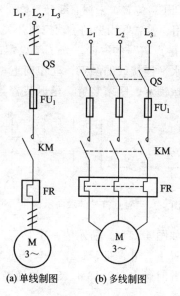

图 4-7　垂直布局的电气原理图　　　　图 4-8　电气原理图的单线表示法和多线表示法

（4）电气原理图的基本表示方法

① 按照每根导线的不同含义分为单线表示法和多线表示法。

用一条图线表示两根或两根以上的连接线或导线的方法叫做单线表示法，如图 4-8（a）所示；每根连接线或导线都用一条图线表示的方法称为多线表示法，如图 4-8（b）所示。

② 按照电器元件各组成部分相对位置分为集中表示法和分开表示法（展开表示法）。

集中表示法就是把设备或成套装置中的一个项目各组成部分的图形符号在简图上绘制在

一起的方法称为集中表示法，如图 4-9(a) 所示；分开表示法是把一个项目中的某些图形符号在简图中分开布置，并用项目代号表示它们之间相互关系的方法，如图 4-9(b) 所示。

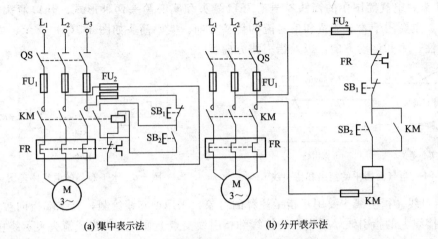

(a) 集中表示法　　　　　　　(b) 分开表示法

图 4-9　电气原理图的集中表示法和分开表示法

（5）电气原理图中可动元件的表示方法

① 工作状态。组成部分可动的元件，应按以下规定位置或状态绘制：继电器、接触器等单一稳定状态的手动或机电元件，应表示在非激励或断电状态；断路器、负荷开关和隔离开关应表示在断开（OFF）位置；标有断开（OFF）位置的多个稳定位置的手动控制开关应表示在断开（OFF）位置，未标有断开（OFF）位置的控制开关应表示在图中规定的位置；应急、事故、备用、警告等用途的手动控制开关，应表示在设备正常工作时的位置或其他规定位置。

② 触点符号的取向。为了与设定的动作方向一致，触点符号的取向应该是：当元件受激时，水平连接线的触点，动作向上；垂直连接线的触点，动作向右。当元件的完整符号中含有机械锁定、阻塞装置、延迟装置等符号时，这一点特别重要。在触点排列复杂而无机械锁定装置的电路中，采用分开表示法时，为使图面布局清晰、减少连接线的交叉，可以改变触点符号的取向。触点符号的取向如图 4-10 所示。

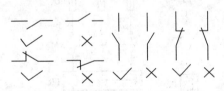

图 4-10　触点符号的取向示例

③ 多位开关触点状态的表示方法。对于有多个动作位置的开关，通常采用一般符号加连接表的方法和采用一般符号加注的方法来表示其触点的通断状态。如图 4-11(a) 所示为一个具有三个位置三组触点的开关。图中的 3 条虚线表示开关的三个位置Ⅰ、Ⅱ、Ⅲ，1-2，3-4，5-6 表示开关的三组触点。为了表示此开关在Ⅰ、Ⅱ、Ⅲ三个位置时触点 1-2，3-4，5-6 的通断状态，可以采用图 4-11(b) 表格的形式，也可采用图

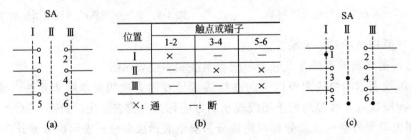

位置	触点或端子		
	1-2	3-4	5-6
Ⅰ	×	—	—
Ⅱ	—	—	×
Ⅲ	—	×	×

×：通　　—：断

(a)　　　　　　　　　(b)　　　　　　　　　(c)

图 4-11　多位开关触点状态的表示方法

4-11(c) 的形式。其中图 4-11(c) 中有黑点代表该黑点对应的触点在该黑点所在位置（虚线）导通。

（6）电器元器件的位置表示　为了准确寻找元器件和设备在图上的位置，可采用表格或插图的方法表示。

① 表格法是在采用分开表示法的图中将表格分散绘制在项目的驱动部分下方，在表格中表明该项目其他部分位置，如图 4-12（部分电路）所示；或集中制作一张表格，在表格中表明各项目其他部分位置，集中表格如表 4-2 所示。

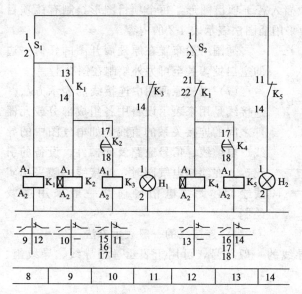

图 4-12　电器元器件的位置表示法图例之一

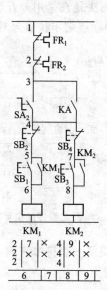

图 4-13　电器元器件的位置表示法图例之二

表 4-2　集中表格表示触点位置

名　　称	常 开 触 点	常 闭 触 点	位　　置
	1-2,3-4,5-6		1/2
	13-14		1/7
KM₁	23-24		
		11-12	
		21-22	
	1-2,3-4,5-6		1/4
	13-14		1/9
KM₂	23-24		
		11-12	
		21-22	

图 4-12 为表格法的形式之一。图中 $K_1 \sim K_5$ 线圈下方的十字表格上部一左一右常开、常闭触点表示该器件所属的各种常开、常闭触点；十字表格下部一左一右数字对应表示该器件所属的各种常开、常闭触点所在支路编号。

图 4-13（部分电路）为表格法的另一种形式。图中 KM_1 和 KM_2 线圈下方的表格为两条竖杠三个隔间，左中右三个隔间中的数字分别表示 KM_1 和 KM_2 的主触点、辅助常开触

点、辅助常闭触点所在支路编号；×表示没有采用的触点。

表 4-2 为表格法的第三种形式——集中表格法。采用集中表格法时，原理展开图驱动线圈下方不设表格，而是将所有驱动设备的触点集中绘制在一张表格中。表中常开、常闭触点栏内的数字表示该设备所有触点的端子编号；位置一栏的数字对应表示左边触点所在的图纸编号和所在页图纸的位置。例如表 4-2 中 KM_1 的 1-2，3-4，5-6 主触点在第 1 张图的 2 区；KM_1 的 13-14 辅助触点在第 1 张图的 7 区；KM_1 的 23-24、11-12、21-22 辅助触点则没有采用。表 4-2 与图 4-13 表达同一个内容，但表 4-2 更详细一些。

② 插图法是在采用分开表示法的图中插入若干项目图形，每个项目图形绘制有该项目驱动元件和触点端子位置号等。图 4-14 为采用插图法表示表 4-2 的内容。

插图一般布置在原理展开图的任何一边的空白处，甚至可另外绘制在图纸上。

（7）电气原理图中连接线的表示方法

连接线是用来表示设备中各组成部分或元器件之间的连接关系的直线，如电气图中的导线、电缆线、信号通路及元器件、设备的引线等。在绘制电气图时，连接线一般采用实线绘制，无线电信号通路一般采用虚线绘制。

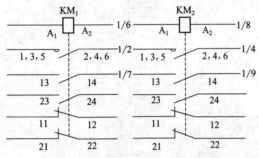

图 4-14　电器元器件的位置表示法图例之三

1）连接线的一般表示方法

① 导线的一般符号。图 4-15（a）为导线的一般符号，可用于表示一根导线、导线组、电缆、总线等。

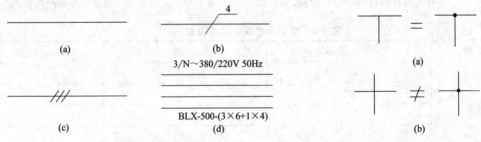

图 4-15　连接导线的一般表示方法　　　图 4-16　连接线接点的表示方法

② 导线根数的表示方法。当用单线制表示一组导线时，需标出导线根数，可采用如图 4-15（b）所示方法；若导线少于 4 根，可采用如图 4-15（c）所示方法，一撇表示一根导线。

③ 导线特征的标注。导线特征通常采用符号标注，即在横线上面或下面标出需标注的内容，如电流种类、配电制式、频率和电压等。图 4-15（d）表示一组三相四线制线路。该线路额定线电压 380V，额定相电压 220V；频率为 $50\,Hz$；由 3 根 $6\,mm^2$ 和 1 根 $4\,mm^2$ 的铝芯橡皮导线组成。

2）图线的粗细表示　为了突出或区分某些重要的电路，连接导线可采用不同宽度的图线表示。一般而言，需要突出或区分的某些重要电路采用粗图线表示，如电源电路、一次电路、主信号通路等，其余部分则采用细实线表示。

3）连接线接点的表示方法　如图 4-16 所示，T 型连接线的接点可不点圆点，十字连接线的接点必须点圆点，否则，表示不连接。

4）连接线的连续表示法和中断表示法

① 连续表示法。电路图连接线大都采用连续线表示。

② 中断表示法及其标记。如图 4-17 所示，采用中断表示法是简化连接线作图的一个重要手段。当穿越图面的连接线较长或穿越稠密区域时，允许将连接线中断，并在中断处加注相应的标记，以表示其连接关系，如图 4-17(a) 所示，L 与 L 应当相连；对去向相同线组的中断，应在相应的线组末端加注适当的标记，如图 4-17(b) 所示；当一条图线需要连接到另外的图上时，必须采用中断线表示，同时应在中断线的末端相互标出识别标记，如图 4-17(c)所示，第 23 张图的 L 线应连接到第 24 张图的 A4 区的 L 线；第 24 张图的 L 线应连接到第 23 张图的 C5 区的 L 线。其余连线道理一样，请读者自行分析。

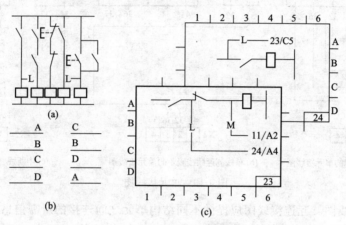

图 4-17　连接线的中断表示法

3. 机床电器元件布置图识读

电器元件布置图主要用来表示电气设备位置，是机电设备制造、安装和维修必不可少的技术文件。布置图根据设备的复杂程度或集中绘制在一张图上，或分别绘出；绘制布置图时，所有可见的和需要表达清楚的电器元件及设备按相同的比例，用粗实线绘出其简单的外形轮廓并标注项目代号；电器元件及设备代号必须与有关电路图和清单上所用的代号一致；绘制的布置图必须标注出全部定位尺寸。如图 4-18 为某普通车床的电器布置图。

4. 机床电气接线图识读

接线图是在电路图、位置图等图的基础上绘制和编制出来的。主要用于电气设备及电气线路的安装接线、线路检查、维修和故障处理。在实际工作中，接线图常与电路原理图、位置图配合使用。为了进一步说明问题，有时还要绘制一个关于接线图的表格即接线表。接线图和接线表可以单独使用，也可以组合使用。一般以接线图为主，接线表给予补充。

按照功能的不同，接线图和接线表可分为单元接线图和单元接线表、互连接线图和互连接线

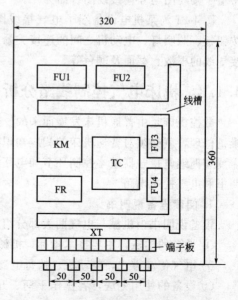

图 4-18　某普通车床的电器布置图

表、端子接线图和端子接线表三种形式。

（1）单元接线图　单元接线图应提供一个结构单元或单元组内部连接所需的全部信息，如图 4-19 所示。其中图 4-19（a）为多线制连续线表示的单元接线图；图 4-19（b）为单线制连续线表示的单元接线图；图 4-19（c）为中断线表示的单元接线图。图中有两种数字，导线上所标数字为线号；矩形实线框内所标数字为设备端子号。中断线表示的单元接线图采用了远端标记法和独立标记法相加的混合标记法。即导线上既标注线号（独立标记法），又标注对方的端子号（远端标记法）。"－K22"等为项目种类代号。

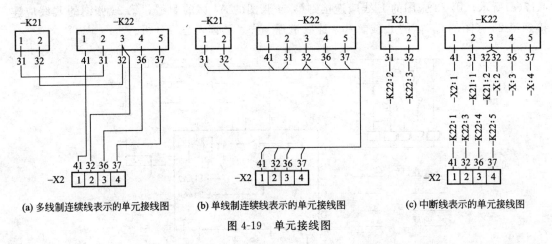

(a) 多线制连续线表示的单元接线图　　(b) 单线制连续线表示的单元接线图　　(c) 中断线表示的单元接线图

图 4-19　单元接线图

（2）互连接线图　互连接线图应提供不同结构单元之间连接的所需信息。图 4-20（a）为单线制连续线表示的互连接线图；图 4-20（b）为中断线表示的互连接线图。图中"－W101"等为连接电缆号；"3×1.5"等为连接电缆芯线使用根数 3 及其缆芯截面积 1.5mm² 。"＋D"等为单元位置代号。

（3）端子接线图　端子接线图应提供一个结构单元与外部设备连接所需的信息。端子接线图一般不包括单元或设备的内部连接，但可提供有关的位置信息。对于较小的系统，经常将端子接线图与互连接线图合而为一。

图 4-21 为某机电设备端子电气接线图。图中标明了机床主板接线端与外部电源进线、按钮板、照明灯、电动机之间的连接关系，也标注了穿线用包塑金属软管的直径和长度，连接导线的根数、截面及颜色等。

4.1.3　机床电气控制线路分析基础

数控机床是由普通机床发展而来的。因此，要想掌握数控机床的工作原理、使用方法和维护修理，就必须对普通机床的相应知识有一个比较全面的了解。学习普通机床知识，不仅需要掌握继电接触器基本控制环节和电路的安装调试，还要学会阅读、分析普通机床设备说明书和电气控制电路。

1. 阅读设备说明书

设备说明书由机械与电气两大部分组成。通过阅读设备说明书，可以了解以下内容。

① 设备的构造，主要技术指标，机械、液压、气动部分的工作原理。

② 电气传动方式，电动机、执行电器等数目、规格型号、安装位置、用途及控制要求。

③ 设备的使用方法，各操作手柄、开关、旋钮、指示装置等的布置以及在控制电路中的作用。

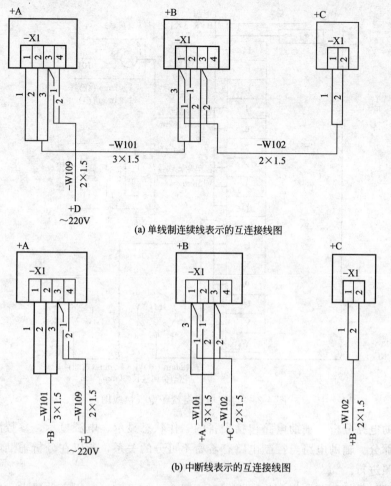

(a) 单线制连续线表示的互连接线图

(b) 中断线表示的互连接线图

图 4-20　互连接线图

④ 与机械、液压、气动部分直接关联的电器（行程开关、电磁阀、电磁离合器、传感器等）的位置、工作状态及其与机械、液压部分的关系，在控制中的作用等。

2. 分析电气控制电路图

电气控制电路图包括电气控制原理图、电器设备位置图、电气安装接线图等。其中，电气控制原理图由主电路、控制电路、辅助电路、保护及联锁环节以及特殊控制电路等部分组成，这部分是电路分析的主要内容。

在分析电气控制原理图时，必须与电器设备位置图、电气安装接线图和设备说明书结合起来，并且最好与实物对照进行阅读才能收到更好的效果。

在分析电气控制原理图时，要特别留意电器元件的技术参数和技术指标，各部分的电流、电压值，以便在调试或检修中合理地使用仪表。

电气控制原理图分析的一般方法与步骤如下。

（1）主电路分析　通过主电路分析，确定电动机和执行电器的启动、转向控制、调速、制动等控制方式。

（2）控制电路分析　根据主电路分析得出的电动机和执行电器的控制方式，在控制电路中逐一找出对应的控制环节电路，"化整为零"。然后对这些"零碎"的局部控制电路逐一进行分析。

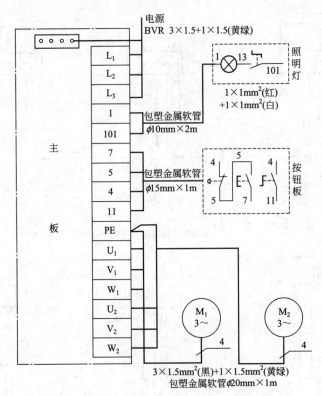

图 4-21 某机电设备端子电气接线图

（3）辅助电路分析　辅助电路包括设备的工作状态显示、电源显示、参数测定、照明和故障报警等部分。辅助电路与控制电路有着密不可分的关系，所以在分析辅助电路时，要与控制电路对照进行。

（4）联锁与保护环节分析　生产机械对于安全性、可靠性有很高的要求。电气联锁和电气保护环节是保证这一要求的重要内容，这部分分析不可忽视。

最后统观全局，检查整个控制电路，看是否有遗漏。特别要从整体角度去理解各控制环节之间的联系，以达到全面理解的目的。

（5）分析电路图注意事项

① 根据电气原理图，对机床电气控制原理加以分析研究，将控制原理读通读透，尤其是每种机床的电路特点要加以掌握。有些机床电气控制不只是单纯的机械和电气相互控制关系，而是由电气-机械（或液压）-液压（或机械）-电气循环控制，这样就为电气故障检修带来较大难度。

② 对于电气安装接线图的掌握也是电气检修的重要组成部分。单纯掌握电气工作原理，而不清楚线路走向、电器元件的安装位置、操作方式等，就不可能顺利地完成检修工作。因为有些电气线路和控制开关不是装在机床的外部，而是装在机床内部，例如 CD6145B 型车床的位置开关 SQ_5 在主传动电动机防护罩内安装，SQ_2 脚踏刹车开关在前床腿内安装，不易发现。因此，在平时就应将情况摸清。

③ 有些机床生产厂家随机带来的图纸与机床实际线路在个别地方不相吻合，还有的图纸不够清晰等，需要在平时发现改正。检修前对电气安装接线图实地对照检查，实际上也是一个学习和掌握新知识、新技能的过程，因为各种机床使用的电器元件不尽相同，尤其是电

器产品不断更新换代，所以，对新电器元件的了解和掌握，以及平时熟悉电气安装接线图对检修工作是大有好处的。

④ 在检修中，检修人员应具备由实物到图和由图到实物的分析能力，因为在检修过程中分析故障会经常对电路中的某一个点或某一条线来加以分析判别与故障现象的关系，这些能力是靠平时经常锻炼才能掌握的，所以，检修人员对电路图的掌握是检修工作至关重要的一环。

4.2　普通卧式车床结构及电气控制

4.2.1　普通卧式车床的结构、运动形式及其拖动方式与控制要求

车床的结构形式很多，有普通车床、六角车床、立式车床、专用车床、多刀车床及数控车床等。不同的车床，其结构、运动形式及其拖动方式与控制要求既有相似之处，又有较大区别。简单的车床只使用了一个或几个独立的拖动线路环节，复杂的则应用了变频和数控技术。

普通车床是一种应用极为广泛的金属切削机床，能够车削外圆、内圆、锥度、端面、螺纹、螺杆及特形面等。掌握车床的电气设备维修，也应了解车床的基本结构及与拖动有关的机械部分。

1. 普通卧式车床的主要结构及运动形式

普通卧式车床的主要结构及运动形式大同小异。C650 型普通卧式车床外部结构如图4-22所示。它由床身、主轴变速箱、尾座、进给箱、丝杠、光杠、刀架及溜板箱等组成。普通卧式车床有两种主要运动，一个是用卡盘或顶尖将被加工工件固定，用电动机拖动进行旋转运动，称为车床的主轴运动；另一个是溜板箱带动刀架直线移动，称为车床的进给运动。车床工作时绝大部分功率消耗在主轴运动上，并通过丝杠带动溜板箱进行慢速移动，使刀具进行自动切削。溜板箱的运动只消耗很小的功率。

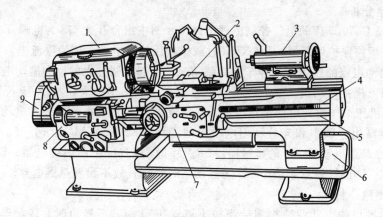

图 4-22　C650 型普通卧式车床外部结构

1—主轴变速箱；2—拖板与刀架；3—尾架；4—丝杆；5—光杆；
6—床身；7—溜板箱；8—进给箱；9—挂轮箱

2. 拖动方式与控制要求

根据卧式车床加工的需要，其电气控制电路应满足如下几点要求。

（1）主轴转速和进给速度可调　车削加工时，由于工件的材料性质、尺寸、工艺要求、加工方式、冷却条件及刀具种类不同，切削速度应不同，因此要求主轴转速能在相当大的范

围内进行调节。

中小型普通车床主轴转速的调节方法有两种：一种是通过改变电动机的磁极对数来改变电动机的转速，以扩大车床主轴的调速范围；另一种是采用不变速的异步电动机通过齿轮变速箱有级调速来实现变速，中小型车床多采用后者；对于大型或重型车床，以及主轴需要无级调速的车床，可采用晶闸管控制的直流调速系统或采用变频器调速。

加工螺纹，要求保证工件的旋转速度与刀具的移动速度之间具有严格的比例关系。为此，车床溜板箱与主轴之间通过齿轮来连接，所以刀架移动和主轴旋转都是由一台电动机来拖动的，而刀具的进给是通过挂轮箱传递给进给箱，通过二者的配合来实现的。

（2）主轴能正反两个方向旋转　车削加工一般只需要单向旋转，但在车削螺纹时，为避免乱扣，要求主轴反转来退刀，因此要求主轴能正反旋转。普通车床主轴正反两个旋转方向有两种获得方法：一种是电动机旋转方向不变，只通过改变机械手柄（离合器）齿轮组来控制；另一种是通过改变主轴电动机转向来控制。

（3）主轴电动机启动应平稳　为满足此要求，一般功率较小的电动机（在 10kW 以下）可以直接启动；功率较大的电动机（含 10kW 以上）一般用减压启动，但若电动机在空载或轻载情况下启动，虽然功率较大，仍可直接启动。

（4）主轴应能迅速停车　迅速停车可以缩短辅助时间，提高工作效率。为使停车迅速，电动机必须采取制动。车床主轴电动机的制动方式有两种：一种是电气制动（如能耗制动和反接制动）；另一种是机械制动（如机械采用摩擦离合器制动）。

（5）车削时的刀具及工件应进行冷却　车削加工时，由于刀具及工件温度过高，很多时候需要冷却，因而应该配有冷却泵电动机。

（6）控制电路应有必要的联锁、保护及其他辅助电路　如照明电路等。

4.2.2　C650 车床电路图的分析与识读

1. 主电路分析

图 4-23 是 C650 车床的电气控制原理电路图。图中组合开关 QS 为电源开关。FU_1 为主电动机 M_1 的短路保护熔断器。FR_1 为其过载保护用热继电器。R 为限流电阻，在主轴点动时，起限制启动电流的作用；在停车反接制动时，又起限制过大的反向制动电流的作用。电流表 PA 用来监视主电动机 M_1 的绕组电流，由于 M_1 功率很大，故 A 接入了电流互感器 TA 的回路。机床工作时，可调整切削量，使电流表 A 显示的电流接近主电动机 M_1 额定电流值，以便提高生产效率和充分利用电动机的潜力。KM_1、KM_2 为 M_1 正、反转接触器。KM_4 为接通冷却泵电动机 M_2 的接触器。FR_2 为 M_2 过载保护用热继电器。KM_5 为接通快速移动电动机 M_3 的接触器，由于 M_3 为点动短时运转，故不设置热继电器。

2. 控制电路分析

（1）主电动机的点动调整控制　当按下点动按钮 SB_4 不松手时，接触器 KM_1 线圈通电，KM_1 主触点闭合，电源电压必须经限流电阻 R 通入主电动机 M_1，从而减少了启动电流。由于中间继电器 KA 未得电，故虽然 KM_1 的辅助常开触点（13-15 间）已闭合，但不自锁。因而，当松开 SB_4 后，KM_1 线圈随即断电，主电动机 M_1 停车。

（2）主电动机的正反转控制　主电动机 M_1 的额定功率为 30kW，但只在车削时消耗功率较大，启动时负载很小，因而启动电流并不是很大。所以，在非频繁点动工作时，仍然采用了全压直接启动。

当按下正向启动按钮 SB_1 时，KM_3 通电，其主触点闭合，短接限流电阻 R，另有一个

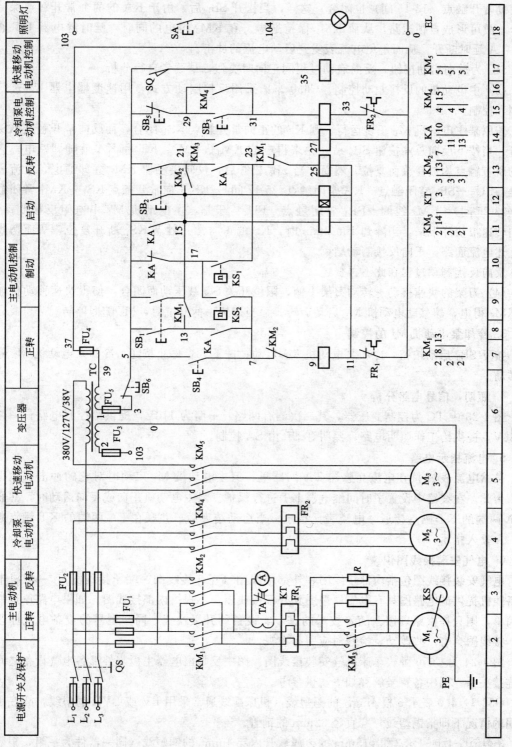

图4-23　C650卧式车床电气控制原理图

常开辅助触点（5-27 间）闭合，使得 KA 得电，其常开触点闭合，使得 KM₃ 在松手后也能保持得电，KA 也保持得电。另一方面，当 SB₁ 尚未松开时，由于 KA 的另一常开触点（7-13间）已闭合，故使得 KM₁ 通电，其主触点闭合，主电动机 M₁ 全压启动运行，KM₁ 的辅助常开触点（13-15 间）也闭合。这样，当松开 SB₁ 后，由于 KA 的两个常开触点保持闭合，故可形成自锁通路，从而 KM₁ 保持通电。在 KM₃ 得电的同时，延时继电器 KT 通电，TA 延时断开，从而避免电流表受到启动电流的冲击。

SB₄ 为反向启动按钮。反向启动过程同正向时类似，请读者自行分析。

（3）主电动机的反接制动控制 C650 车床采用反接制动方式，用速度继电器 KS 进行检测和控制。

若原来主电动机 M₁ 正转运行，则 KS 的正向常开触点 KS₁ 闭合，而反向常开触点 KS₂ 断开。当按下反向总停按钮 SB₆ 后，原来得电的 KM₁、KM₃、KT 和 KA 就随即断电，它们的所有触点均被释放而复位。然而，当 SB₆ 松开后，反转接触器 KM₂ 立即通电，电流通路是：FU₅—SB₆ 常闭触点—KA 常闭触点（5-17 间）—KS 正向常开触点 KS₁—KM₁ 常闭触点（23-25 间）—KM₂ 线圈—FR₁ 常闭触点—FU₄。于是，主电动机 M₁ 串电阻反接制动，正向转速很快降下来，当降到 100r/min 时，KS 的正向常开触点 KS₁ 断开复位，从而切断了上述电流通路，正向反接制动结束。

反向反接制动过程在此不再赘述。

（4）刀架的快速移动 转动刀架手柄，限位开关 SQ 被压动而闭合，使得快速移动接触器 KM₅ 得电，速移动电动机 M₃ 启动运转。而当刀架手柄复位时，M₃ 随即停转。

3. 冷却泵电动机 M₂ 的控制

按下 SB₃ 启动按钮，冷却泵电动机 M₂ 启动；按下 SB₅ 停止按钮，冷却泵电动机 M₂ 停止转动。

4. 照明、信号电路分析

图 4-23 中 TC 为控制变压器，其二次侧有两路：一路为 110V，提供给控制电路；一路为 36V，提供给工作照明电路，照明灯 EL 由 SA 控制。

5. 电流指示电路

虽然电流表 A 接在电流互感器 TA 回路里，但主电动机 M₁ 启动时对它的冲击仍然很大。为此，在线路中设置了时间继电器 KT 进行保护。当主电动机正向或反向启动时，并联在 A 两端的 KT 触点接通，电流表无指示；当启动结束后，并联在 PA 两端的 KT 触点断开，A 投入指示。

6. 电气安装接线图识读

电气安装接线图包括内部接线图和外部接线图（互连接线图、端子接线图）。一般机电设备随机提供的电路图只有电气原理图和外部接线图，不提供内部接线图。如果电路原理特别简单，则只提供原理图。随着技术的进步，设备的升级换代，同一型号的设备电气原理图、接线图会有一些改动，检修时应引起重视。

图 4-24 为 C650 卧式车床电气安装接线图。图中反映出电器主板与外部各电气设备之间的连接关系。图中各符号解释如下，供参考。

G32 3×4.0 表示 3 根 4mm² 的铜塑线（机床配线通常采用 BV 或 BVR 铜塑线，故在不指明的情况下即指铜塑线）穿直径 32mm 的钢管。

3-φ15JG-4.0 表示 3 组 φ15mm 的金属软管内穿 4mm² 的铜塑线（同一器件为一组，根数为同一器件的根数。QS 为 6 根；限流电阻 R 为 6 根；电动机 M₁ 为 3 根）。

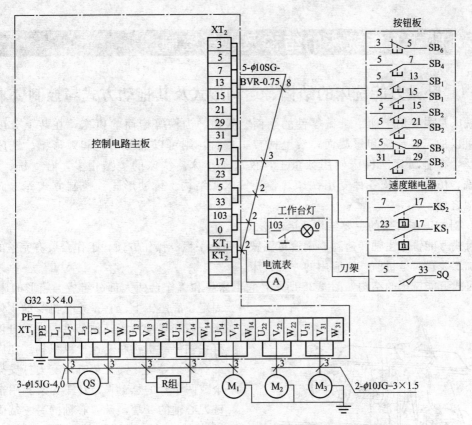

图 4-24　C650 卧式车床电气安装接线图

2-ϕ10JG-3×1.5 表示 2 组 ϕ10mm 的金属软管内穿 1.5mm² 的铜塑线，每组 3 根。

5-ϕ10SG-BVR-0.75 表示 5 组 ϕ10mm 的软管内穿 0.75mm² 的软铜塑线，根数为同一组的根数（电流表、工作台灯、刀架各为 2 根；速度继电器为 3 根；按钮箱为 8 根）。

另外，图中还有电器设备金属外壳、机架接地等符号，这里就不做一一解释了。

7. 电气元件功能表（见表 4-3）

表 4-3　电气元件功能表

符　号	名称及用途	符　号	名称及用途
M_1	主电动机	SB_6	总停按钮
M_2	冷却泵电动机	SB_4	主电动机正向点动按钮
M_3	快速移动电动机	SB_1	主电动机正转按钮
KM_1	主电动机正转接触器	SB_2	主电动机反转按钮
KM_2	主电动机反转接触器	SB_5	冷却泵电动机停车按钮
KM_3	短接限流电阻接触器	SB_3	冷却泵电动机启动按钮
KM_4	冷却泵电动机启动接触器	TC	控制变压器
KM_5	快移电动机启动接触器	$FU_1 \sim FU_5$	熔断器
KA	中间继电器	FR_1	主电动机过载保护热继电器
KT	时间继电器	FR_2	冷却泵电动机保护热继电器
SQ	快移电动机点动行程开关	R	限流电阻
SA	开关	EL	照明灯
KS	速度继电器	TA	电流互感器
A	电流表	QS	隔离开关

4.3 卧式万能铣床的结构及电气控制

4.3.1 卧式万能铣床的结构、运动形式及其拖动方式与控制要求

铣床是主要用于加工机械零件的平面、斜面、沟槽等型面的机床，在装上分度头以后，可以加工直齿轮和螺旋面；装上回转工作台，则可以加工凸轮和弧形槽。铣床的用途广泛，在金属切削机床使用数量上，仅次于车床。铣床的类型很多，有立铣、卧铣、龙门铣、仿型铣以及各种专用铣床。各种铣床在结构、传动形式、控制方式等方面有许多类似之处。

1. 卧式万能铣床的主要结构及运动形式

卧式万能铣床主轴转速高、调速范围宽、调速平稳、操作方便，工作台装有完整的自动循环加工装置，是目前广泛应用的一种铣床。

卧式万能铣床的结构如图 4-25 所示，它由床身和工作台两大部分组成。箱形的床身 10 固定在底座 1 上，它是整个机身的主体，用来安装和连接机床其他部件。在床身内，装有主轴传动机构和变速操纵机构。在床身上部有水平导轨，其上装有带有刀杆支架（一个或两个）的悬梁 7。刀杆支架 6 用来支承铣刀心轴的一端，铣刀心轴的另一端固定在主轴 9 上，由主轴带动其旋转。悬梁可沿水平导轨移动，刀杆支架也可沿悬梁作水平移动，以便按需要调整铣刀位置，便于安装不同规格的心轴。床身的前面装有垂直导轨，升降台 2 可以沿着垂直导轨作上、下运动。在升降台上部有水平导轨，其上装有可沿平行于主轴轴线方向移动的溜板 3，溜板上部有可转动的回转台 4。工作台 5 装在回转台上部的导轨上，并能在导轨上作垂直于主轴轴线方向的移动。工作台上有用于固定工件的燕尾槽。这样，安装在工作台上的工件就可以在三个坐标轴上的六个方向上作进给运动了。此外，由于回转盘可绕中心转过一个角度（45°），因此工作台在水平面上除了能在平行于或垂直于主轴轴线方向进给外，还

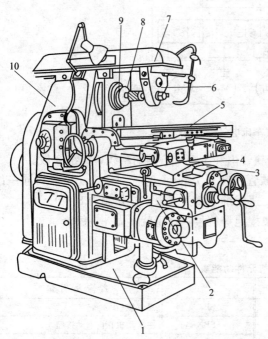

图 4-25 X6132 型万能铣床外形

1—底座；2—升降台；3—溜板；4—回转台；
5—工作台；6—刀杆支架；7—悬梁；
8—刀杆；9—主轴；10—床身

能在倾斜方向进给，故称万能铣床。

卧式万能铣床有三种运动，即主运动、进给运动和辅助运动。主运动：主轴带动铣刀的旋转运动。进给运动：加工过程中工作台带动工件在三个互相垂直方向上的直线运动。辅助运动：工作台在三个互相垂直方向上的快速直线运动，以及工作台的旋转运动。

2. 拖动方式与控制要求

根据上面的结构分析以及运动情况分析可知，普通卧式万能铣床对电力拖动控制的主要

要求如下。

① 主运动和进给运动之间，没有速度比例协调的要求，所以主轴与工作台各自采用单独的笼型异步电动机拖动。

② 主轴电动机是在空载时直接启动，为完成顺铣和逆铣，要求有正反转。可根据铣刀的种类来选择转向，在加工过程中不必变换转向。

③ 为了减小负载波动对铣刀转速的影响，以保证加工质量，主轴上装有飞轮，其转动惯量较大。为提高工作效率，要求主轴电动机有停车制动控制。

④ 工作台的纵向、横向和垂直三个方向的进给运动由一台进给电动机拖动，三个方向的选择由操纵手柄改变传动链来实现，每个方向有正反向运动，要求有正反转。同一时间只允许工作台向一个方向移动，故三个方向的运动之间应有联锁保护。

⑤ 为了缩短调整运动的时间，提高生产率，工作台应有快速移动控制。

⑥ 使用回转工作台时，要求回转工作台旋转运动与工作台的上下、左右、前后三个方向的运动之间有联锁保护控制，即回转工作台旋转时，工作台不能向其他方向移动。

⑦ 为适应加工的需要，主轴转速与进给速度应有较宽的调节范围。普通卧式万能铣床一般采用机械变速的方法，改变变速箱传动比来实现的。为保证变速时齿轮易于啮合，减小齿轮槽面的冲击，要求变速时有电动机冲动（短时转动）控制。

⑧ 根据工艺要求，主轴旋转与工作台进给应有联锁控制，即进给运动要在铣刀旋转之后才能进行，加工结束必须在铣刀停转前停止进给运动。

⑨ 冷却泵由一台电动机拖动，供给铣削时的冷却液。

⑩ 为操作方便，应能在两处控制各部件的启动停止。

4.3.2　X62W 型万能铣床电路图的分析与识读

X62W 型万能铣床电路原理图如图 4-26 所示。

1. 主电路分析

铣床是逆铣方式加工还是顺铣方式加工，开始工作前即已选定，在加工过程中是不改变的。为简化控制电路，主轴电动机 M_1 正转接线与反转接线通过组合开关 SA_5 手动切换，控制接触器 KM_1 的主触点只控制电源的接入与切断。

进给电动机 M_2 在工作过程中频繁变换转动方向，因而仍采用接触器方式构成正转与反转接线。

冷却泵驱动电动机 M_3 根据加工需要提供切削液，电路中手动直接接通转换开关 SA_3，在主电路中手动直接接通和断开定子绕组的电源。

2. 控制电路分析

（1）主轴电动机 M_1 的控制

① 主轴电动机启动控制。主轴电动机空载直接启动，启动前，由组合开关 SA_5 选定电动机的转向，控制电路中选择开关 SA_2 选定主轴电动机为正常工作方式，即 SA_{2-1} 触点闭合，SA_{2-2} 触点断开，然后通过按下启动按钮 SB_3 或 SB_4，接通主轴电动机启动控制接触器 M_1 的线圈电路，其主触点闭合，主轴电动机按给定方向启动旋转，按下停止按钮 SB_1 与 SB_2，主轴电动机停转。SB_3、SB_4、SB_1 与 SB_2 分别位于两个操作板上，从而实现主轴电动机的两地操作控制。

② 主轴电动机制动及换刀制动。为使主轴能迅速停车，控制电路采用电磁制动器进行主轴的停车制动。按下停车按钮 SB_1 或 SB_2，其动断触点使接触器 KM_1 的线圈失电，电动

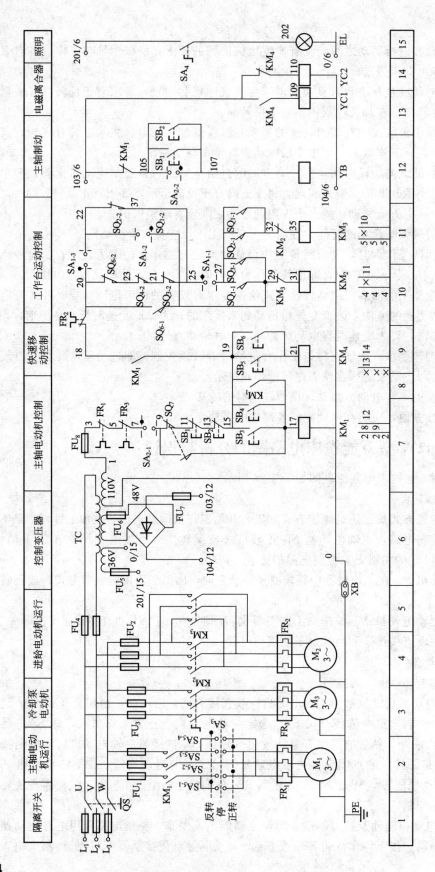

图4-26　X62W型万能铣床控制电路

机定子绕组脱离电源，同时其动合触点闭合接通电磁制动器 YB 的线圈电路，对主轴进行停车制动。

当进行换刀和上刀操作时，为了防止主轴意外转动造成事故，也为了上刀方便，主轴必须处在断电停车和制动的状态。此时工作状态选择开关 SA$_2$ 由正常工作状态位置扳到上刀制动状态位置，即 SA$_{2-1}$ 触点断开，切断接触器 KM$_1$ 的线圈电路，使主轴电动机不能启动；SA$_{2-2}$ 触点闭合，接通电磁制动器 YB 的线圈电路，使主轴处于制动状态不能转动，保证上刀换刀工作的顺利进行。

③ 主轴变速时的瞬时点动。变速时，变速手柄被拉出，然后转动变速手轮选择转速，转速选定后将变速手柄复位。因为变速是通过机械变速机构实现的，变速手轮选定应进入啮合的齿轮，齿轮啮合到位即可输出选定转速。但是当齿轮没有进入正常啮合状态时，则需要主轴有瞬时点动的功能，以调整齿轮位置，使齿轮进入正常啮合。实现瞬时点动是由复位手柄与行程开关 SQ$_7$ 组合构成点动控制电路。变速手柄在复位的过程中按下瞬时点动行程开关 SQ$_7$，SQ$_7$ 的动合触点闭合，使接触器 KM$_1$ 的线圈得电，主轴电动机 M$_1$ 转动，SQ$_7$ 的动断触点切断 KM$_1$ 线圈电路的自锁，使电路随时可被切断；变速手柄复位后，松开行程开关 SQ$_7$，电动机 M$_1$ 停转，完成一次瞬时点动。

手柄复位时要求迅速、连续，一次不到位应立即拉出，以免行程开关 SQ$_7$ 没能及时松开，电动机转速上升，在齿轮未啮合好的情况下打坏齿轮。一次瞬时点动不能实现齿轮良好的啮合时，应立即拉出复位手柄，重新进行复位瞬时点动的操作，直至完全复位。

（2）进给电动机 M$_2$ 的控制　进给电动机 M$_2$ 的控制电路分为三部分：第一部分为顺序控制部分，当主轴电动机启动后，其控制启动接触器 KM$_1$ 辅助动合触点闭合，进给电动机控制接触器 KM$_2$ 与 KM$_3$ 的线圈电路方能通电工作；第二部分为工作台各进给运动之间的联锁控制部分，可实现水平工作台，各运动之间的联锁，也可实现水平工作台工作与圆工作台工作之间的联锁；第三部分为进给电动机正反转接触器线圈电路部分。

① 水平工作台纵向进给运动的控制。水平工作台纵向进给运动由操作手柄与行程开关 SQ$_1$、SQ$_2$ 组合控制。纵向操作手柄有左右两个工作位和一个中间不工作位。手柄扳到工作位时，带动机械离合器，接通纵向进给运动的机械传动链，同时按下行程开关，行程开关的动合触点闭合使接触器 KM$_2$ 或 KM$_3$ 线圈得电，其主触点闭合，进给电动机正转或反转，驱动工作台向左或向右移动进给，行程开关的动断触点在运动联锁控制电路部分构成联锁控制功能。选择开关 SA$_1$ 选择水平工作台工作或是圆工作台工作。SA$_{1-1}$ 与 SA$_{1-3}$ 触点闭合构成水平工作台运动联锁电路，SA$_{1-2}$ 触点断开，切断圆工作台工作电路。工作台纵向进给的控制过程为：电路由 KM$_1$ 辅助动合触点开始，工作电流经 SQ$_{6-2}$ → SQ$_{4-2}$ → SQ$_{3-2}$ → SA$_{1-1}$ → SQ$_{1-1}$ → KM$_3$ 到 KM$_2$ 线圈，或者由 SA$_{1-1}$ 经 SQ$_{2-1}$ → KM$_2$ 到 KM$_3$ 线圈。

手柄扳到中间位时，纵向机械离合器脱开，行程开关 SQ$_1$ 与 SQ$_2$ 不受压，因此进给电动机不转动，工作台停止移动。工作台的两端安装有限位撞块，当工作台运行到达终点位时，撞块撞击手柄，使其回到中间位置，实现工作台的终点停车。

② 水平工作台横向和升降进给运动控制。水平工作台横向和升降进给运动的选择和联锁是通过十字复式手柄和行程开关 SQ$_3$ 和 SQ$_4$ 组合控制，操作手柄有上、下、前、后四个工作位置和一个中间不工作位置。扳动手柄到选定运动方向的工作位，即可接通该运动方向的机械传动链。同时按下行程开关 SQ$_3$ 或 SQ$_4$，行程开关的动合触点闭合使控制进给电动机转动的接触器 KM$_2$ 或 KM$_3$ 的线圈得电，电动机 M$_2$ 转动，工作台在相应的方向上移动。

行程开关的动断触点同纵向行程开关一样，在联锁电路中构成运动的联锁控制。工作台横向与垂直方向进给控制过程为：控制电路由主轴电动机控制接触器 KM_1 的辅助动合触点开始，工作电流经 $SA_{1-3} \rightarrow SQ_{2-2} \rightarrow SQ_{1-2} \rightarrow SA_{1-1} \rightarrow SQ_{3-1} \rightarrow KM_3$ 到 KM_2 线圈，或者由 SA_{1-1} 经 $SQ_{4-1} \rightarrow KM_2$ 到 KM_3 线圈。十字复式操作手柄扳在中间位置时，横向与垂直方向的机械离合器脱开，行程开关 SQ_3 与 SQ_4 均不受压，因此进给电动机停转，工作台停止移动。固定在床身上的挡块在工作台移动到极限位置时，撞击十字手柄，使其回到中间位置，切断电路，使工作台在进给终点停车。

③ 水平工作台进给运动的联锁控制。由于操作手柄在工作时，只存在一种运动选择，因此铣床直线进给运动之间的联锁满足两操作手柄之间的联锁即可实现。联锁控制电路由两条电路并联组成，纵向手柄控制的行程开关 SQ_1、SQ_2 的动断触点串联在一条支路上，十字复式手柄控制的行开关 SQ_3、SQ_4 动断触点串联在另一条支路上，扳动任一操作手柄，只能切断其中一条支路，另一条支路仍能正常通电，使接触器 KM_2 或 KM_3 的线圈不失电；若同时扳动两个操作手柄，则两条支路均被切断，接触器 KM_2 或 KM_3 断电，工作台立即停止移动，从而防止机床运动干涉造成设备事故。

④ 水平工作台的快速移动。水平工作台选定进给方向后，可通过电磁离合器接通快速机械传动链，实现工作台空行程的快速移动。快速移动为手动控制，按下启动按钮 SB_5 或 SB_6，接触器 KM_4 的线圈得电，其动断触点断开，使正常进给电磁离合器 YC_2 线圈失电，断开工作进给传动链，KM_4 的动合触点闭合，使快速电磁离合器 YC_1 线圈得电，接通快速移动传动链，水平工作台沿给定的进给方向快速移动，松开按钮 SB_5 或 SB_6，KM_4 线圈失电，恢复水平工作台的工作进给。

⑤ 圆工作台运动控制。圆工作台工作时，工作台选择开关 SA_1 的 SA_{1-1}、SA_{1-3} 两触点打开，SA_{1-2} 触点闭合，此时水平工作台的操作手柄均扳在中间不工作位。控制电路由主轴电动机控制接触器 KM_1 的辅助动合触点开始，工作电流经 $SQ_{6-2} \rightarrow SQ_{4-2} \rightarrow SQ_{3-2} \rightarrow SQ_{1-2} \rightarrow SQ_{2-2} \rightarrow SA_{1-2} \rightarrow KM_3$ 到 KM_2 线圈，KM_2 主触点闭合，进给电动机 M_2 正转，拖动圆工作台转动，圆工作台只能单方向旋转。圆工作台的控制电路串联了水平工作台工作行程开关 SQ_1 至 SQ_4 的动断触点，因此水平工作台任一操作手柄扳到工作位置，都会按下行程开关，切断圆工作台的控制电路，使其立即停止转动，从而起到水平工作台进给运动和圆工作台转动之间的联锁保护控制。

⑥ 水平工作台变速时的瞬时点动。水平工作台变速瞬时点动控制原理与主轴变速瞬时点动相同。变速手柄拉出后选择转速，再将手柄复位，变速手柄在复位的过程中按下瞬时点动行程开关 SQ_6，SQ_6 的动合触点闭合接通接触器 KM_2 的线圈电路，使进给电动机 M_2 转动，动断触点切断 KM_2 线圈电路的自锁。变速手柄复位后，松开行程开关 SQ_6。与主轴瞬时点动操作相同，也要求手柄复位时迅速、连续，一次不到位，要立即拉出变速手柄，再重复瞬时点动的操作，进入正常工作。

3. 冷却泵电动机 M_3 的控制

手动闭合 SA_3 冷却泵电动机 M_3 启动，供给冷却液。

4. 照明电路分析

照明灯 EL 由开关 SA_4 手动控制，工作时接通。

5. 电气安装接线图识读

图 4-27(a)～(c) 为 X62W 型万能铣床电气安装接线图（互连接线图）。该图显示出 6 部分相对独立电路的连接。图中符号参照图 4-24 的解释，请读者自行分析。

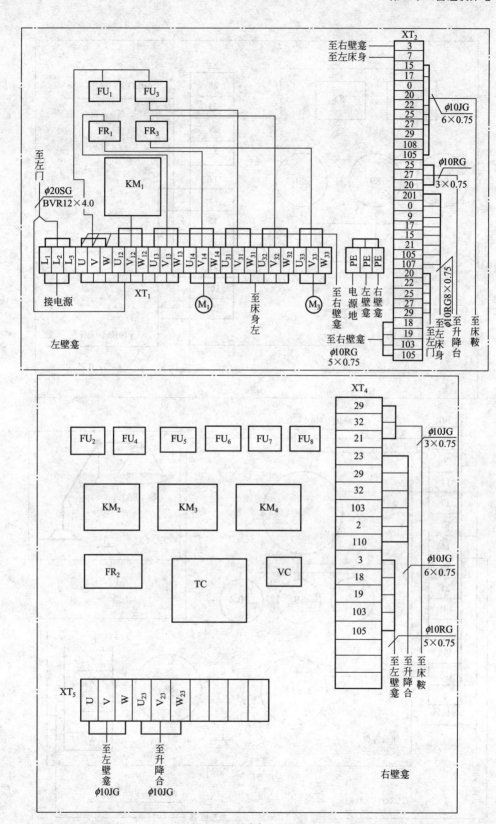

（a）

图 4-27

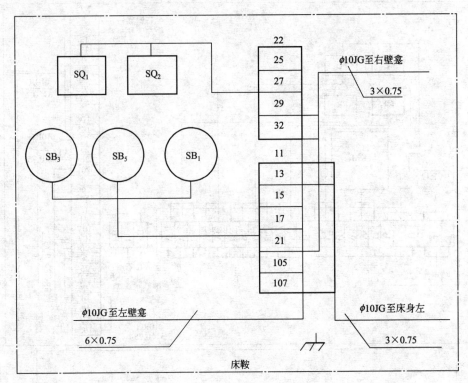

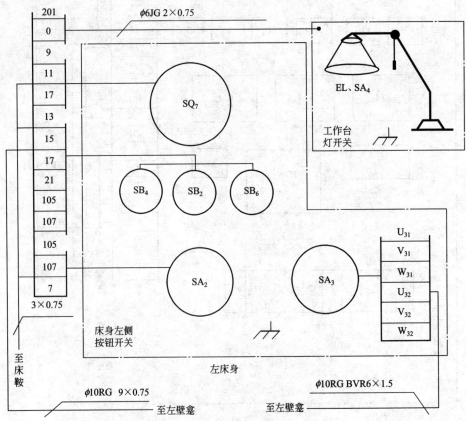

(b)

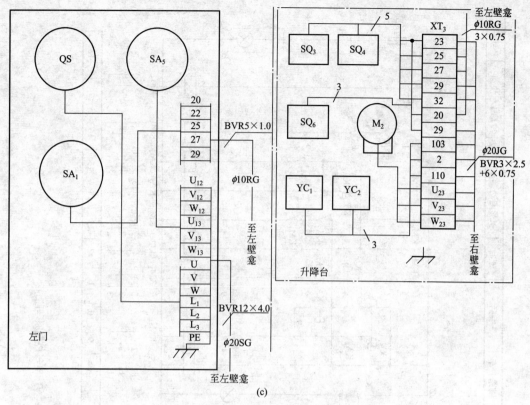

图 4-27 X62W 型万能铣床电气安装接线图

6. 电气元件功能表（见表 4-4）

表 4-4 电气元件功能表

符 号	名 称 及 用 途	符 号	名 称 及 用 途
M_1	主轴电动机	SA_4	照明灯开关
M_2	进给电动机	SA_5	主轴换向开关
M_3	冷却泵电动机	QS	电源隔离开关
KM_1	主电动机启动接触器	SB_1,SB_2	主轴停止按钮
KM_2	进给电动机正转接触器	SB_3,SB_4	主轴启动按钮
KM_3	进给电动机反转接触器	SB_5,SB_6	工作台快速移动按钮
KM_4	快速接触器	FR_1	主轴电动机热继电器
SQ_1	工作台向右进给行程开关	FR_2	进给电动机热继电器
SQ_2	工作台向左进给行程开关	FR_3	冷却泵热继电器
SQ_3	工作台向前,向下进给行程开关	FU_{1-8}	熔断器
SQ_4	工作台向后,向上进给行程开关	TC	变压器
SQ_6	进给变速瞬时点动开关	VC	整流器
SQ_7	主轴变速瞬时点动开关	YB	主轴制动电磁制动器
SA_1	工作台转换开关	YC_1	电磁离合器(快速传动链)
SA_2	主轴上刀制动开关	YC_2	电磁离合器(工作传动链)
SA_3	冷却泵开关		

思考题及习题

4-1 电气制图与识图的相关国家标准有哪些？

4-2 结合图 4-4 数控机床进给伺服系统图分析系统图与框图有何作用？

数控机床电气控制

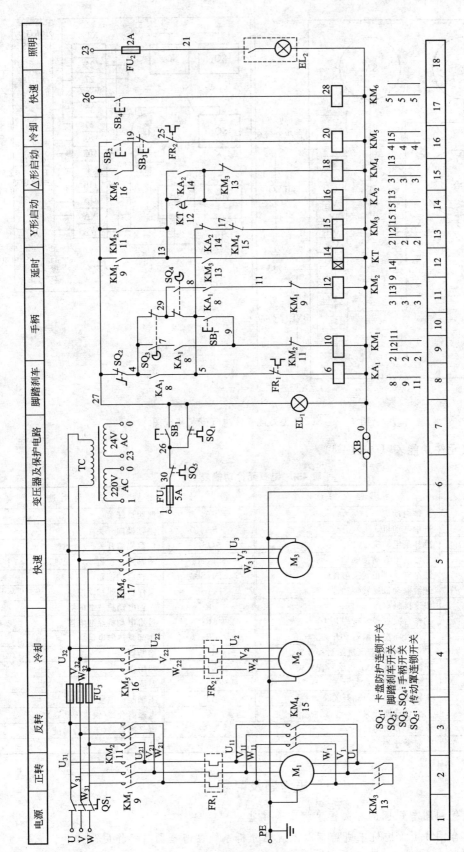

图4-28 CD6145B型卧式车床电气控制原理图

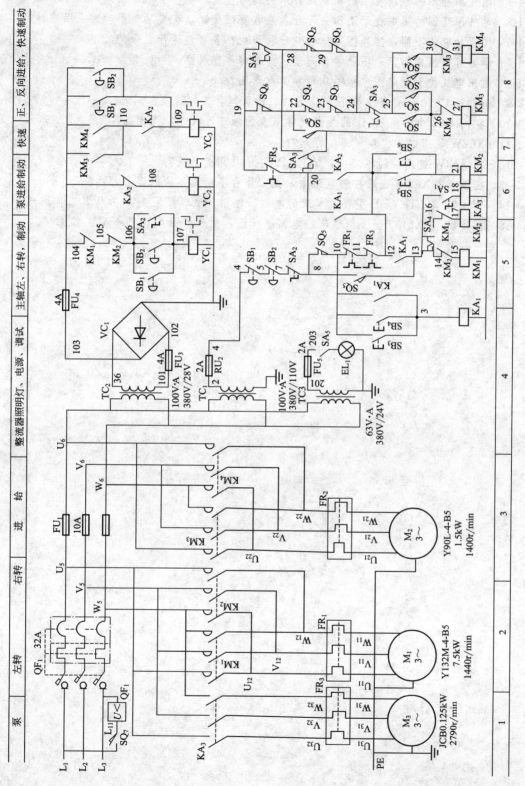

图4-29　X6132型万能铣床电气控制原理图

4-3　电气原理图的布局有哪些方法？各有何优缺点？

4-4　电气原理图的单线表示法和多线表示法适用什么场所？

4-5　电气原理图的集中表示法和分开表示法各有何优缺点？实际制图时常采用哪种？

4-6　按照功能的不同，接线图可分为哪三种形式？各自表达什么含义？

4-7　学习普通机床知识，需要学会阅读、分析哪些资料？

4-8　机床电气控制电路图包括哪几种具体电路图？

4-9　请叙述 C650 卧式车床按下 SB_4 后的工作原理和工作过程。

4-10　在图 4-23 中，用 KM_3 的触点代替 KA 的触点可以吗？为什么？

4-11　X62W 铣床电气控制有哪些特点？

4-12　在 X62W 铣床控制电路中，YC_1、YC_2 的作用是什么？

4-13　在图 4-26X62W 铣床控制电路中，圆工作台不能工作的原因有哪些？

4-14　图 4-28 是 CD6145B 型卧式车床的电路原理图，试参照图 4-23 分析其工作原理。

4-15　图 4-29 是 X6132 型万能铣床的电路原理图，试参照图 4-26 分析其工作原理。

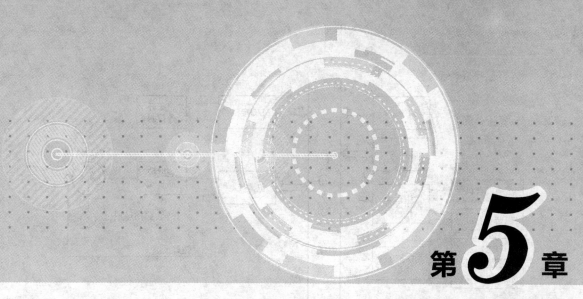

第**5**章

机床数控装置

【本章学习目标】

　　熟悉机床数控装置硬件和软件的结构及工作原理；

　　了解机床数控装置系统软件的工作过程；

　　熟悉 CNC 装置的通信接口；

　　熟悉 FANUC 典型数控装置；

　　熟悉 SIEMENS 典型数控装置。

5.1　机床数控装置的结构及工作原理

　　机床数控系统通常指数控装置（CNC）、进给系统、主轴系统、电源系统等的总和。数控装置是机床数控系统的核心、大脑。

5.1.1　机床数控装置的硬件结构及工作原理

　　按 CNC 装置中各电路板的插接方式，数控装置的硬件结构分为大板式结构和功能模块式结构；按微处理器的个数分为单 CPU 和多 CPU 结构；按硬件的制造方式分为专用型结构和通用计算机式结构；按 CNC 装置的开放程度可分为封闭式结构、PC 嵌入 NC 式结构、NC 嵌入 PC 式结构和软件型开放式结构等。

　　1. 单 CPU 结构

　　单 CPU 结构是指在 CNC 装置中只有一个 CPU，CPU 通过总线与存储器及各种接口相连接，采取集中控制，分时处理的工作方式，完成数控系统的各项任务。如存储、插补运算、输入输出控制、CRT 显示等。某些 CNC 装置中虽然用了两个以上的 CPU，但能够控制系统总线的只有一个 CPU，它独占总线资源，其他的 CPU 只是附属的专用职能部件，它们不能控制总线，也不能访问主存储器。它们组成主从结构，故被归属于单 CPU 结构中。图 5-1 为单 CPU 结构框图。

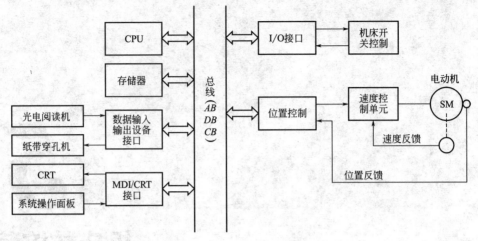

图 5-1　单 CPU 的 CNC 结构框图

单微处理器结构的 CNC 系统由微处理器和总线、存储器、位置控制部分、数据输入/输出接口及外围设备等组成。

（1）微处理器　主要完成信息处理，包括控制和运算两方面的任务。

控制任务根据系统要实现的功能而进行协调、组织、管理和指挥工作，即获取信息、处理信息、发出控制命令。主要包括对零件加工程序输入、输出的控制及机床加工现场状态信息的记忆控制；运算任务是完成一系列的数据处理工作，主要包括译码、刀补计算、运动轨迹计算、插补计算和位置控制的给定值与反馈值的比较运算等。

（2）存储器　用于存放系统程序、用户程序和运行过程中的临时数据。

存储器包括只读存储器（ROM）和随机存储器（RAM）两种。系统程序存放在只读存储器 EPROM 中，由厂家固化，只能读出不能写入，断电后，程序也不会丢失；加工的零件程序、机床参数、刀具参数等存放在有后备电池的 CMOS RAM 中，可以读出，也可以根据需要进行修改；运行中的临时数据存放在随机存储器 RAM 中，可以随时读出和写入，断电后信息丢失。

（3）位置控制部分　包括位置单元和速度控制单元。

位置控制单元接收经插补运算得到的每一个坐标轴在单位时间间隔内位移量，控制伺服电机工作，并根据接收到的实际位置反馈信号，修正位置指令，实现机床运动的准确控制。同时产生速度指令送往速度控制单元，速度控制单元将速度指令与速度反馈信号相比较，修正速度指令，用其差值控制伺服电动机以恒定速度运转。

（4）数据输入/输出接口与外围设备　是 CNC 装置与操作者之间交换信息的桥梁。例如，通过 MDI 方式或串行通信，可将工件加了程序送入 CNC 装置；通过 CRT 显示器，可以显示工件的加工程序和其他信息。

在单微处理器结构中，由于仅由一个微处理器进行集中控制，故其功能将受 CPU 字长、数据字节数、寻址能力和运算速度等因素的限制。

2. 多 CPU 结构

多微处理器结构的 CNC 系统中有两个或两个以上的微处理器，各微处理器之间采用紧密耦合，资源共享，有集中的操作系统；或者各 CPU 构成独立部件，采用松散耦合，有多层操作系统，有效地实现并行处理。

（1）多 CPU 结构 CNC 装置的基本功能模块　多 CPU 结构 CNC 装置一般由多个基本功能模块组成，通过增加功能模块，可实现某些特殊功能。

① CNC 管理模块。该模块管理和组织整个 CNC 系统各功能模块协调工作，如系统的初始化、中断管理、总线裁决、系统错误识别和处理、系统软硬件诊断等。该模块还完成数控代码编译、坐标计算和转换、刀具半径补偿、速度规划和处理等插补前的预处理。

② CNC 插补模块。该模块根据前面的编译指令和数据进行插补计算，按规定的插补类型通过插补计算为各个坐标提供位置给定值。

③ 位置控制模块。插补后的坐标作为位置控制模块的给定值，而实际位置通过相应的传感器反馈给该模块，经过一定的控制算法，实现无超调、无滞后、高性能的位置闭环。

④ PLC 模块。零件程序中的开关功能和由机床传来的信号在这个模块中作逻辑处理，实现各功能和操作方式之间的联锁，机床电气设备的启停、刀具交换、转台分度、工件数量和运转时间的计数等。

⑤ 操作面板监控和显示模块。零件程序、参数、各种操作命令和数据的输入（如软盘、硬盘、键盘、各种开关量和模拟量的输入、上级计算机输入等）、输出（如通过软盘、硬盘、键盘、各种开关量和模拟量的输出、打印机输出）、显示（如通过 LED、CRT、LCD 等）所需要的各种接口电路。

⑥ 存储器模块。此模块作为程序和数据的主存储器，或功能模块间数据传送用的共享存储器。

（2）多 CPU 结构 CNC 装置的基本类型　图 5-2 为多 CPU 结构的 CNC 系统的组成框图。CNC 系统的多 CPU 典型结构分共享总线型和共享存储器型。

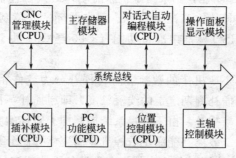

图 5-2　多 CPU 结构的 CNC 系统组成框图

① 共享总线结构。以系统总线为中心的多 CPU 的 CNC 装置，把组成 CNC 装置的各个功能部件划分为带有 CPU 或 DMA 器件的主模块和不带 CPU 或 DMA 器件的从模块（如各种 RAM、ROM 模块、I/O 模块）两大类。所有主、从模块都插在配有总线插座的机柜内，共享标准系统总线。系统总线的作用是把各个模块有效地连接在一起。按照标准协议交换各种数据和控制信息，构成完整的系统，实现各种预定的功能。

② 共享存储器结构。采用多端口存储器来实现各 CPU 之间的互连和通信，每个端口都配有一套数据、地址、控制线，以供端口访问，由专门的多端口控制逻辑电路解决访问的冲突。但这种方式由于同一时刻只能有一个 CPU 对多端口存储器读/写，所以功能复杂。当要求 CPU 数量增多时，会因争用共享存储器而造成信息传输的阻塞，降低系统效率，因此扩展功能很困难。图 5-3 为采用多 CPU 共享存储器的 CNC 系统框图。

3. CNC 装置的功能

CNC 装置的功能是指它满足不同控制对象各种要求的能力，通常包括基本功能和选择

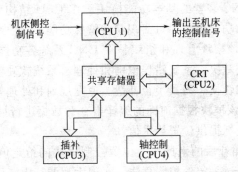

图 5-3　采用多 CPU 共享存储器的 CNC 系统框图

功能。基本功能是数控系统必备的功能，如控制功能、准备功能、插补功能、进给功能、主轴功能、辅助功能、刀具功能、字符显示功能和自诊断功能等。选择功能是供用户根据不同机床的特点和用途进行选择的功能，如补偿功能、固定循环功能、通信功能和人机对话编程功能等。下面简要介绍 CNC 装置的基本功能和选择功能。

（1）基本功能

1）控制功能　控制功能是指 CNC 装置控制各类转轴的功能，其功能的强弱取决于能控制的轴数以及能同时控制的轴数（即联动轴数）多少。控制轴有移动轴和回转轴、基本轴和附加轴。一般数控车床需要同时控制两个轴；数控铣床、镗床以及加工中心等需要有 3 个或 3 个以上的控制轴；加工空间曲面的数控机床需要 3 个以上的联动轴。控制轴数越多，尤其是联动轴数越多，CNC 装置就越复杂，编制程序也越困难。

2）准备功能　也称 G 功能，用来指定机床的动作方式，包括基本移动、程序暂停、平面选择、坐标设定、刀具补偿、基准点返回、固定循环、公英制转换等指令。它用字母 G 和其后的两位数字表示。ISO 标准中准备功能有 G00 至 G99 共 100 种，数控系统可以从中选用。

3）插补功能　现代 CNC 机床的数控装置将插补分为软件粗插补和硬件精插补两步进行；先由软件算出每一个插补周期应走的线段长度，即粗插补，再由硬件完成线段长度上的一个个脉冲当量逼近，即精插补。由于数控系统控制加工轨迹的实时性很强，插补计算程序要求不能太长，采用粗精二级插补能满足数控机床高速度和高分辨率的发展要求。

4）进给功能　进给功能用 F 指令直接指定各轴的进给速度。

① 切削进给速度：以每分钟进给距离的形式指定刀具切削速度，用字母 F 和其后的数字指定。ISO 标准中规定 F1～F5 位。字母 F 后的数字代表进给速度的位数。

② 同步进给速度：以主轴每转进给量规定的进给速度，单位为 mm/r。

③ 快速进给速度：数控系统规定了快速进给速度，它通过参数设定，用 G00 指令执行快速，还可用操作面板上的快速倍率开关分挡。

④ 进给倍率：操作面板上设置了进给倍率开关，倍率可在 0～200% 之间变化，每挡间隔 10%。使用进给倍率开关不用修改程序中的 F 代码，就可改变机床的进给速度。

5）主轴功能　主轴功能是指定主轴转速的功能，用字母 S 和其后的数值表示。一般用 S2 和 S4 表示，多用 S4，单位为 r/min 或 mm/min。主轴转向用 M03（正向）和 M04（反向）指定。机床操作面板上设置主轴倍率开关，可以不修改程序改变主轴转速。

6）辅助功能　辅助功能是用来指定主轴的启停、转向；冷却泵的通断；刀库的启停等的功能，用字母 M 和其后的两位数字表示。ISO 标准中辅助功能有 M00 至 M99，共 100 种。

7）刀具功能　刀具功能是用来选择刀具的功能，用字母 T 和其后的 2 位或 4 位数字表示。

8）字符图形显示功能　CNC 装置可配置单色或彩色不同尺寸的 CRT 或液晶显示器，通过软件和接口实现字符和图形显示。可以显示程序、参数、补偿值、坐标位置、故障信息、人机对话编程菜单、零件图形等。

9）自诊断功能　CNC 装置中设置了故障诊断程序，可以防止故障的发生或扩大。在故障出现后可迅速查明故障类型及部位，减少故障停机时间。不同的 CNC 装置诊断程序的设置不同，可以设置在系统运行前或故障停机后诊断故障的部位。还可以进行远程通信完成故障诊断。

（2）选择功能

① 补偿功能。在加工过程中，由于刀具磨损或更换刀具，以及机械传动中的丝杠螺距误差和反向间隙等，将使实际加工出的零件尺寸与程序规定的尺寸不一致，造成加工误差。CNC 装置的补偿功能是把刀具长度或半径的补偿量、螺距误差和反向间隙误差的补偿量输入它的存储器，存储器就按补偿量重新计算刀具运动的轨迹和坐标尺寸，加工出符合要求的零件。

② 固定循环功能。用数控机床加工零件，一些典型的加工工序，如钻孔、镗孔、深孔钻削、攻螺纹等，所需完成的动作循环十分典型，将这些典型动作预先编好程序并存储在内存中，用 G 代码进行指令，形成固定循环功能。固定循环功能可以大大简化程序编制。

③ 通信功能。CNC 装置通常具有 RS232C 接口，有的还配置有 DNC 接口，可以连接多种输入、输出设备，实现程序和参数的输入、输出和存储。有的 CNC 装置可以与 MAP（制造自动化协议）相连，接入工厂的通信网络，以适应 FMS、CIMS 的要求。

④ 人机对话编程功能。有的 CNC 装置可以根据蓝图直接编程，编程员只需输入表示图样上几何尺寸的简单命令，就能自动的计算出全部交点、切点和圆心坐标，生成加工程序。有的 CNC 装置可以根据引导图和说明显示进行对话式编程。有的 CNC 装置还备有用户宏程序，用户宏程序是用户根据 CNC 装置提供的一套编程语言——宏程序编程指令，自己编写的一些特殊加工程序，使用时由零件主程序调入，可以重复使用。未受过编程训练的操作工人都能用此很快进行编程。

5.1.2　机床数控装置的软件结构及特点

1. 机床数控装置的软件结构

数控装置由软件和硬件两部分组成，硬件为软件的运行提供了支持环境。数控装置软件的结构取决于数控装置中软件和硬件的分工，也取决于软件本身所应完成的工作内容。数控装置软件是为实现数控装置各项功能而编制的专用软件，又称系统软件，分为管理软件和控制软件两大部分，如图 5-4 所示。在系统软件的控制下，数控装置对输入的加工程序自动进行处理并发出相应的控制指令，使机床进行工件的加工。

同一般计算机系统一样，由于软件和硬件在逻辑上是等价的，所以在数控装置中，由硬件完成的工作原则上也可以由软件来完成，但软、硬件各有其不同特点。硬件处理速度较快，但价格贵，软件设计灵活，适应性强，但处理速度较慢，因此在数控装置中，软、硬件的分配比例通常由其性价比决定。

2. 机床数控装置软件结构的特点

数控装置是一个专用的实时多任务计算机系统，在它的控制软件中，融汇了计算机软件技术中的许多先进技术，如多任务并行处理、前后台型软件结构和中断软件结构。

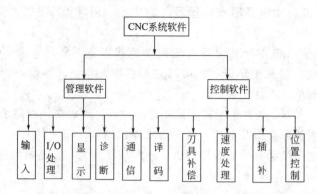

图 5-4　数控装置软件结构框图

（1）数控装置的多任务并行处理　数控装置软件一般包括管理软件和控制软件两大部分。管理软件包括输入、I/O 处理、显示、诊断等；而系统控制软件包括译码、刀具补偿、速度处理、插补、位置补偿等。在许多情况下，数控装置的管理的控制工作必须同时进行，即并行处理。

（2）前后台型软件结构　数控装置软件可以设计成不同的结构形式，不同的软件结构对各任务的安排方式、管理方式也不同。常见的数控装置软件结构形式有前后台型软件结构和中断软件结构。前后台型软件结构适合于采用集中控制的单 CPU 数控装置。在这种软件结构中，前台程序为实时中断程序，承担了几乎全部实时功能，这些功能都与机床动作直接相关，如位置控制、插补、辅助功能处理、面板扫描及输出等。后台程序主要用来完成准备工作和管理工作，包括输入、译码、插补准备及管理等，通常称为背景程序。背景程序是一个循环运行程序，在其运行过程中实时中断程序不断插入。前后台程序相互配合完成加工任务。

（3）中断型软件结构　中断型软件结构没有前后之分，除了初始化程序外，根据各控制模块实时的要求不同，把控制程序安排成不同级别的中断服务程序，整个软件是一个大的多重中断系统，系统的管理功能主要通过各级中断服务程序之间的通信来实现。位置控制被安排在级别较高的中断程序中，其原因是刀具运动的实时性要求最高，数控装置必须提供及时的服务。CRT 显示级别最低，在不发生其他中断的情况下才进行显示。

3. CNC 系统软件的组成

CNC 软件分为应用软件和系统软件。CNC 系统软件是为实现 CNC 系统各项功能所编制的专用软件，也叫控制软件，存放在计算机 EPROM 内存中。各种 CNC 系统的功能设置和控制方案各不相同，它们的系统软件在结构上和规模上差别很大，但是一般都包括输入数据处理程序、插补运算程序、速度控制程序、管理程序和诊断程序。下面分别叙述它们的作用。

（1）输入数据处理程序　它接收输入的零件加工程序，将标准代码表示的加工指令和数据进行译码、数据处理，并按规定的格式存放。有的系统还要进行补偿计算，或为插补运算和速度控制等进行预计算。通常，输入数据处理程序包括输入、译码和数据处理三项内容。

（2）插补计算程序　CNC 系统根据工件加工程序中提供的数据，如曲线的种类、起点、终点等进行运算。根据运算结果，分别向各坐标轴发出进给脉冲。这个过程称为插补运算。进给脉冲通过伺服系统驱动工作台或刀具作相应的运动，完成程序规定的加工任务。CNC 系统是一边进行插补运算，一边进行加工，是一种典型的实时控制方式，所以，插补运算的快慢直接影响机床的进给速度，因此应该尽可能地缩短运算时间，这是编制插补运算程序的关键。

（3）速度控制程序　速度控制程序根据给定的速度值控制插补运算的频率，以保证预定的进给速度。在速度变化较大时，需要进行自动加减速控制，以避免因速度突变而造成驱动系统失步。

（4）管理程序　管理程序负责对数据输入、数据处理、插补运算等为加工过程服务的各种程序进行调度管理。管理程序还要对面板命令、时钟信号、故障信号等引起的中断进行处理。

（5）诊断程序　诊断程序的功能是在程序运行中及时发现系统的故障，并指出故障的类型。也可以在运行前或故障发生后，检查系统各主要部件（CPU、存储器、接口、开关、伺服系统等）的功能是否正常，并指出发生故障的部位。

5.1.3　机床数控装置系统软件的工作过程

CNC 装置的工作过程是在硬件的支持下，执行软件的过程。CNC 装置的工作原理是通过输入设备输入机床加工零件所需的各种数据信息，经过译码、计算机的处理、运算，将每个坐标轴的移动分量送到其相应的驱动电路，经过转换、放大，驱动伺服电动机，带动坐标轴运动，同时进行实时位置反馈控制，使每个坐标轴都能精确移动到指令所要求的位置。下面从输入、译码、刀具补偿、进给速度处理、插补、位置控制、I/O 接口、显示和诊断等方面来简述 CNC 装置的工作过程。

1. 输入

CNC 装置开始工作时，首先要通过输入设备完成加工零件各种数据信息的输入工作。输入给 CNC 装置的各种数据信息包括零件程序、控制参数和补偿数据。输入的方式由光电阅读及纸带输入、键盘输入、磁盘输入、通信接口输入和连接上级计算机的 DNC 接口输入。在输入过程中 CNC 装置还要完成输入代码校验和代码转换。输入的全部数据信息都存放在 CNC 装置的内存储器中。

2. 译码

在输入过程完成之后，CNC 装置就要对输入的信息进行译码，即将零件程序以程序段为单位进行处理，把其中的零件轮廓信息、加工速度信息及其他辅助信息，按照一定的语法规则解释成计算机能识别的数据形式，并以一定的数据格式存放在指定的内存专用区内。在译码过程中还要完成对程序段的语法检查等工作。若发现语法错误便立即报警显示。

3. 刀具补偿

通常情况下，CNC 机床是以零件加工轮廓轨迹来编程的，但是 CNC 装置实际控制的是刀具中心轨迹（刀架中心点和刀具中心点），而不是刀尖轨迹。刀具补偿的作用是把零件轮廓轨迹转换为刀具中心轨迹。刀具补偿是 CNC 装置在实时插补前要完成的一项插补准备工作。刀具补偿包括刀具半径补偿和刀具长度补偿（刀具偏置）。目前，在较先进的 CNC 装置中，刀具补偿的功能还包括程序段之间的自动转接和切削判别，即所谓的 C 功能刀具补偿。

4. 进给速度处理

CNC 装置在实时插补前要完成的另一项插补准备工作是进给速度处理。因为编程指令给出的刀具移动速度是在各坐标合成方向上的速度，进给速度处理要根据合成速度计算出各个坐标方向的分速度。此外，还要对机床允许的最低速度和最高速度的限制进行判别处理，以及用软件对进给速度进行自动加减速处理。

5. 插补

插补就是通过插补程序在一条已知曲线的起点和终点之间进行"数据点的密化"工作。CNC 装置中有一个采样周期，即插补周期，一个插补周期形成一个微小的数据段。

若干个插补周期后实现从曲线的起点到终点的加工。插补程序在一个插补周期内运行一次，程序执行的时间直接决定了进给速度的大小。因此，插补计算的实时性很强，只有尽量缩短每一次运算的时间，才能提高最大进给速度和留有一定的空闲时间，以便更好地处理其他工作。

插补工作可以用硬件或软件实现。早期采用硬件数控系统（NC）插补，而 CNC 数控装置中，一般由软件来完成。软件插补法可分为脉冲增量插补法和数据采样插补法两类。

6. 位置控制

位置控制是在伺服系统的位置环上。位置控制可以由软件完成，也可以由硬件完成。它的主要任务是在每个采样周期内，将插补计算出的指令位置与实际位置反馈相比较，获得差值去控制进给伺服电动机。在位置控制中，通常还要完成位置回路的增益调整、各坐标方向的螺距误差补偿和反向间隙补偿，以提高机床的定位精度。

7. I/O 接口

I/O 接口主要是处理 CNC 装置与机床之间强电信号的输入、输出和控制，例如换刀、换挡、冷却等。

8. 显示

CNC 装置显示的主要作用是便于操作者对机床进行各种操作，通常有零件程序显示、参数显示、刀具位置显示、机床状态显示、报警显示等。有些 CNC 装置中还有刀具加工轨迹的静态和动态图形显示。

9. 诊断

现代 CNC 机床都具有联机和脱机诊断功能。联机诊断是指 CNC 装置中的自诊断程序随时检查不正常的事件。脱机诊断是指系统空运转条件下的诊断。一般 CNC 装置都配备脱机诊断程序，用以检查存储器、外围设备和 I/O 接口等。脱机诊断还可以采用远程通信方式进行诊断。把用户的 CNC 装置通过电话线与远程通信诊断中心的计算机相连，由诊断中心计算机对 CNC 机床进行诊断、故障定位和修复。

5.1.4 CNC 装置的通信接口

数控装置与计算机的通信非常重要。现代数控装置一般具有与上级计算机或 DNC（分布式数控系统）计算机直接通信或连入工厂局域网进行网络通信的功能。数控装置常用的通信接口有异步串行通信接口 RS-232 和网络通信接口。

1. 异步串行通信接口

异步串行通信接口在机床数控系统中应用比较广泛，主要的接口标准有 RS-232C/20mA 电流环和 RS-422/RS-449，此外 RS-485 串行接口也得到了广泛应用。

为了保证数据传送的正确性和一致性，接收和发送双方对数据的传送应确定一致的且共同遵守的约定，包括定时、控制、格式化和数据表示方法等，这些约定称为通信规则或通信协议。串行通信协议分为同步协议和异步协议。异步串行通信协议比较简单，但速度不快；同步串行通信协议传送速度比较高，但接口比较复杂。

RS-232C 逻辑"0"电平规定为 5~15V 之间，逻辑"1"电平为 −5~ −15V 之间。RS-232C 共有 25 条线，大多采用 DB-25 型 25 针连接器或 9 针连接器。RS-232C 每秒所传送的数据位用波特率表示，常用的有 9600、4800、2400、1200、600、300、150、110、75、50 等。

20mA 电流环通常与 RS-232C 接口一起配置，其接点是由电流控制的，以 20mA 电流作为逻辑"1"，以零作为逻辑"0"。电流环对共模干扰有抑制作用，并可采用隔离技术消除接地回路引起的干扰。RS-232C 接口的最大传输距离为 15m；20mA 电流环接口传输距离可达 100m。

2. 网络通信接口

软硬件投资少，最大传输距离不超过 15m。

随着柔性制造系统（FMS）和计算机集成制造系统（CIMS）的发展，计算机和数控设备通过工业局域网连接在一个信息系统中已经成为必然。联网时应能保证高速和可靠地传送数据和程序，因此一般采用同步串行传送方式，在数控装置中设有专用的通信微处理器接口来完成通信任务。其通信协议都采用以 ISO 开放式互联系统参考模型的 7 层结构为基础的有关协议，或 IEEE802 局域网络有关协议。

从计算机网络技术看，计算机网络是通过通信线路并根据一定的通信协议互联起来的。数控装置可以看作是一台具有特殊功能的专用计算机。计算机的互联是为了交换信息，共享资源。工厂范围内应用的主要是局域网络，通常它有距离限制（几千米），较高的传输速率，较低的误码率和可以采用各种传输介质。

一台计算机同时与多台数控机床进行信息交换，通常需以下硬件：网线（双绞线＋RJ45 水晶头）、交换机（或集线器）、带网卡的计算机。所需软件为：支持网络的专业 DNC 软件包，如 DNC-MAX 或 EXTREMEDNC 等。

这类通信方式的优点是：管理计算机的数量少（通常使用一台管理计算机的最多可以同时与 256 台数控机床进行通信），通信内容便于管理，操作简便（加工程序传输的操作只需在数控机床端进行，而管理机端完全是自动的）。在硬件方面可以实现热插拔而且通信距离较远。

5.2 FANUC 数控装置

5.2.1 FANUC 数控装置概述

1. 主要系列

日本 FANUC 公司是世界从事数控产品生产最早、产品市场占有率最大、最有影响的数控类产品开发、制造厂家之一，该公司自 20 世纪 50 年代开始生产数控产品以来，至今已开发、生产了数十个系列的控制系统。FANUC 系统是数控机床上使用最广、维修中遇到最多的系统之一。在 FANUC 数控系列产品中，最有代表性的数控装置主要有 F6（FANUC 6 系列数控装置的简称，下同）、F10、F11、F12、F15、F16、F18、F0 等，部分数控装置的结构简介如下。

（1）F6 数控装置 F6 是 FANUC 早期代表性产品之一，在 20 世纪 70 年代至 80 年代初期的数控机床上得到了广泛应用。我国真正进入实用化生产的早期数控机床产品，以及 20 世纪 80 年代进口的数控机床均大量配套采用了 F6 系统，直到目前仍然有较多的配套 F6 的机床在使用中。

F6 的硬件采用了大板结构，系统采用了在当时属于先进的 8086 系列微处理器与大规模集成电路；伺服驱动系统通常采用 FANUC 直流驱动系统，通过脉冲编码器进行位置检测，构成半闭环位置控制系统。

系统一般带有独立安装的电气柜，电气柜内安装了系统的重要部件如数控装置、伺服驱动、输入单元、电源单元等。主轴驱动系统一般都采用 FANUC 交流主轴驱动装置，该单元为分开安装式，一般安装在机床强电柜内。系统软件为固定式专用软件，系统最大可以控制 5 轴，3 轴联动，具有较强的自诊断功能与较高的可靠性。

（2）F11 数控装置　F11 是 FANUC 公司 20 世纪 80 年代初期开发并得到广泛应用的 FANUC 代表性产品之一，在 20 世纪 80 年代进口的高档数控机床上广为采用。同系列的产品有 F10/11/12，三种数控装置基本规格与基本结构相似，性能与使用场合有所区别。

F11 的硬件仍然采用大板结构，系统采用了比 F6 更为先进的 68000 系列微处理器与专用大规模集成电路，如：BAC（总线仲裁控制器）、I/OC（输入输出控制器）、M887103（位置控制芯片）、OPC（操作面板控制器）以及 SSU（系统支持单元）等，使系统的元器件数比 F6 减少了 30％。4M 的大容量磁泡存储器、A/D 和 D/A 模块以及 ATC（自动刀具交换装置）和 APC（自动托盘交换装置）控制用定位模块的应用，使系统的性能比 F6 有了大大提高。

F11 配有高速，大容量的 PMC，最大 PMC 程序存储容量为 16000 步。CNC 系统和操作面板、I/O 单元之间通常采用光缆连接。连接简单，抗干扰能力强。F11 系统既可以带独立安装的电柜，也可以进行分离式安装，伺服驱动与主轴驱动一般采用 FANUC 模拟式交流伺服驱动系统。

系统软件为固定式专用软件，最大可以控制 5 轴，并实现全部控制轴的联动。系统还可以选择并联轴控制、手动任意角度进给等多种功能。

F11 采用了菜单操作的软功能面板，可以进行简单的人机对话式编程。此外系统还具有 PMC 诊断与 PMC 程序的动态显示功能，使系统具有比 F6 更强的自诊断能力与更高的可靠性。

以上性能在 20 世纪 80 年代具有相当先进的水平，很多高档进口数控设备上采用了 F11。

（3）F0 数控装置　F0 是 FANUC 公司 1985 年推向市场的产品，是 FANUC 代表性产品之一。产品在全世界机床行业得到了广泛的应用，是中国市场上销售量最大的一种系统。F0 系列共有 F0-MA、F0-TA、F0-MC、F0-TC、F0-MD、F0-TD 等多种规格，其基本结构相近，功能与使用场合有所不同。其中，F0-MC/TC 是其中代表性的产品，功能最强，使用最广。

该系列数控系统是一个多微处理器系统。0A 系列主 CPU 为 80186，0B 系列主 CPU 为 80286，0C 系列主 CPU 为 80386。F0 系列在已有的 RS-232C 串行接口之外，又增加了具有高速串行接口的远程缓冲器，以便实现 DNC 运行。在硬件组成上以最少的元件数发挥最高的效能为宗旨，采用了最新型高速和高集成度微处理器，共有专用大规模集成电路六种，其中四种为低功耗 CMOS 专用大规模集成电路，专用的厚膜电路有九种。

F0 的硬件结构采用了传统的结构方式，即：在主板上插有存储器板、I/O 板、轴控制模块以及电源单元等，只是其主板较其他系列的主板要小得多，因此，在结构上显得较紧凑，体积小。

F0 系列是一种采用了高速 32 位微处理的高性能的 CNC。控制电路中采用了高速微处理器、专用大规模集成电路、半导体存储器等器件，提高了系统可靠性与系统的性能价格比。

F0 可以配套使用 FANUC S 系列、α 系列、αC 系列、β 系列等高速数字式交流伺服驱动系统，无漂移影响，可以实现高速、高精度的控制。

该系列系统采用了高性能的固定软件与菜单操作的软功能面板，可以进行简单的人机对话式编程。系统还保留了 F11 的 PMC 诊断与 PMC 程序的动态显示功能，可显示出从 CNC 输出或向 CNC 输入的开关量信号；通过 CRT 还可以利用独立的页面显示系统的快进速度、加/减速时间常数等各种参数的设定值。通过 MDI（手动数据输入）方式，还可以对机床的开关量输入、输出信号进行控制。

（4）F15 数控装置 1987 年 FANUC 公司推出了新的 F15 系列数控系统，称为 AI-CNC 系统（人工智能数控系统）。该系列采用模块式多主总线结构，是多微处理器控制系统，主 CPU 为 68020，还有一个子 CPU，在轴控制、图形控制、通信和自动编程等功能中也有各自的 CPU。F15 系列可构成最小至最高系统，可控制 2～15 根轴，适用于大型数控机床、多轴控制和多系统控制。并使用了高速信号处理器（DSP），应用现代控制理论的各种控制算法在系统中进行在线控制。同时，F15 系列采用了高速度、高精度、高效率的数字伺服单元及绝对位置检测脉冲编码器（每周可分辨 10 万个等份），能使用在 10000r/min 的高速运转系统中。并且还增加了制造自动化协议（MAP，Manufacturing Automatic Protocol）和窗口功能等。

F16、F18 系列是在功能上位于 F15 系列和 F0 系列之间的 32 位 CNC 系统。

2．特点

① 系统在设计中大量采用模块化结构。

② 具有很强的抵抗恶劣环境影响的能力。其工作环境温度为 0～45℃，相对湿度为 75％。

③ 有较完善的保护措施。FANUC 对自身的系统采用比较好的保护电路。

④ FANUC 系统所配置的系统软件具有比较齐全的基本功能和选项功能。

⑤ 提供大量丰富的 PMC 信号和 PMC 功能指令。

⑥ 具有很强的 DNC 功能。系统提供串行 RS-232C 传输接口，使通用计算机和机床之间的数据传输能方便、可靠地进行，从而实现高速的 DNC 操作。

⑦ 提供丰富的维修报警和诊断功能。FANUC 维修手册为用户提供了大量的报警信息，并且以不同的类别进行分类。

5.2.2 FANUC 0i/0i Mate 数控装置组成及接口定义

1. FANUC 0i/0i Mate 数控装置的基本组成

FANUC 0i 数控装置由主控制单元和 I/O 单元两个部分构成；FANUC 0i Mate 数控装置则把主控制单元和 I/O 单元合二为一。主控制单主要包括 CPU、内存（系列软件、宏程序、梯形图、各类参数等）、PMC 控制、I/O LINK 控制、伺服控制、主轴控制、内存卡 I/F、LED 显示等。I/O 单元主要包括电源、I/O 接口、通信接口、MDI 控制、显示控制、手摇脉冲发生器控制和高速串行总线等。

2. FANUC 0i/0i Mate 数控装置主控单元

（1）FANUC 0i/0i Mate-MC 主面板及主控单元前视图 如图 5-5 所示。

FANUC 0i Mate-MC 数控装置的主面板可分为：LCD 显示区、MDI 键盘区（包括字符键和功能键等）、软键开关区和存储卡接口。

① MDI 键盘区：上面四行为字母、数字和字符部分，操作时，用于字符的输入；其中"EOB"为分号（；）输入键；其他为功能或编辑键。

② POS 键：按下此键显示当前机床的坐标位置画面。

③ PROG 键：按下此键显示程序画面。

④ OFS/SET 键：按下此键显示刀偏/设定（SETTING）画面。

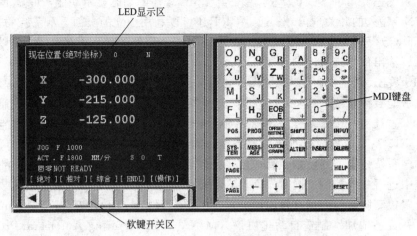

图 5-5　FANUC 0i/0i Mate-MC 主面板及主控单元前视图

⑤ SHIFT 键：上档键，按一下此键，再按字符键将输入对应右下角的字符。

⑥ CAN 键：退格/取消键，可删除已输入到缓冲器的最后一个字符。

⑦ INPUT 键：写入键，当按了地址键或数字键后，数据被输入到缓冲器，并在 CRT 屏幕上显示出来；为了把键入到输入缓冲器中的数据拷贝到寄存器，按此键将字符写入到指定的位置。

⑧ SYSTEM 键：按此键显示系统画面（包括参数、诊断、PMC 和系统等）。

⑨ MSSAGE 键：按此键显示报警信息画面。

⑩ CSTM/GR 键：按此键显示用户宏画面（会话式宏画面）或显示图形画面。

⑪ ALTER 键：替换键。

⑫ INSERT 键：插入键。

⑬ DELETE 键：删除键。

⑭ PAGE 键：翻页键，包括上下两个键，分别表示屏幕上页键和屏幕下页键。

⑮ HELP 键：帮助键，按此键用来显示如何操作机床。

⑯ RESET 键：复位键；按此键可以使 CNC 复位，用以消除报警等。

⑰ 方向键：分别代表光标的上、下、左、右移动。

⑱ 软键区：这些键对应各种功能键的各种操作功能，根据操作界面相应变化。

⑲ 下页键（Next）：此键用以扩展软键菜单，按下此键菜单改变，再次按下此键菜单恢复。

⑳ 返回键：按下对应软键时，菜单顺序改变，用此键将菜单复位到原来的菜单。

（2）FANUC 0i/0i Mate-MC 操作面板　如图 5-6 所示。

方式选择键：

① 编辑方式键：编辑方式（EDIT）键，设定程序编辑方式，其左上角带指示灯。

② 参考点方式键：在此方式下运行回参考点操作，其左上角指示灯点亮。

③ 自动方式键：按此键切换到自动加工方式，其左上角指示灯点亮。

④ 手动方式键：按此键切换到手动方式，其左上角指示灯点亮。

⑤ MDI 方式键：按此键切换到 MDI 方式运行，其左上角指示灯点亮。

⑥ DNC 方式键：按此键设定 DNC 运行方式，其左上角指示灯点亮。

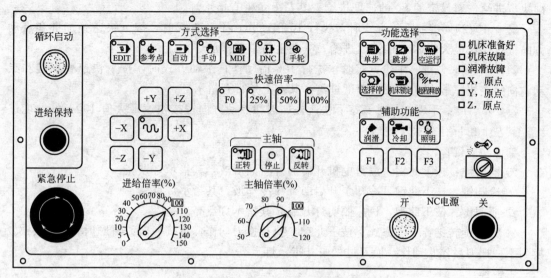

图 5-6　FANUC 0i/0i Mate-MC 操作面板

⑦ 手轮方式键：在此方式下执行手轮相关动作，其左上角带有指示灯。

功能选择键：

⑧ 单步键：按下此键一段一段执行程序，该键用以检查程序，其左上角带有指示灯。

⑨ 跳步键：按下此键可选程序段跳过，自动操作中按下此键，跳过程序段开头带有/和用（；）结束的程序段，其左上角带有指示灯。

⑩ 空运行键：自动方式下按下此键，各轴不是以程序速度而是以手动进给速度移动，此键用于无工件装夹只检查刀具的运动，其左上角带有指示灯。

⑪ 选择停键：执行程序中 M01 指令时，按下此键停止自动操作，其左上角带有指示灯。

⑫ 机床锁定键：自动方式下按下此键，各轴不移动，只在屏幕上显示坐标值的变化，其左上角带有指示灯。

⑬ 超程释放键：当进给轴达到硬限位时，按下此键释放限位，限位报警无效，急停信号无效，其左上角带有指示灯。

点动和轴选键：

⑭ ＋Z 点动键：在手动方式下按动此键，Z 轴向正方向点动。

⑮ －X 点动键：在手动方式下按动此键，X 轴向负方向点动。

⑯ 快速叠加键：在手动方式下，同时按此键和一个坐标轴点动键，坐标轴按快速进给倍率设定的速度点动，其左上角带有指示灯。

⑰ ＋X 点动键：在手动方式下按动此键，X 轴向正方向点动。

⑱ －Z 点动键：在手动方式下按动此键，Z 轴向负方向点动。

⑲ X 轴选键：在回零、手动和手轮方式下对 X 轴进行操作时，首先按下此键选择 X 轴执行动作，选中后其左上角指示灯点亮。

⑳ Z 轴选键：在回零、手动和手轮方式下对 Z 轴进行操作时，首先按下此键选择 Z 轴执行动作，选中后其左上角指示灯点亮。

手轮/快速倍率键：

㉑ ×1/F0 键：手轮方式时，执行 1 倍动作；手动方式时，按下快速叠加键和点动方向

键执行进给倍率设定的 F0 的速度进给；其左上角带有指示灯。

㉒ ×10/25％键：手轮方式时，执行 10 倍动作；手动方式时，按下快速叠加键和点动方向键按快速最大值 25％的速度进给；其左上角带有指示灯。

㉓ ×100/50％键：手轮方式时，执行 100 倍动作；手动方式时，按下快速叠加键和点动方向键按快速最大值 50％的速度进给；其左上角带有指示灯。

㉔ 100％键：手动方式时，按下快速叠加键和点动方向键按快速最大值 100％的速度进给；其左上角带有指示灯。

辅助功能键：

㉕ 润滑键：按下此键，润滑电机开启向外喷润滑液，其指示灯点亮。

㉖ 冷却键：按下此键，冷却泵开启向外喷冷却液，其指示灯点亮。

㉗ 照明键：按下此键，机床照明灯开启，其指示灯点亮。

㉘ 刀塔旋转键：手动方式下按下此键，执行换刀动作，每按一次刀塔顺时针转动一次，换到下一把刀后停止动作，换刀过程中其指示灯点亮。

主轴键：

㉙ 主轴正转键：手动方式下按此键，主轴正方向旋转，其左上角指示灯点亮。

㉚ 主轴停止键：手动方式下按此键，主轴停止转动，只要主轴没有运行其指示灯就亮。

㉛ 主轴反转键：手动方式下按此键，主轴反方向旋转，其左上角指示灯点亮。

指示灯区：

㉜ 机床就绪：机床就绪后灯亮表示机床可以正常运行。

㉝ 机床故障：当机床出现故障时机床停止动作，此指示灯点亮。

㉞ 润滑故障：当润滑系统出现故障时，此指示灯点亮。

㉟ X 原点：回零过程和 X 轴回到零点后指示灯点亮。

㊱ Z 原点：回零过程和 Z 轴回到零点后指示灯点亮。

波段旋钮和手摇脉冲发生器：

㊲ 进给倍率（％）：当波段开关旋到对应刻度时，各进给轴将按设定值乘以对应百分数执行进给动作。

㊳ 手摇脉冲发生器：在手轮方式下，可以对各轴进行手轮进给操作，其倍率可以通过 ×1、×10、×100 键选择。

㊴ 主轴倍率（％）：当波段开关旋到对应刻度时，主轴将按设定值乘以对应百分数执行动作。

其他按钮开关：

㊵ 循环启动按钮：按下此按钮，自动操作开始，其指示灯点亮。

㊶ 进给保持按钮：按下此按钮，自动运行停止，进入暂停状态，其指示灯点亮。

㊷ 急停按钮：按下此按钮，机床动作停止，待排除故障后，旋转此按钮，释放机床动作。

㊸ 程序保护开关：当把钥匙打到红色标记处，程序保护功能开启，不能更改 NC 程序；当把钥匙打到绿色标记处，程序保护功能关闭，可以编辑 NC 程序。

㊹ NC 电源启动按钮：用以打开 NC 系统电源，启动数控系统的运行。

㊺ NC 电源停止按钮：用以关闭 NC 系统电源，停止数控系统的运行。

（3）FANUC 0i/0i Mate-MC 主控单元后视图及其接口信号的定义　如图 5-7 所示。

① FSSB［COP10A-1］伺服驱动器接口：光缆一般接左边插口（若有两个接口），系统

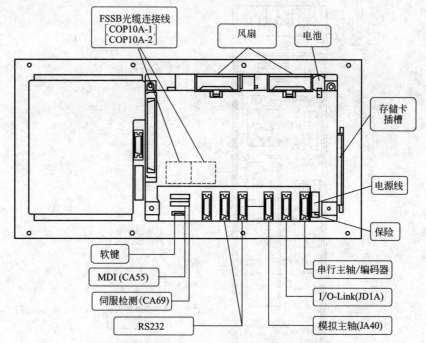

图 5-7　FANUC 0i/0i Mate-MC 主控单元后视图及其接口信号的定义

总是从 COP10A 到 COP10B，本系统由左边 COP10A 连接到第一轴放大器的 COP10B。

②MDI［CA55］手动数据输入装置接口：该接口用于连接 MDI 单元。在这里，把手动数据输入装置称为 MDI。MDI 单元是一个键盘，用来输入数据，如 NC 加工程序、设置参数等。

③SV-CHK［CA69］伺服检测口：不需要连接。

④RS232［JD36］通信接口：是与电脑通信的连接口，共有两个，一般接左边，右边为备用接口，如果不与电脑连接，不用接此线（推荐使用存储卡代替 232 口，传输速度及安全性都比串口优越）。

⑤A-OUT＆HDI［JA40］模拟主轴接口：使用变频模拟主轴，主轴信号指令由 JA40 模拟主轴接口引出，控制主轴转速。

⑥SPDL＆POS［JA7A］串行主轴/编码器接口：接串行主轴或主轴编码器，车床系统一般都装有主轴编码器，反馈主轴转速，以保证螺纹切削的准确性。

⑦I/O Link［JD1A］：本接口是连接到 I/O 模块或操作面板的（本系统连接到 I/O Link），注意按照从 JD1A 到 JD1B 的顺序连接，即从系统的 JD1A 出来，到 I/O Link 的 JD1B 为止，下一个 I/O 设备也是如此，如若不然，则会出现通信错误而检测不到 I/O 设备。

⑧24V-IN［CP1］电源接口：电源一般有两个接口，一个为＋24V 输入（左），另一个＋24V 输出（右），每根电源线有三个管脚，电源正负不能接反，具体接线为：a 接 24V；b 接 0V；c 接保护地。

3. FANUC 0i 数控装置 I/O 单元接口信号的定义

FANUC 0i 数控装置 I/O 单元视图及其接口信号的定义如图 5-8 所示。

(1) CP1、CP2 电源插座　外部电源插座，一个为＋24V 输入（右），另一个＋24V 输

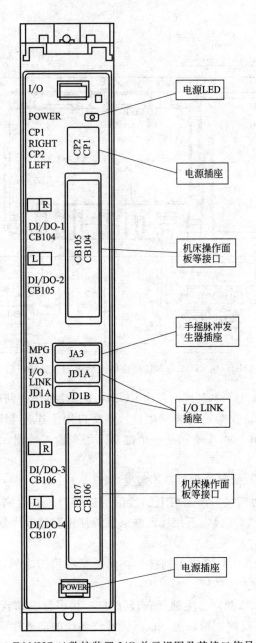

图 5-8　FANUC 0i 数控装置 I/O 单元视图及其接口信号的定义

出（左），每根电源线有三个管脚，电源正负不能接反，具体接线为：a 接 24V；b 接 0V；c 接保护地。

（2）CB104、CB105、CB106、CB107 机床操作面板接口　接机床操作面板。

（3）JD1A、I/O LINK 插座　JD1B 连接到 CNC I/O LINK 的 JD1A 接口，JD1A 连接到操作面板。

（4）JA3 手摇脉冲发生器插座　接手摇脉冲发生器。

（5）POWER 电源插座　无外部电源时可使用该插座。

4. FANUC 0i /0i Mate 数控系统的综合连接

FANUC 0i/0i Mate 数控系统的综合连接图及其 I/O LINK 连接如图 5-9、图 5-10 所示。

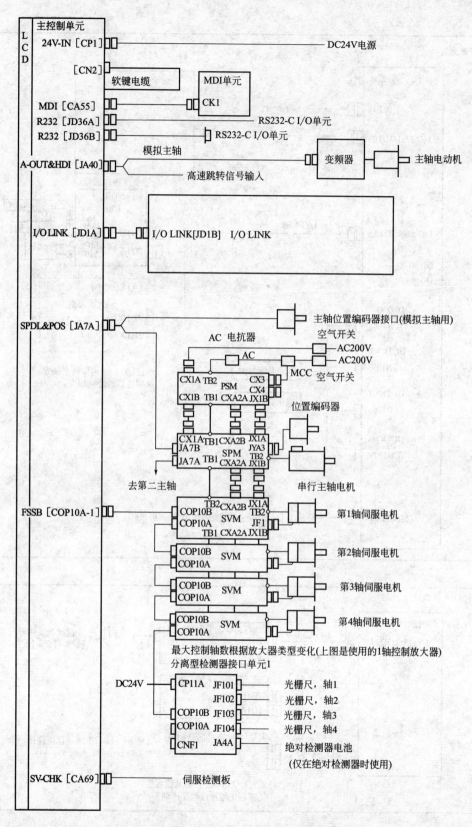

图 5-9 FANUC 0i/0i Mate 数控系统的综合连接

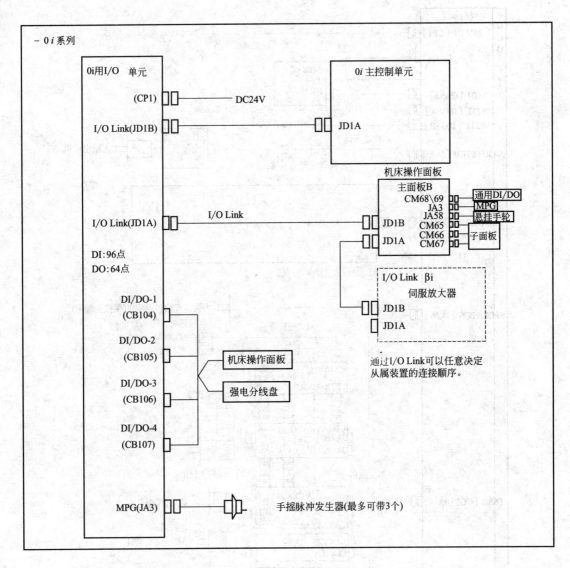

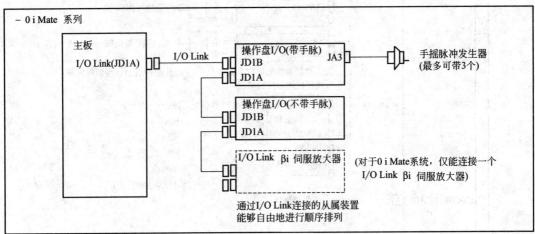

图 5-10 I/O LINK 连接

5.3　SIEMENS 数控装置

5.3.1　SIEMENS 数控装置概述

　　SIEMENS 公司的数控装置采用模块化结构设计，经济性好，在一种标准硬件上，配置多种软件，使它具有多种工艺类型，满足各种机床的需要，并成为系列产品。随着微电子技术的发展，越来越多地采用大规模集成电路（LSI），表面安装器件（SMC）及应用先进加工工艺，所以新的系统结构更为紧凑，性能更强，价格更低。采用 SIMATICS 系列可编程控制器或集成式可编程控制器，用 STEP 编程语言，具有丰富的人机对话功能，具有多种语言的显示。SIEMENS 公司数控装置主要有 SINUMERIK3/8/810/820/850/880/805/802/840 等系列。

1. SINUMERIK 8 系列数控装置

　　SINUMERIK 8 数控装置是 20 世纪 80 年代初 SIEMENS 公司推出的，该系列产品适用于各种机床如钻床、铣床和加工中心等。其中 Sprint 系列具有蓝图编程功能；8MC/8MCE/8MCE-C 用于大型镗铣床；8T/Sprint 8T 用于车床。

2. SINUMERIK 810/820 系列数控装置

　　20 世纪 80 年代中期，SIEMENS 公司推出了 810、820 系列数控装置。810 和 820 在体系结构和功能上相似。该系列产品分为 M、T、G 型等。M 型用于镗床、铣床和加工中心，T 型用于车床，G 型用于磨床。SINUMERIK 810/820 系列数控装置一般适用于中小型机床。

　　SINUMERIK 810/820 系列数控装置由 CPU 模块、位置控制模块、系统程序存储器模块、文字图形处理模块、接口模块、I/O 模块、CRT 显示器及操作面板组成。其中央单元的主 CPU 为 80186，采用通道式结构，有主通道和辅助通道。用 RS-232C 接口进行数据传输和通信联网，可使编程和操作简便、运行可靠、维修方便。操作者可利用软功能键在 CRT 上调用软件菜单内容，输入加工程序，还可以快速模拟程序。

　　20 世纪 90 年代中期，SIEMENS 公司推出了全数字式数控装置 SINUMERIK 810D/DE，该装置最明显的标志就是采用 ASIC 芯片将控制和驱动集成在一块电路上。紧凑型控制单元（CCU）负责处理 CNC、PLC 的通信和闭环控制任务，控制器和驱动器组成一个整体，它们之间没有接口。810D/DE 采用 32 位微处理器，内装高性能的 SIMATIC S7 PLC，最多可控制 5 个进给轴，分辨力为 1×10^{-4} mm。CCU 单元中括了三个进给轴的功率模块（也可组合成 2 个进给轴和 1 个主轴），利用这一特点，只要配置一个电源模块，就可以组成一台数控车床所需的驱动装置。

3. SINUMERIK 850/880 系列数控装置

　　20 世纪 80 年代后期，SIEMENS 公司相继推出了 SINUMERIK 850、880 系列数控装置，850 和 880 在体系结构上相似，但在功能强度上有明显的差别。该系列产品适用于高度自动化水平的机床及柔性制造系统，有 850M、850T、880M 和 880T 等规格。SINUMER-IK 850/880 最多可控制 30 个主、辅坐标轴和 6 个主轴，可实现 16 个工位联动控制。

　　SINUMERIK 850/880 为紧凑型通道结构、多微处理器数控系统，其主 CPU 为 80386，除了数控用 CPU 之外，还有伺服用 CPU、通信用 CPU 及 PLC 用 CPU。上述 CPU 除通信用 CPU 外均可扩展至 2～4 个 CPU。该装置有很强的通信功能，可与计算机集成制造系统

（CIMS）进行通信。

4. SINUMERIK 802 系列数控装置

20 世纪 90 年代中后期，SIEMENS 公司推出 SINUMERIK 802 系列数控装置，其中 802S 和 802C 是经济型数控装置，可带三个进给轴。802S 采用带有脉冲及方向信号的步进驱动接口，可配接 STEPDRIVE C/C＋步进驱动器和五相步进电动机或 FMSTEPDRIVE 步进驱动器和 1FL3 系列三相步进电动机；802C 则包含有传统的－10～10V 接口，可配接 SIMODRIVE 611 驱动装置。802S/802C 除三个进给轴外，都有一个－10～10V 的接口，用于连接主轴驱动。SINUMERIK 802S/802C 包括操作面板、机床控制面板、NC 单元、PLC 模块，NC 单元及 PLC 模块可安装在通用的安装导轨上。

SINUMERIK 802D 是数字式的数控系统，可控制最多 4 个数字进给轴和一个主轴。CNC 通过 PROFIBUS 总线与 I/O 模块和数字驱动模块（SIMODRIVE611 universal E）相连接，主轴通过模拟接口控制。

SINUMERIK 802S/802C/802D 采用 SIMATIC S7-200PLC 指令集对系统内部 PLC 进行编程。

5. SINUMERIK 840 系列数控装置

SINUMERIK 840 系列数控装置有 840C、840D 等型号。SINUMERIK 840C 是西门子公司 1991—1993 年开发出的数控装置，适用于全功能车削中心、铣床和加工中心及 FMS，CIMS 的轨迹控制的模块微处理器 CNC。

主要构成：由中央控制器、中央控制组件、外围组件、输入/输出组件、接口组件、手持操作器和 14″TFT 彩色显示器等组成。中央控制器配有功能强大的 PLC135WB2 及电源、接口等。中央控制组件有 NC-CPU386DX，MMC-CPU386SX，MMC-CPU386SX 附带 387SX。采用分散的机床外设（DMP），主要分三个区域，交互式图形车间编程（IGM）区，NC 区和 PLC 区。

主要特点：4 个轴同时独立运行，5 轴联动，两个手轮同时独立运行，双溜板或双主轴结构。输入分辨率 $10\mu m$ 到 $0.001\mu m$。具有 32 位微处理机，并配有计算机辅助设计（CAD）功能，与 IBM PC/AT 兼容，具有标准的多任务操作系统。PLC 用户程序存储器 32K 字节（RAM）可扩展到 256M，用户数据存储器 8K 字节，可扩展到 48K 字节。CNC 用户存储器 512K 字节，硬盘中央用户存储器可扩展到 40M 字节。3964R 或 LSV2 接口共 4 个，及通用串行接口 RS232C（V24），具有功能全面的文字管理方式。在加工时，可同时读入和输出程序及 PLC 报警。

SINUMERIK 840D 是西门子公司 20 世纪 90 年代推出的高性能数控装置。它保持西门子前两代系统 SINUMERIK 880 和 840C 的三 CPU 结构：人机通信 CPU（MMC-CPU）、数字控制 CPU（NC-CPU）和可编程逻辑控制器 CPU（PLC-CPU）。三部分在功能上既相互分工，又互为支持。在物理结构上，NC-CPU 和 PLC-CPU 合为一体，合成在 NCU（Numerical Control Unit）中，但在逻辑功能上相互独立。相对于前几代系统，SINUMERIK 840D 具有以下几个特点。

（1）数字化驱动　在 SINUMERIK 840D 中，数控和驱动的接口信号是数字量，通过驱动总线接口，挂接各轴驱动模块。

（2）轴控规模大　最多可以配 31 个轴，其中可配 10 个主轴。

（3）可以实现五轴联动　SINUMERIK 840D 可以实现 X、Y、Z、A、B 五轴的联动加工，任何三维空间曲面都能加工。

（4）操作系统视窗化 SINUMERIK 840D 采用 Windows 95 作为操作平台，使操作简单、灵活，易掌握。

（5）软件内容丰富功能强大 SINUMERIK 840D 可以实现加工（Machine）、参数设置（Parameter）、服务（Services）、诊断（Diagnosis）及安装启动（Start-up）等几大软件功能。

（6）具有远程诊断功能 如现场用 PC 适配器、MODEM 卡，通过电话线实现 SINUMERIK840D 与异域 PC 机通信，完成修改 PLC 程序和监控机床状态等远程诊断功能。

（7）保护功能健全 SINUMERIK 840D 系统软件分为西门子服务级、机床制造厂家级、最终用户级等 7 个软件保护等级，使系统更加安全可靠。

（8）硬件高度集成化 SINUMERIK 840D 数控系统采用了大量超大规模集成电路，提高了硬件系统的可靠性。

（9）模块化设计 SINUMERIK 840D 的软硬件系统根据功能和作用划分为不同的功能模块，使系统连接更加简单。

（10）内装大容量的 PLC 系统 SINUMERIK 840D 数控系统内装 PLC 最大可以配 2048 输入和 2048 输出，而且采用了 Profibus 现场总线和 MPI 多点接口通信协议，大大减少了现场布线。

（11）PC 化 SINUMERIK 840D 数控系统是一个基于 PC 的数控系统。

5.3.2 SINUMERIK 数控装置组成及接口定义

1. SINUMERIK 802C 数控装置组成及接口定义

（1）SINUMERIK 802C 数控装置硬件组成 802C 是经济型数控装置，可带三个进给轴；包含有传统的－10～10V 接口，可配接 SIMODRIVE 611 驱动装置；有一个－10～10V 的接口，用于连接主轴驱动。802C 驱动装置包括操作控制面板、机床控制面板、NC 单元、PLC 模块，NC 单元及 PLC 模块安装在通用的安装导轨上。802C 配有 RS232 接口、测量系统接口、手轮接口、数字输入（DI）/输出（DO）接口。

（2）SINUMERIK 802C 数控装置接口定义 SINUMERIK 802C 主面板及主控单元前视图如图 5-11 所示，图 5-12 为其后视图及其接口信号的定义。

图 5-11 SINUMERIK 802C 主面板及主控单元前视图

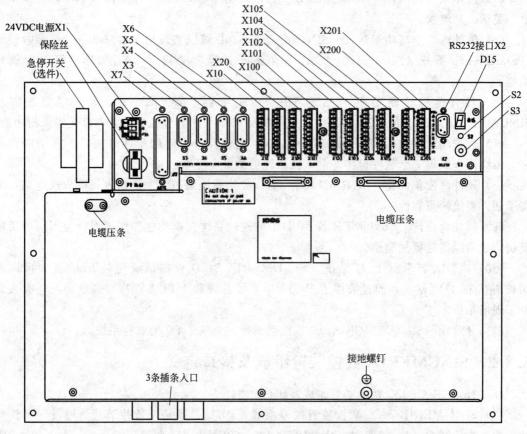

图 5-12　SINUMERIK　802C 主控单元后视图及其接口信号的定义

X1—电源接口（DC24V）；X2—RS232 接口；X3～X5—测量系统接口（ENCODER）；X6—主轴接口（ENCODER）；

X7—驱动接口（AXIS）；X10—手轮接口（MPG）；X20—数字输入（DI）用于连接 NC-READY；

X100～X105，X200 和 X201—数字输入/输出接口；S3—调试开关；S2/D15—内部调试开关及元件

（3）SINUMERIK 802 系列数控系统硬件连接　SINUMERIK 802 系列数控系统包括 SINUMERIK 802C、SINUMERIK 802D、SINUMERIK 802S 等系统，根据采用的不同驱动系统又分多种类型。

SINUMERIK 802C base line 是一种微处理数字控制系统，用于控制带伺服驱动的经济型机床。图 5-13 为 SINUMERIK 802C base line 与 SIMODRIVE 611U 连接的综合接线图；图 5-14 为 SINUMERIK 802C base line 与 SIMODRIVE base line 连接的综合接线图。

SINUMERIK 802S base line 是一种微处理数字控制系统，用于控制带步进驱动的经济型机床。图 5-15 为 SINUMERIK 802S base line 综合接线图。

SINUMERIK 802S 和 802C 系列 CNC 结构基本相同，可以进行 3 轴控制及 3 轴联动控制，系统带有 ±10V 的主轴模拟量输出接口，可以配具有模拟量输入功能的主轴驱动系统。

SINUMERIK 802C 配置的功能模块有以下几种。

① 伺服电机。1FK7××-5AF71-1SG0（3N·m-36N·m）；1FK7××-5AF71-1SH0（3N·m-36N·m，制动）。

② 控制模块。6SN1118-0NJ01-0AA0 单轴；6SN1118-0NK01-0AA0 双轴。

③ 电源模块。6SN1146-1AB00-0BA 15kW；6SN1145-1AA01-0AA1 10kW。

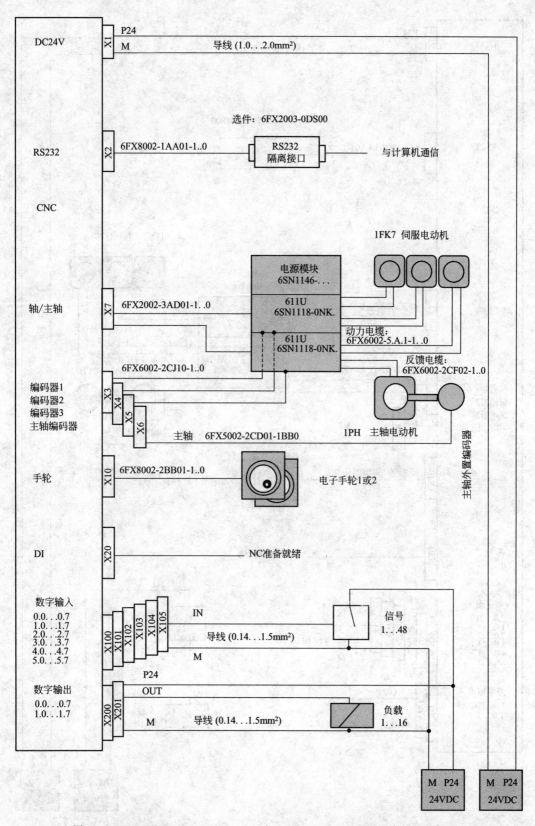

图 5-13　SINUMERIK 802C base line 与 SIMODRIVE 611U 连接的综合接线图

105

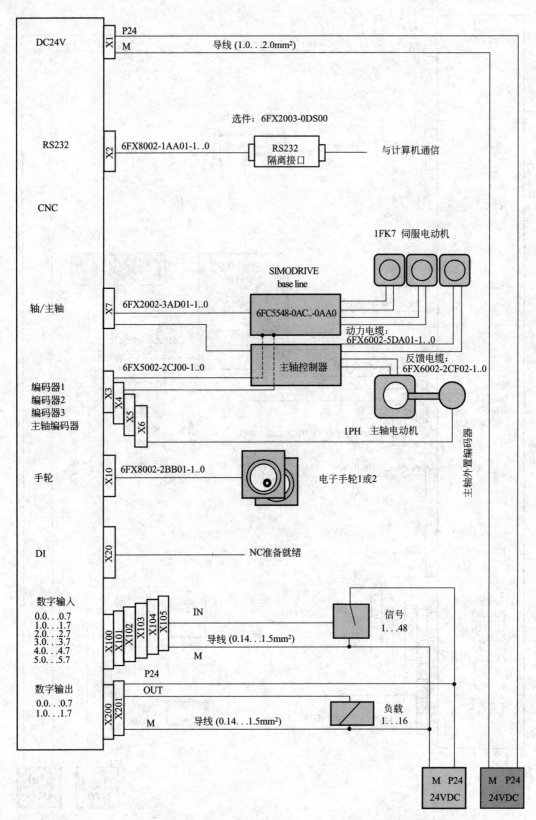

图 5-14 SINUMERIK 802C base line 与 SIMODRIVE base line 连接的综合接线图

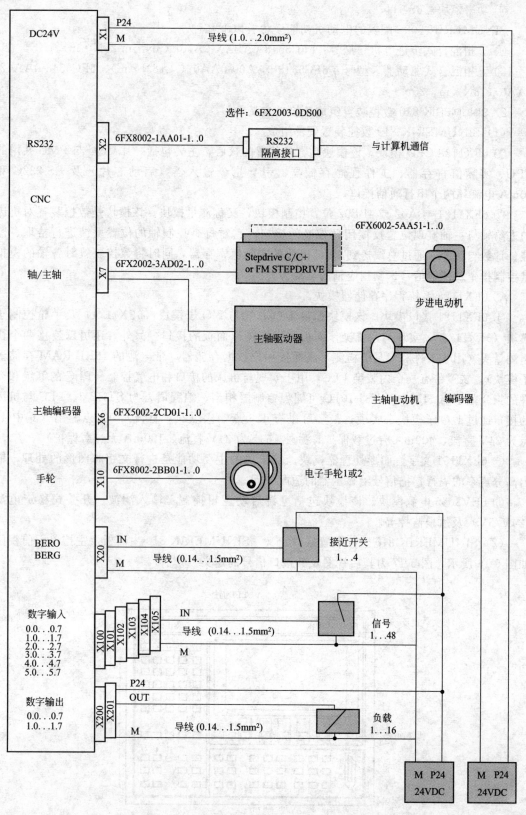

图 5-15　SINUMERIK 802S base line 综合接线图

④ 功率模块。6SN1123。

SINUMERIK 802S 配置的电动机功能模块有以下几种。

① 五相混合式步进电机。型号：6FC5548-0ABXX-0AA0（3N·m-25N·m）。

② 五相混合式驱动器。型号：6FC5548-0AA00-0AA0（<18N·m）；6FC5548-0AA02-0AA0（18N·m，25N·m）。

2. SINUMERIK 810 数控装置组成及接口定义

（1）SINUMERIK 810 数控装置硬件组成

① 6FX1138 CPU 模块。该模块是数控装置的核心，主要包括一片 CNC 与 PMC 共用的 CPU、实际值寄存器、工件程序存储器、引导指令输入器（启动芯片）及 RS-232C 和 20mA 电流环两个串行通信接口。

② 6FX1121-4BA02 或 4BB02 位置控制模块，又称测量模块。该模块是数控装置对机床的进给轴与主轴实现位置反馈闭环控制的接口。它对每个控制轴的位置反馈进行拾取、监控、计数与缓冲，通过总线送到 CPU 模块的实际值寄存器，同时将数控装置对各轴的模拟量控制指令及使能信号送到相应轴的驱动装置。

③ 6FX1128 系统程序存储器模块。

④ 6FX1121 接口模块。该模块通过 I/O 总线与 I/O 子模块（6FX1124）及手轮控制子模块（6FX1126），实现与系统操作面板和机床操作面板的接口。另外，还可以连接两个快速测量头（用于工件和刀具的检测）及插接用户数据存储器（带电池的 16KB RAM 存储器子模块）。装置带有一个内装型 PLC，用于实现与机床的接口和电气控制。PLC 的等级和允许的指令范围与 SIMATIC S5-101U 可编程控制器相当，编程语言为 STEP 5。PLC 与机床的接口通过 I/O 子模块来实现，最多可以有 128 点输入（24V 直流），64 点输出（其中 48 点为 24V 直流、400mA 有过载保护，另外 16 点为 24V 直流、100mA 无过载保护）。

⑤ 6FX1151 文字、图形处理器模块。该模块的主要功能是进行文字和图形的处理，输出高分辨率的隔行扫描信号给显示器的适配单元。

⑥ 6EV3055 电源模块。该模块包括电源启动逻辑控制、输入滤波、开关式稳定电源（24V/5V）及风扇监控等。

（2）SINUMERIK 810 数控装置接口定义　SINUMERIK 810 主面板及主控单元前视图如图 5-16 所示，图 5-17 为其后视图及其接口信号的定义。

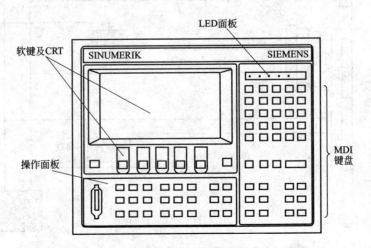

图 5-16　SINUMERIK 810 主面板及主控单元前视图

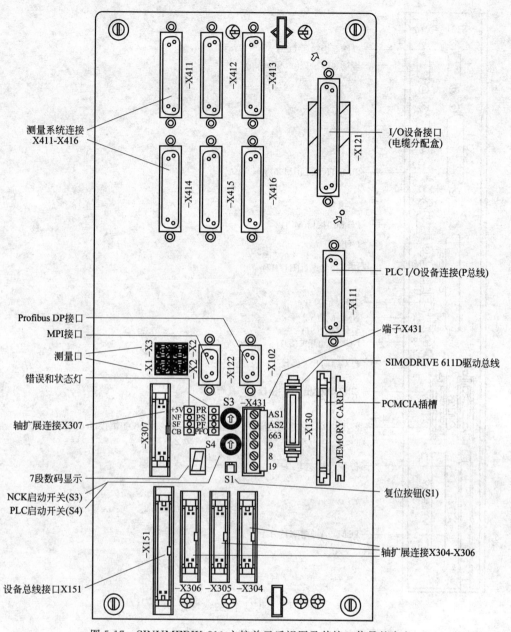

图 5-17　SINUMERIK 810 主控单元后视图及其接口信号的定义

3. SINUMERIK 840D 数控装置组成及接口定义

SINUMERIK 840D 数控装置被称作 NCU（Numerical Control Unit）单元。根据选用硬件如 CPU 芯片等和功能配置的不同，NCU 分为 NCU561.4，NCU571.4，NCU572.4，NCU573.4（12 轴），NCU573.5（31 轴）等若干种。同样的，NCU 单元中也集成 SINU-MERIK 840D 数控 CPU 和 SIMATIC　PLC　CPU 芯片，包括相应的数控软件和 PLC 控制软件，并且带有 MPI 或 Profibus 接口，RS-232 接口，手轮及测量接口，PCMCIA 卡插槽等。所不同的是 NCU 单元很薄，所有的驱动模块均排列在其右侧。NCU 单元接口图如图5-18 所示。

SINUMERIK 840D 系统结构组成如图 5-19 所示，电源接线图如图 5-20 所示，系统连

109

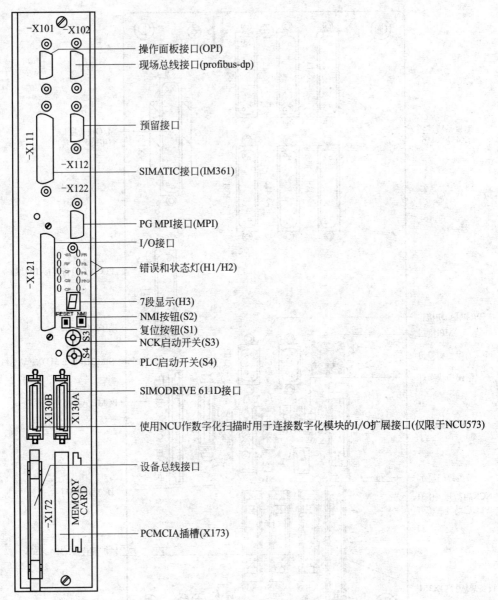

图 5-18　NCU 单元接口图

接图如图 5-21 所示。对于硬件的连接应从两个方面入手：

（1）根据各自的接口要求，先将数控与驱动单元，PCU，PLC 三部分分别连接正确，连接时应特别关注：

① 电源模块 X161 中 9，112，48 的连接；驱动总线和设备总线；最右边模块的终端电阻（数控与驱动单元）；

② PCU 及 MCP 的 +24V 电源一定要注意极性；

③ PLC 模块注意电源线的连接；同时注意 SM 的连接。

（2）将硬件的三大部分互相连接，连接时应特别关注：

① MPI 和 OPI 总线接线一定要正确；

② NCU 与 S7 的 IM 模块连线。

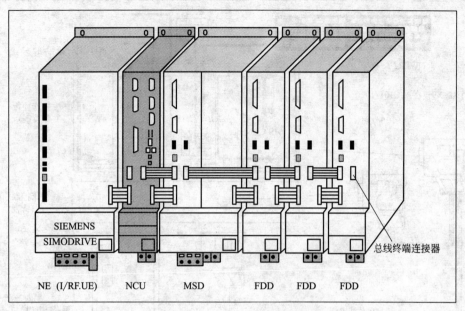

图 5-19　SINUMERIK 840D 系统结构组成

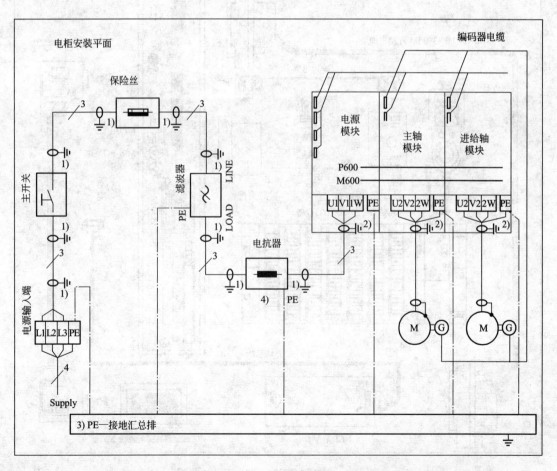

图 5-20　电源接线图

111

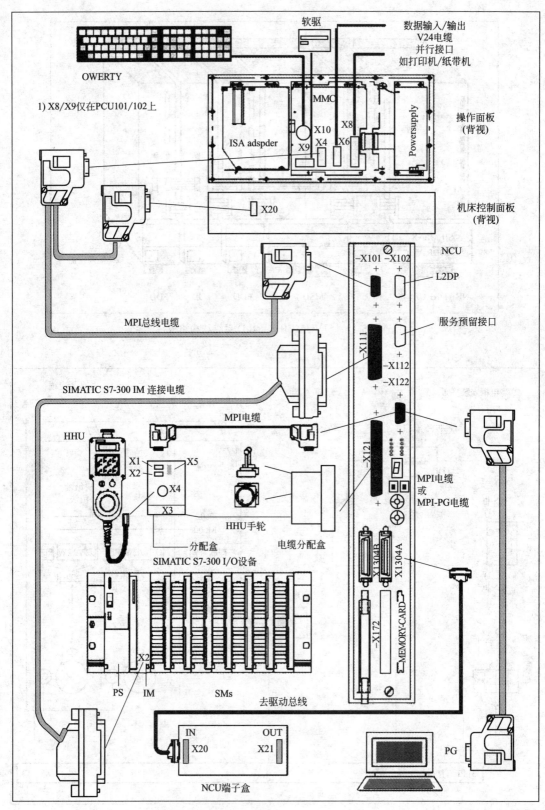

图 5-21　SINUMERIK 840D 系统连接图

5.4　GSK（广州数控）数控装置

5.4.1　GSK 数控装置概述

广州数控系统（GSK）是我国数控系统行业比较有代表性的数控系统之一。其产品主要有 GSK983M-V、980MD、GSK218M、990MA 铣床数控系统、GSK980TD、928TEⅡ、980TB1、218TB、988T 车床数控系统、928GA/GE 磨床数控系统、GSK928TE 系列机床数控系统、GSK21M 系列加工中心数控系统、GSK27 全数字总线式高档数控系统、GSK25i 高档数控系统等。

5.4.2　GSK 数控装置组成及接口定义

现以 GSK980c 车床 CNC 为例，介绍其组成及接口定义。其他 GSK CNC 资料，请参阅相关使用说明。

1. GSK980c 数控装置组成

GSK980c 数控装置主面板及主控单元前视图如图 5-22 所示。GSK980c 属于中档数控装置，可带 5 个进给轴，3 轴联动；PLC 梯形图在线显示；可配接 SIMODRIVE 611 驱动装置；有一个－10～10V 的接口，用于连接主轴驱动。GSK980c 数控装置包括主面板、机床控制面板、NC 单元、PLC 模块等。GSK980c 配有 RS232 接口；手轮接口；数字输入（DI）/输出（DO）接口。

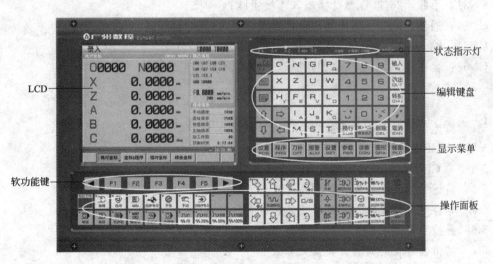

图 5-22　GSK980c 数控装置主面板及主控单元前视图

2. GSK980c 数控装置接口定义

GSK980c 数控装置后视图及其接口定义如图 5-23 所示。

电源盒：采用 GSK-PB2 电源盒，提供＋5V、＋24V、＋12V、－12V、GND 电源；

CN1：电源接口；

CN11：X 轴，15 芯 D 型孔插座，连接 X 轴驱动器；

CN12：Y 轴，15 芯 D 型孔插座，连接 Y 轴驱动器；

CN13：Z 轴，15 芯 D 型孔插座，连接 Z 轴驱动器；

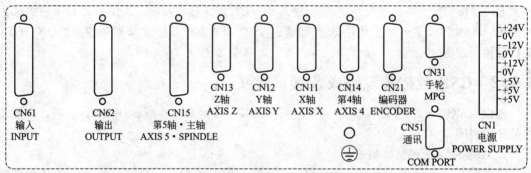

图 5-23　GSK980c 数控装置后视图及其接口定义

CN14：第 4 轴，15 芯 D 型孔插座，连接第 4 轴驱动器；

CN15：第 5 轴或主轴，25 芯 D 型孔插座，连接主轴驱动器；

CN21：主轴编码器，15 芯 D 型针插座，连接主轴编码器；

CN31：手脉，26 芯 D 型针插座，连接手脉；

CN51：通信，9 芯 D 型孔插座，连接 PC 机 RS-232 接口；

CN61：输入接口，44 芯 D 型针插座，连接机床输入；

CN62：输出接口，44 芯 D 型孔插座，连接机床输出。

思考题及习题

5-1　简述数控装置的硬件结构及工作原理。

5-2　单 CPU 数控装置有何特点？

5-3　多 CPU 数控装置有哪几种典型结构？

5-4　简述数控装置的软件结构及特点。

5-5　零件加工程序输入的过程是怎样的？

5-6　数控系统的数据处理包括哪几个方面？

5-7　何谓插补？有哪两大类插补算法？

5-8　CNC 装置的通信接口有哪几类？

5-9　串行通信的特点是什么？

5-10　RS-232 接口标准是什么？

5-11　FANUC 典型数控装置有哪些？各有何特点？

5-12　SIEMENS 典型数控装置有哪些？各有何特点？

5-13　查阅国产数控装置有哪些？比较其异同点。

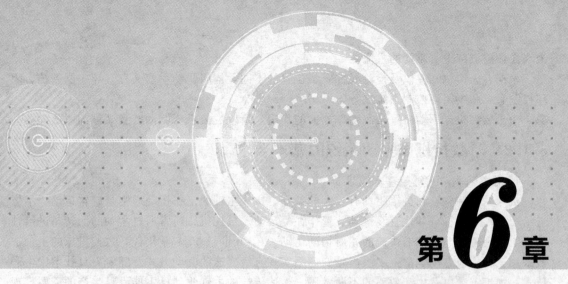

第**6**章

数控机床驱动装置

【本章学习目标】

掌握数控机床驱动装置的类型；

了解对数控机床驱动系统的基本要求；

掌握变频电动机主轴驱动装置的组成和工作原理；

了解交流伺服电动机专用主轴驱动装置的特点；

了解步进电动机伺服驱动系统的组成和工作原理；

熟悉交流伺服电动机进给驱动的工作原理。

6.1 数控机床驱动装置概况

6.1.1 数控机床驱动装置的类型

数控机床驱动系统包括接收机床数控装置发出的速度和位置信号并放大这些信号的数控机床驱动装置和各轴驱动电动机以及各轴速度和位置检测反馈单元。按照驱动对象的不同，数控机床驱动装置有主轴驱动装置和进给驱动装置之分。

主轴驱动装置用于控制主轴电动机的旋转运动，并在较宽的范围内对主轴的转速进行连续调节和提供所需的功率。主轴驱动装置分为通用变频器（模拟主轴驱动装置）和专用主轴伺服驱动装置（串行主轴驱动装置）两种。

进给驱动装置用来控制机床的切削进给运动，提供切削过程中所需要的扭矩，并可调节运动速度。进给驱动装置配合位置控制单元控制进给电动机可以实现工作台和刀具位置的精准控制。根据进给电动机的不同，进给驱动装置包括驱动步进电动机的步进驱动装置、驱动直流伺服电动机的直流伺服驱动装置以及驱动交流伺服电动机的交流伺服驱动装置等。由步进驱动装置组成的进给驱动系统通常为开环控制系统，早期经济型数控机床采用较多，现较少采用；由于交流变频技术的发展，交流伺服驱动系统已广泛代替了直流伺服驱动系统，成为当今数控机床进给驱动的主流。

根据有无检测元件以及检测元件安装位置的不同，伺服驱动系统又有开环控制系统、闭环控制系统和半闭环控制系统之分。

由于数控机床驱动装置具有功率放大的作用，所以数控机床驱动装置又称伺服放大器。

6.1.2 对数控机床驱动系统的基本要求

1. 对主轴驱动系统的基本要求

机床的主轴驱动和进给驱动有较大的差别。机床主轴的工作运动通常是旋转运动，不像进给驱动需要丝杠或其他直线运动装置作往复运动。数控机床通常通过主轴的回转与进给轴的进给实现刀具与工件的快速的相对切削运动。在 20 世纪 60～70 年代，数控机床的主轴一般采用三相感应电动机配上多级齿轮变速箱实现有级变速的驱动方式。随着刀具技术、生产技术、加工工艺以及生产效率的不断发展，上述传统的主轴驱动已不能满足生产的需要。现代数控机床对主轴传动提出了更高的要求。

① 调速范围足够宽并实现无级调速。一般要求 1：（100～1000）的恒转矩调速范围，1：10的恒功率调速范围，并能实现四象限驱动功能。

② 恒功率范围要宽。主轴在全速范围内均能提供切削所需功率，并尽可能在全速范围内提供主轴电动机的最大功率。由于主轴电动机与驱动装置的限制，主轴在低速段均为恒转矩输出。为满足数控机床低速、强力切削的需要，常采用分级无级变速的方法（即在低速段采用机械减速装置），以扩大输出转矩。

③ 主轴定向准停控制。为满足加工中心自动换刀、刚性攻丝、螺纹切削以及车削中心的某些加工工艺的需要，要求主轴具备高精度的准停功能。

④ 主轴旋转与坐标轴进给的同步控制。在螺纹加工循环中，主轴转速与坐标轴的进给量必须保持一定的关系，即主轴每转一圈，沿工件的轴坐标必须按节矩进给相应的脉冲量。

⑤ 恒线速切削控制。利用车床进行端面切削时，为了保证加工端面的粗糙度 Ra 小于某一值，要求工件与刀尖的接触点的线速度为恒值。

⑥ 具有 4 象限驱动能力。要求主轴在正、反向转动时均可进行自动加、减速控制，并且加、减速时间要短。目前一般伺服主轴可以在 1s 内从静止加速到 6000r/min。

⑦ 具有较高的精度与刚度，传动平稳，噪声低。

⑧ 良好的抗振性和热稳定性。

2. 对进给驱动系统的基本要求

（1）高精度　伺服驱动系统要具有较好的定位精度和轮廓加工精度，定位精度一般为0.01～0.001mm，甚至 0.1μm。

（2）快速响应　为了提高生产率和保证加工精度，要求伺服驱动系统跟踪指令信号的响应要快。一般在 200ms 以内，甚至小于几十毫秒；另一方面要求超调小，否则将形成过切，影响加工质量。同时，要求系统的相对稳定性好，当系统受到干扰时，振荡小，恢复时间快。

（3）调速范围宽　在数控机床中，要求进给伺服驱动系统的速度达到 1～24000mm/min的范围，即在 1：24000 的调速范围内，要求速度均匀、稳定、无爬行、速降小。在零速时，要求电动机有电磁转矩，以维持定位精度。

（4）低速大转矩　数控机床加工的特点是在低速时进行重切削。所以，要求进给伺服系统在低速时要有较大的转矩输出，以满足切削加工的要求。

（5）可逆运行　可逆运行要求能灵活地正反向运行。

6.2 数控机床主轴驱动装置

目前数控机床主轴驱动方式有普通笼型异步电动机配通用变频器、变频电动机配通用变频器、交流伺服电机配专用交流伺服主轴驱动装置和电主轴等方式。

(1) 普通笼型异步电动机配通用变频器 目前进口的通用变频器，除了具有 U/f 曲线调节，一般还具有无反馈矢量控制功能，对电动机的低速特性有所改善，配合两级齿轮变速，基本上可以满足车床低速（100～200r/min）小加工余量的加工，但同样受电动机最高速度的限制。这是以往经济型数控机床比较常用的主轴驱动系统之一。

(2) 变频电动机配通用变频器 一般采用有反馈矢量控制，低速甚至零速时都可以有较大的力矩输出，有些还具有定向甚至分度进给的功能，这是目前经济型数控机床比较常用的主轴驱动系统之一。国外通用变频器有：西门子、安川、富士、三菱、日立等。中档数控机床主要采用这种方案，主轴传动两挡变速甚至仅一挡即可实现转速在 100～200r/min 左右时车、铣的重力切削。一些有定向功能的还可以应用到要求精镗加工的数控镗铣床上，但应用在加工中心上，就不很理想，必须采用其他辅助机构完成定向换刀的功能，而且也不能达到刚性攻丝的要求。

(3) 交流伺服电机配专用交流伺服主轴驱动装置 专用交流伺服主轴驱动系统具有响应快、速度高、过载能力强的特点，还可以实现定向和进给功能，当然价格也是最高的，通常是同功率变频器主轴驱动系统的 2～3 倍以上。专用伺服主轴驱动系统主要应用于加工中心上，用以满足系统自动换刀、刚性攻丝、主轴 C 轴进给功能等对主轴位置控制性能要求很高的加工。

(4) 电主轴 电主轴是主轴电动机的一种结构形式，驱动器可以是变频器或交流伺服主轴驱动装置，也可以不要驱动器。电主轴由于电动机和主轴合二为一，没有传动机构，因此，大大简化了主轴的结构，并且提高了主轴的精度，但是抗冲击能力较弱，而且功率还不能做得太大，一般在 10kW 以下。由于结构上的优势，电主轴主要向高速方向发展，一般在 10000r/min 以上。安装电主轴的机床主要用于精加工和高速加工，例如高速精密加工中心。另外，在雕刻机和有色金属以及非金属材料加工机床上应用较多，这些机床由于只对主轴高转速有要求，因此，往往不用主轴驱动器。

6.2.1 通用变频器基本原理

1. 变频器的基本组成

静止式变频调速装置，又叫变频器，是将固定的工频电源变换成任意频率的交流电源，利用交流电动机的同步转速随定子电压频率变化而变化的原理，实现电动机的变速运行的电力变换装置。变频调速系统的基本组成如图 6-1 所示。由控制电路、整流电路、滤波电路和逆变电路四部分构成。整流电路将工频电源的交流电变换成直流电；滤波电路对直流电进行平滑滤波；逆变电路把直流电变换成任意频率的交流电；控制电路完成对主电路的控制，有规则地控制逆变电路的导通与截止，使之向异步电动机输出可变的电压和频率，驱动电动机运行。

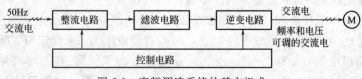

图 6-1 变频调速系统的基本组成

从变频器主电路的结构形式分,有交-交型、交-直-交电流型、交-直-交电压型三种形式,如图 6-2 所示。

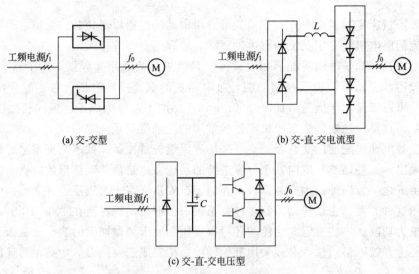

(a) 交-交型 (b) 交-直-交电流型

(c) 交-直-交电压型

图 6-2　变频器主电路形式

(1) 交-交直接变换方式　交-交直接变换方式采用两组逆变器反并联,直接变频省去中间环节,故效率较高,但所用开关器件较多,且输出频率只能低于电网频率,输出频率范围一般不超过电网频率的 1/2～1/3 左右,所以适用于低速、大容量且对调速范围要求不大的场合。

(2) 交-直-交电流型间接变换方式　在电流型变频器中,整流电路给出直流电流,并通过中间电路的平波电抗器 L 将电流进行平滑后输出。整流电路和直流中间电路起电流源的作用,而电流源输出的直流电流在逆变电路中被转换为具有所需频率的交流电流并提供给电动机。在电流型变频器中,电动机定子电压的控制是通过检测电压后对电流进行控制的方式来实现的。对于电流型变频器,在电动机进行制动的过程中,可以通过对直流中间电路的电压反向的方式使整流电路变为逆变电路,并将负载的能量回馈给电源。故主电路中整流和逆变的功率器件一般采用过零自关断器件晶闸管(SCR)实现可逆运行。

由于在采用电流控制方式时可以将能量回馈给电源,而且在出现负载短路等情况时也更容易处理,因此电流型控制方式更适合于大容量变频器。

(3) 交-直-交电压型间接变换方式　电压型变频器中,整流电路一般采用全桥不可控电路产生逆变电路所需要的直流电压,并通过直流中间电路的滤波电容 C 进行平滑后输出。整流电路和直流中间电路起直流电压源的作用,而电压源输出的直流电压在逆变电路中被转换为具有所需频率的交流电压,逆变电路一般采用 6 只可以自关断的 GTO(可关断晶闸管)、GTR(大功率晶体管)或者 IGBT(绝缘栅双极晶体管)作为功率器件,全部接有反并联快恢复二极管,可以将能量回馈给直流中间电路的电容。因此,在发电机运行状态下,还需要有专门的制动放电单元电路,以防止换流器件因电压过高而被损坏。

2. 交-直-交电压型 PWM 逆变器的工作原理

(1) 单相逆变桥工作原理　单相逆变桥电路结构如图 6-3(a) 所示,由 $V_1 \sim V_4$ 四个逆变晶体管构成。P、N 为直流母线电压端子,输入直流电压为 E。规定当 a 端为"＋"、b 端为"－"时,输出电压 U_{ab} 为"＋";反之,输出电压为"－"。在前半周期,控制信号使 V_1、V_4 导通,而 V_2、V_3 截止。这时 $U_{ab} = +E$,在后半周期,控制信号使 V_1、V_4 截止、

而 V_2、V_3 导通，$U_{ab} = -E$。如此周而复始地交替下去，则 a、b 两端输出的便是交流电压 U_{ab} 了，其波形如图 6-3(b) 所示。

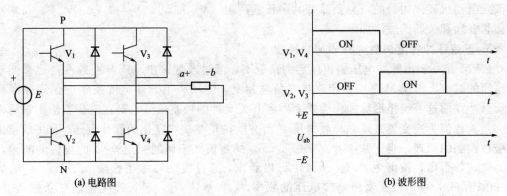

(a) 电路图　　　　　　　　　　　(b) 波形图

图 6-3　单相逆变桥工作原理

（2）三相逆变桥工作原理　三相逆变桥电路由 $V_1 \sim V_6$ 6 个功率晶体管组成，如图6-4(a)

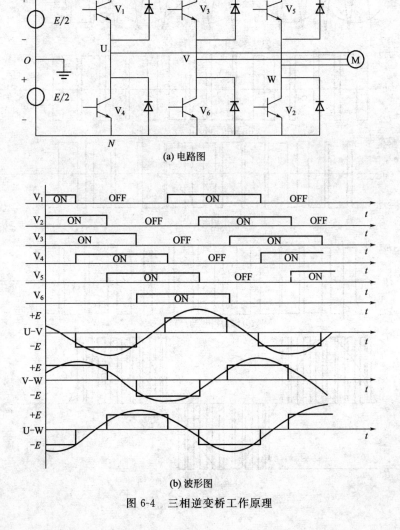

(a) 电路图

(b) 波形图

图 6-4　三相逆变桥工作原理

所示，U、V、W 为逆变桥的输出端。交替打开和关断 $V_1 \sim V_6$ 6 个开关，就可以在输出端得到相位上各差 120°电角度的三相交流电源，如图 6-4(b) 所示，为了实现改变逆变相序从而改变电动机转向的目的，只要改变其中任意两组（V_1 和 V_4、V_3 和 V_2、V_5 和 V_6）功率晶体管开通和关断的顺序即可。

3. 正弦脉冲宽度调制（SPWM）原理

PWM 是在输出脉冲电压幅值恒定的情况下，通过改变输出电压脉冲的占空比来调整输出电压的幅值。SPWM 是用正弦波与三角波相交，得到一组脉冲宽度按照正弦规律变化的矩形脉冲，用这一组矩形脉冲作为逆变器各开关元件的控制信号，则在逆变器输出端可以获得一组其幅值为逆变器直流侧母线电压 E 而宽度按正弦规律变化的脉冲电压。图 6-5 示出了双极性调制的原理，当正弦参考波 u_a、u_b、u_c 的幅值大于调制三角波 u_t 的幅值的时候，输出为"1"，否则，输出为"0"。从图中可以看出，通过改变参考正弦波 u_a、u_b、u_c 的频率 f_c 和幅值 U_c，可以改变输出基波电压的频率 f_1 和幅值 U_1，通过改变调制三角波 M 的频

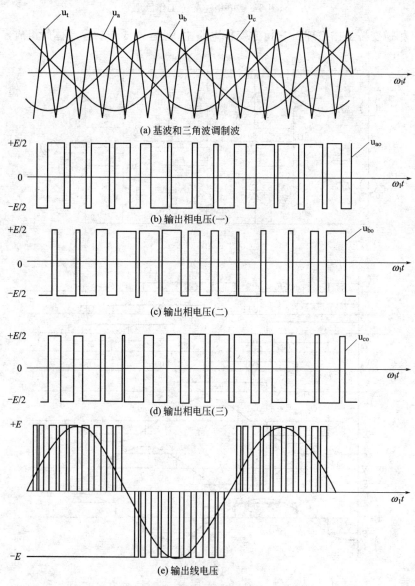

(a) 基波和三角波调制波

(b) 输出相电压(一)

(c) 输出相电压(二)

(d) 输出相电压(三)

(e) 输出线电压

图 6-5 双极性调制的原理

120

率，可以改变输出脉宽的周期。

调制三角波 M 通常被称为载波，其频率通常称为载波频率，一般用 f_s 来表示，定义载波频率 f_s 与参考正弦波频率 f_c 之比为载波比，用 N 来表示。定义参考正弦波 u_a、u_b、u_c 幅值 U_c 与三角波的幅值 U_t 之比为调制比，用 M 来表示。另外需要说明的是，逆变器输出基波电压的幅值 U_T 与直流母线电压之比在数值上与 M 是相等的，这就是采用 PWM 实现 VVVF 变频调速的本质。

4. SPWM 型变频器的主电路

SPWM 型逆变器所需提供的直流电源，除功率很小的逆变器可以用电池外，绝大多数都要从市电电源整流后得到，整流器和逆变器构成变频器。整流器一般采用不可控的二极管整流电路。小功率变频器可以采用单相整流电路，也可以采用三相整流电路，中大功率变频器一般都采用三相整流电路。交流电力机车所用的变频器容量很大，但因为输电线路只能提供单相电源，因此也用单相整流电路。使用三相电源的 SPWM 型变频器主电路如图 6-6 所示。当变频器的整流电路采用二极管整流时，因为输入电流和输入电压相比没有相位滞后，所以一般认为功率因数为 1。但这指的是基波功率因数，即位移因数。实际上，因为输入电流中含有大量的谐波成分，因此输入回路总的功率因数是小于 1 的。

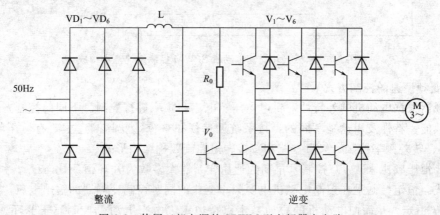

图 6-6　使用三相电源的 SPWM 型变频器主电路

当变频电路的负载是电动机时，电动机的制动过程使电动机变成发电机，其能量通过续流二极管流入直流中间电路，使直流电压升高而产生过电压（泵升电压）。如图 6-6 所示，为了限制泵升电压，在电路中的直流侧并联了电阻 R_0 和可控晶体管 V_0，当泵升电压超过一定数值时，使 V_0 导通，让 R_0 消耗掉多余的电能。

5. 交流电动机速度控制系统

图 6-7 是永磁同步交流电动机 SPWM 控制系统基本构成。从图中可见这种系统也是由速度外环和电流内环组成，从控制原理上类似直流调速系统。速度指令信号由 CNC 系统给出，和速度反馈信号比较之后，通过速度调节器的运算给出转矩指令 T_m^*，而 T_m^* 与电流幅值指令 I^* 成比例。利用转子位置传感器 PC 产生的转子绝对位置信息，在单位正弦波发生器中产生出两相正弦波信号，这两相单位正弦波信号在相位上相差 120°，指令 I^* 在交流电流指令发生器里分别与这两相单位正弦波相乘，得到交流电流指令 i_a、i_c，再经过电流调节器的运算，得到 u_a、u_c 电压指令，即是 U 相和 W 相的控制正弦波。V 相的控制信号由 u_a + u_b = u_c = 0 得到 u_b = $-u_a$ - u_c，把这三相控制正弦波分别供给三相脉宽调制器，三角波发生器发出的幅值和频率固定的三角波也供给三相脉宽调制器的输入，三相脉宽调制器输出的信

121

号分别经过基极驱动电路，供给六个功率晶体管的基极，控制功率晶体管的开关状态，实现逆变器调频和调压的任务，从而控制电动机的转速。系统当中的速度调节器和电流调节器以及整个系统的调节原理和直流调速系统类似。

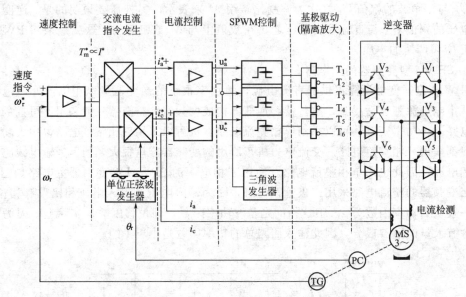

图 6-7 永磁同步交流电动机 SPWM 控制系统基本构成

6. 变频调速的控制方式

变频器根据电动机的外特性对供电电压、电流和频率进行控制。不同的控制方式所得到的调速性能、特性及用途是不同的，按系统调速规律来分，变频调速主要有恒压频比（U/f）控制、转差频率控制、矢量控制和直接转矩控制四种结构形式。

（1）恒压频比（U/f）控制 早期的通用变频器大多数为开环恒压比（$U/f=$ 常数）的控制方式。恒定控制是在控制电动机电源频率变化的同时控制变频器的输出电压，并使两者之比 U/f 恒定，从而使电动机的磁通基本保持恒定。由于电动机控制属于开环速度控制，故控制结构简单、成本较低。缺点是系统性能不高，其主要问题是低速性能较差，原因在于低速时异步电动机定子电阻压降所占比重增大，不能再认为定子电压和电动机感应电动势近似相等，仍按 U/f 恒定控制已不能保持电动机磁通恒定，因此常用低频磁通补偿方法进行 U/f 恒定控制。它主要用于要求不高的场合，如风机、水泵的节能调速。

（2）转差频率控制 异步电动机的转矩与气隙磁通、转子电流及转子电路的功率因数有关，气隙磁通不变时，异步电动机转矩近似和转差频率成正比，故在恒磁通时，通过控制转差频率便可控制转矩。

（3）矢量控制 20 世纪 80 年代初，日本学者提出了基于磁通轨迹的电压空间矢量控制（或称磁链跟踪控制）。该方法以三相波形的整体生成效果为前提，以逼近电动机气隙的理想圆形旋转磁场轨迹为目的，一次生成二相调制波形。这种方法称为电压空间矢量控制。典型机种有 FUJI（富士）FTN5000G5/P5、SANKEN（三垦）MF 系列等。

矢量控制，也称磁场定向控制。它是 20 世纪 70 年代初由德国 F. Blasschke 等人首先提出，以直流电动机和交流电动机比较的方法阐述了这一原理。由此开创了交流电动机等效直流电动机控制的先河。它使人们看到交流电动机尽管控制复杂，但同样可以实现转矩、磁场独立控制的内在本质。

122

矢量控制的实质是将交流电动机等效成直流电动机,分别对速度、磁场两个量进行独立控制。通过控制转子磁链,以转子磁通定向,然后分解定子电流而获得转矩和磁场两个分量,经坐标变换,实现正交或解耦控制。

但是出于转子磁链难以准确观测,以及矢量变换的复杂性,使得实际控制效果往往难以达到理论分析的效果,这是矢量控制技术在实践上的不足。此外,它必须直接或间接地得到转子磁链在空间上的位置才能实现定子电流解耦控制,在这种矢量控制系统中需要配置转子位置或速度传感器,这给许多应用场合带来不便。

尽管如此,矢量控制技术仍然在努力融入通用变频器中,矢量控制法的成功实施,使异步电动机变频调速后的机械特性以及动态性能达到了足以和直流电动机调压式的调速性能相媲美的程度。

(4) 直接转矩控制　直接转矩控制系统是继矢量控制之后发展起来的另一种高性能的交流变频调速系统。直接转矩控制与矢量控制不同,它不是通过控制电流、磁链等量来间接控制转矩,而是把转矩直接作为控制量来控制。直接转矩控制是直接在定子坐标系下分析交流电动机的模型,控制电动机的磁链和转矩。它不需要将交流电动机等效成直流电动机,因而省去了矢量旋转变换中的许多复杂计算,它不需要模仿直流电动机的控制,也不需要为解耦而简化交流电动机的数学模型。

直接转矩控制的优点在于:转矩控制是控制定子磁链,在本质上并不需要转速信息;控制上对除定子电阻外的所有电动机参数变化鲁棒性好;所引入的定子磁链观测器能很容易地估算出同步速度信息。因而能方便地实现无速度传感器化。这种控制也称为无速度传感器直接转矩控制。

然而,这种控制依赖于精确的电动机数学模型和对电动机参数的自动识别 (ID),通过ID 运行自动地确立电动机实际的定子阻抗互感、饱和因数、电动机惯量等重要参数,然后根据精确的电动机模型估算出电动机的实际转矩、定子磁链和转子速度,并由磁链和转矩的 Band-Band 控制产生 PWM 信号对逆变器的开关状态进行控制。这种系统可实现很快的转矩响应速度和很高的速度、转矩控制的精度,但也带来了转矩脉动,因而限制了调速范围。

6.2.2　通用变频器的使用简介

现以 FR-S500 变频器为例,说明通用变频器使用方法。

1. FR-S500 变频器端子说明

图 6-8 为 FR-S500 变频器接线图。

(1) 主回路端子说明见表 6-1。

表 6-1　主回路端子说明

端子记号	端子名称	内容说明
L_1、L_2、L_3 ①	电源输入	连接工频电源
U、V、W	变频器输出	连接三相鼠笼电机
—	直流电压公共端	此端子为直流电压公共端。与电源和变频器输出没有绝缘
+、P1	连接改善功率因数直流电抗器	拆下端子+～P1 间的短路片,连接选件改善功率因数用直流电抗器 (FR-BEL)
⏚	接地	变频器外壳接地用,必须接大地

① 单相电源输入时,变成 L_1,N 端子。

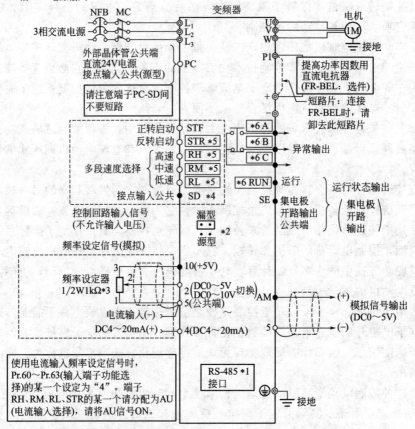

- 3相400V电源输入

图 6-8　三菱 FR-S500 变频器端子接线图

* 1 仅限于 RS-485 通信功能型。

* 2 可以切换漏型、源型逻辑。

* 3 设定频率较高的情况下，请使用 2W1KΩ 的旋钮电位器。

* 4 端子 SD、端子 5 是公共端子，请不要接地。

* 5 根据输入端子功能选择（Pr. 60～Pr. 63）可以改变端子的功能。

* 6 根据输出端子的功能选择（Pr. 64，Pr. 65）可以改变端子的功能。

（2）控制回路端子见表 6-2。

表 6-2　控制回路端子

端子记号		端子名称	内　容	
输入信号	接点输入	STF	正转启动	STF 信号 ON 时为正转，OFF 时为停止指令	STF. STR 信号同时为 ON 时，为停止指令
		STR	反转启动	STR 信号 ON 时为反转，OFF 时为停止指令	根据输入端子功能选择(Pr. 60-Pr. 63)可改变端子的功能；（* 3）
		RH RM RL	多段速度选择	可根据端子 RH、RM、RL 信号的短路组合，进行多段速度的选择。速度指令的优先顺序是 JOG，多段速设定（RH. RH. RL. REX），AU 的顺序	

端子记号		端子名称	内　容	
输入信号	SD(＊1)	接点输入公共端(漏型)	此为接点输入(端子 STF、STR、RH、RM、RL)的公共端子。端子 5 和端子 SE 被绝缘。	
	PC(＊1)	外部晶体管公共端 DC24V 电源接点输入公共端(源型)	当连接程序控制器(PLC)之类的晶体管输出(集电极开路输出)时,把晶体管输出用的外部电源接头连接到这个端子,可防止因回流电流引起的误动作,PC-SD 间的端子可作为 DC24V 0.1A 的电源使用。选择源型逻辑时,此端子为接点输入信号的公共端子。	
	10	频率设定用电源	DC5V。容许负荷电流 10mA;	
	频率设定	2 频率设定(电压信号)	输入 DC0～5V,(0～10V)时,输出成比例;输入 5V(10V)时,输出为最高频率; 5V/10V 切换用 Pr.73"0～5V,0～10V 选择"进行,输入阻抗 10kΩ;最大容许输入电压为 20V。	
		4 频率设定(电流信号)	输入 DC4～20mA;出厂时调整为 4mA 对应 0Hz,20mA 对应 50Hz;最大容许输入电流为 30mA。输入阻抗约 250Ω。电流输入时,请把信号 AU 设定为 ON,AU 信号设定为 ON 时,电压输入变为无效,AU 信号用 Pr.60-Pr.63(输入端子功能选择)设定。	
		5 频率设定公共输入端	此端子为频率设定信号(端子 2,4)及显示计端子"AM"的公共端子。(＊6)	
输出信号	集电极开路	A B C 报警输出	指示变频器因保护功能动作而输出停止的转换接点,AC230V 0.3A DC30V 0.3A,报警时 B-C 之间不导通(A-C 之间导通),正常时 B-C 之间导通(A-C 同不导通)(＊5)	根据输出端子功能选择 (Pr.64,Pr.65)可以改变端子的功能。(＊4)
		运行 变频器运行中	变频器输出频率高于启动频率时(出厂为 0.5Hz 可变动)为低电平,停止及直流制动时为高电平(＊2),容许负荷 DC24V 0.1A (ON 时最大电压下降 3.4V)	
	SE	集电极开路公共	变频器运行时端子 RUN 的公共端子,(＊6)	
	模拟	AM 模拟信号输出	从输出频率,电机电流选择一种作为输出,输出信号与各监示项目的大小成比例。	出厂设定的输出项目:频率容许负荷电流 1mA 输出信号 DC 0～5V
通信		RS-485 接头	用参数单元连接电缆(FR-CB201-205),可以连接参数单元(FR-PU04-CH),可用 RS-485 进行通信运行,RS-485 通信的详细情况请参照另外一册的使用手册(详细篇)。	

＊1. 端子 SD, PC 不要相互连接,不要接地,漏型逻辑(出厂设定)时,端子 SD 为接点输入的公共端子,源型逻辑时,端子 PC 为接点输入的公共端子(切换方法请参照手册详细篇)。

＊2. 低电平表示集电极开路输出用的晶体管处于 ON(导通状态),高电平表示 OFF(不导通状态)。

＊3. RL, RH. RH. R7. AU. STOP, MRS. OH. REX. JOG, RES. X14. X16. (STR)信号选择。

＊4. RUN. SU. OL, FU, RY, Y12, Y13.FDN, FUP.RL, Y93. Y95. LF, ABC 信号选择。

＊5. 对应欧洲标准(低电压标准)时,继电器输出(A, B.C)的使用容量为 DC30V, 0.3A。

＊6. 端子 SD、SE 以及 5 相互绝缘;请不要将其接地。

　　数控机床模拟主轴,就是数控装置的 0～10V 模拟电压输出端与变频器频率设定(电压信号)端连接,通过改变 CNC 模拟主轴输出端输出的 0～10V 模拟电压,改变变频器输出频率，最终改变电动机转速。此例中变频器频率设定（电压信号）端为 2-5 端。

2. FR-S500 变频器的基本设置参数说明（参数设定方法见 FR-S500 使用手册）

Pr. 0：转矩提升。可把低频领域的电机转矩按负荷要求调整。

Pr. 1：上限频率。

Pr. 2：下限频率。

Pr. 3：基波频率。

Pr. 4、Pr. 5、Pr. 6：3 速设定。通过外部接点信号的切换，即可选择不同的速度。

Pr. 7：加速时间。从 0Hz 开始加速到基准频率（Pr. 20）所需的时间。

Pr. 8：减速时间。从基准频率（Pr. 20）开始减速到 0Hz 所需的时间。

Pr. 9：电子过电流保护。

Pr. 30：扩展功能显示选择。0—仅显示基本功能；1—显示全部参数。

Pr. 53：0—设定用旋钮频率设定模式；1—设定用旋钮音量调节模式。

Pr. 79：操作模式选择（见表 6-3）。

表 6-3　FR-S500 变频器操作模式设置

设定值	内　容	
0	用"PU/EXT"可切换 PU(设定用旋钮，RUN 键)操作或外部操作	
1	只能执行 PU(设定用旋钮，RUN 键)操作	
2	只能执行能够外部操作	
3	**运行频率**	**启动信号**
	• 用设定旋钮设定 • 多段速选择 • 4～20mA(仅当 AU 信号 ON 时有效)	外部端子(STF、STR)
4	**运行频率**	**启动信号**
	外部端子信号(多段数，DC0～5V)	RUN 键
7	PU 操作互锁(根据 MRS 信号的 ON/OFF 来决定是否移往 PU 操作模式)	
8	操作模式外部信号切换(运行中不可)，根据 X16 信号选择	

3. FR-S500 变频器应用示例

例：FR-S500 控制电动机正反转。

图 6-9 为 FR-S500 控制电动机正反转电路。

基本参数设置：

Pr. 0：5‰；Pr. 1：50HZ；Pr. 2：0HZ；Pr. 3：50HZ；Pr. 7：5s；Pr. 8：5s；Pr. 9：2A；Pr. 30：1；Pr. 53：1；Pr. 79：0。

连接好电路，合 QF$_1$，QF$_2$，按下 SB2。设定好参数之后，按下 SB4，顺时针和逆时针旋转设定用旋钮，观察电动机转速由慢到快和由快到慢变化情况；按下 SB3，电动机停止转动；按下 SB5，顺时针和逆时针旋转设定用旋钮，观察电动机转速由慢到快和由快到慢变化情况。

6.2.3　交流伺服电动机专用主轴驱动装置

对于主轴位置控制性能要求很高的加工中心，如果采用通用变频器作为主轴驱动装置，则很难满足系统自动换刀、刚性攻丝、主轴 C 轴进给功能等的要求。因此，加工中心主轴

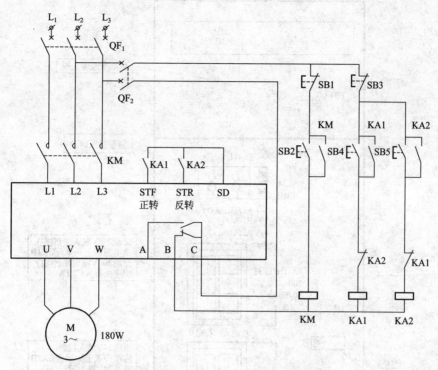

图 6-9 FR-S500 控制电动机正反转电路

驱动系统通常采用交流同步伺服电动机配备专用交流伺服主轴驱动装置的控制方式。

交流伺服电动机专用主轴驱动装置本质上是一个专用变频器。专用交流伺服主轴驱动装置在电路原理上也采用了 SPWM 控制技术，只是更具针对性、专业性，即专门为大中型数控机床而设计。与通用变频器相比，专用交流伺服主轴驱动装置具有响应快、速度高、过载能力强的特点，还可以实现定向和进给功能，可以满足系统自动换刀、刚性攻丝、主轴 C 轴进给等功能，但价格较高。

国内外各数控系统生产厂家都推出多系列的交流伺服主轴驱动装置，如 SPM 系列 FANUC 主轴驱动装置；611U 系列西门子主轴驱动装置等。

主轴系统主要由主轴驱动装置及主轴电动机组成。FANUC 0i/0i Mate 数控装置提供了模拟主轴和串行主轴接口供用户选择。当用户选择模拟主轴时，一般选用通用变频器作为主轴驱动装置；当用户选择串行主轴时，FANUC 0i/0i Mate 数控系统提供了 SPM 系列专用主轴驱动装置。FANUC 的 α 系列主轴模块主要分为 SPM、SPMC、SPM-HV 三种。

其中 SPM 系列含义如下所示。

① 主轴驱动装置型号；

② 电动机类型，"无"为 α 系列，C 为 αC 系列；

③ 额定输出功率；

④ 输入电压，"无"为 200V，HV 为 400V。

图 6-10 为 FANUC 0i/0i Mate 的 SPM 系列专用主轴驱动装置的接口定义。

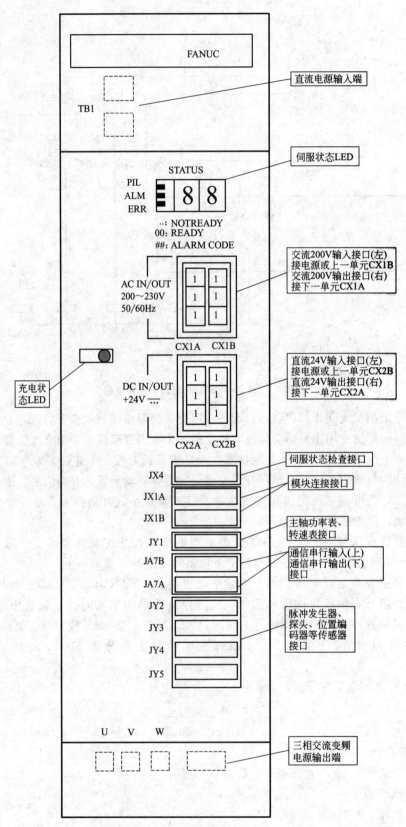

图 6-10 SPM-15 主轴驱动装置接口定义

128

6.3　数控机床进给驱动装置

6.3.1　步进电动机驱动装置

步进电动机驱动伺服系统是典型的开环控制系统。在此系统中，执行元件是步进电动机。它受驱动控制线路的控制，将代表进给脉冲的电平信号直接变换为具有一定方向、大小和速度的机械转角位移，并通过齿轮和丝杠带动工作台移动。由于该系统没有反馈检测环节，它的精度较差，速度也受到步进电动机性能的限制。但它的结构和控制简单、容易调整，故在速度和精度要求不太高的场合具有一定的使用价值。

1. 步进电动机伺服驱动系统的组成

步进电动机的伺服驱动系统如图 6-11 所示，加到步进电动机的定子绕组上的电脉冲信号，是由步进电动机的驱动装置给出的，驱动装置由环形分配器和功率放大器等部分组成。在许多 CNC 系统中，环形分配器的功能由软件产生，在这种情况下，驱动器就不包括环形分配器。

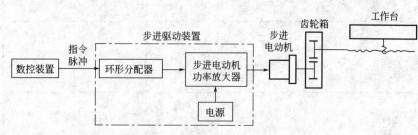

图 6-11　步进电动机的伺服驱动系统

2. 步进电动机驱动装置工作原理

（1）环形分配器工作原理　环形分配器输入端的指令脉冲是 CNC 插补器输出的一系列指令脉冲，输出则加到步进电动机相应绕组的功率放大器的输入端。也就是说环形分配器的任务是把来自 CNC 的一列脉冲信号，按照一定的顺序分配到步进电动机的每一相绕组上。环形分配器是根据步进电动机的相数和控制方式设计的。

1）硬件的环形分配器　硬件的环形分配器可用数字集成电路系列中的基本门电路和触发器构成，但这样构成的环形分配器过于复杂。随着大规模集成电路技术的发展，目前的环形分配器均是集成化的专用电路芯片。下面以 CH250 环形脉冲分配器为例加以说明。

CH250 环形脉冲分配器是三相步进电动机的理想脉冲分配器，通过其控制端的不同接法可以组成双三拍和三相六拍的两种不同工作方式，如图 6-12 所示为三相双三拍工作方式，图 6-13 所示为三相六拍工作方式。

J_{3r}、J_{3L} 两端子是三相双三拍的控制端，J_{6r}、J_{6L} 是三相六拍的控制端，三相双三拍工作时，若 $J_{3r}=$ "1"，而 $J_{3L}=$ "0"，则电动机正转；若 $J_{3r}=$ "0"，$J_{3L}=$ "1"，则电动机反转；三相六拍供电时，若 $J_{6r}=$ "1"，$J_{6L}=$ "0"，则电动机正转；若 $J_{6r}=$ "0"，$J_{6L}=$ "1"，电动机反转。R2 是双三拍的复位端，R1 是六拍的复位端，使用时，首先将其对应复位端接入高电平，使其进入工作状态，然后换接到工作位置。CL 端是时钟脉冲输入端，EN 是时钟脉冲允许端，用以控制时钟脉冲的允许与否。当脉冲 CP 由 CL 端输入，只有 EN 端为高电平时，时钟脉冲的上升沿才起作用。CH250 也允许以 EN 端作脉冲 CP 的输入端，此时，只有 CL 为低电平时，时钟脉冲的下降沿才起作用。A_0、B_0、C_0 为环形分配器的三个输出端，经过脉冲放大器（功率放大器）后分别接到步进电动机的三相输入端上。CH250 环形脉冲分配器的功能关系如表 6-4 所列。

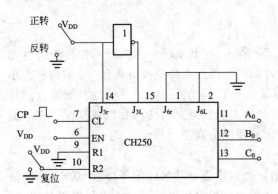

图 6-12　三相双三拍工作方式

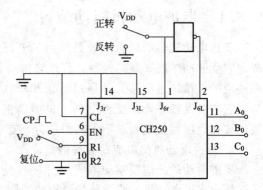

图 6-13　三相六拍工作方式

表 6-4　CH250 环形脉冲分配器的功能关系

工作方式		CL	EN	J_{3r}	J_{3L}	J_{3r}	J_{3L}
三相六拍	正转	0	↓	0	0	1	0
	反转	0	↓	0	0	0	1
双三拍	正转	0	↓	1	0	0	0
	反转	0	↓	0	1	0	0
三相六拍	正转	↑	1	0	0	1	0
	反转	↑	1	0	0	0	1
双三拍	正转	↑	1	1	0	0	0
	反转	↑	1	0	1	0	0

2）软件的环形分配器

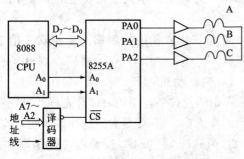

图 6-14　软件环形分配原理图

① 软件环形分配原理。软件环形分配原理图如图 6-14 所示。采用 8088 CPU 与并行接口 8255 来进行环行脉冲的软件控制，现以控制三相六拍电动机的环行分配程序为例说明其原理。由 8255 的 PA 口作为驱动电路的接口，控制脉冲经 8255 的 PA 口输出到步进电动机各相的功率放大器输入，设 PA 口的 PA0 输出至 A 相，PA1 输出至 B 相，PA2 输出至 C 相。

② 环形分配表。按照三相六拍方式运行时的通电顺序为：正转，A→AB→B→BC→C→
CA→A→；反转，A→AC→C→CB→B→BA→A→。为了使电动机按照如前所述顺序通电，
首先必须在存储器中建立一个环形分配表，存储器各单元中存放对应绕组通电的顺序数值，
当运行时，依次将环形分配表中的数据，也就是对应存储器单元的内容送到 PA 口，使
PA0、PA1、PA2 依次送出有关信号，从而使电动机各相轮流通电。表 6-5 为三相六拍环形
分配表。

由表 6-5 可见，要使电动机正转，只需从起始地址单元 01H 依次输出表中各单元的内
容即可。当输出状态已是表底状态时，则下次输出重新为起始地址单元内容。如要使电动机
反转，则只需反向依次输出各单元的内容。当输出状态达到表首状态时，则修改指针使下一
次输出重新为表底状态。

表 6-5　步进电动机三相六拍环形分配表

绕 组 分 配							运 行 方 式	地 址 单 元	
*	*	*	*		C	B	A	三相六拍	加电代码	地址单元
D7	D6	D5	D4	D3	D2	D1	D0			
0	0	0	0	0	0	0	1	A	01 H	01H
0	0	0	0	0	0	1	1	AB	03 H	02H
0	0	0	0	0	0	1	0	B	02 H	03H
0	0	0	0	0	1	1	0	BC	06 H	04H
0	0	0	0	0	1	0	0	C	04 H	05H
0	0	0	0	0	1	0	1	CA	05 H	06H

环行分配时，先取得进给方向符号，决定是通电顺序号加 1 还是通电顺序号减 1 运算。
加 1 后若地址超过 06H 则赋顺序号为 01H，减 1 后若地址小于 01H 则赋顺序号为 06H。根
据加 1 减 1 得到的新地址查表取得新的通电状态，再把新的通电状态在适当时机送向输出口
PA，完成步进电动机行走一步。

（2）步进电动机的速度控制　步进电动机的速度控制可以采用软件延时法，也可以通过
对定时器 8253 定时常数的设定，使其频率升高或降低。

（3）脉冲放大器（功率放大器）　由于脉冲分配器输出端的输出电流很小，如 CH250
脉冲分配器的输出电流约为 $0\sim400\mu A$，而步进电动机的驱动电流较大，如 75BF001 型
步进电动机每相静态电流为 3A，为了满足驱动要求，脉冲分配器
输出的脉冲需经脉冲放大器（即功率放大器）后才能驱动步进电
动机。目前，国内经济型数控机床步进电动机驱动电路主要有以
下两种。

① 单电压限流型驱动电路。图 6-15 所示是步进电动机一相的驱
动电路，L 是电动机绕组，晶体管 VT 可以认为是一个无触点开关，
它的理想工作状态应使电流流过绕组 L 的波形尽可能接近矩形波。但
是由于电感线圈中的电流指数规律上升，其时间常数需经过一定的时
间后才能达到稳态电流。由于步进电动机绕组本身的电阻很小，所
以，时间常数很大，从而严重影响电动机的启动频率。为了减小时间
常数，在励磁绕组中串以电阻 R，这样时间常数就大大减小，缩短了

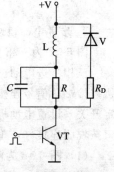

图 6-15　单电压限
流型驱动电路

绕组中电流上升的过渡过程，从而提高了工作速度。在电阻 R 两端并联电容 C，是由于电容上的电压不能突变，在绕组由截止到导通的瞬间，电源电压全部降落在绕组上，使电流上升更快，所以，电容 C 又称为加速电容。二极管 V 在晶体管 VT 截止时起续流和保护作用，以防止晶体管截止瞬间绕组产生的反电势造成管子击穿，串联电阻 R_D 使电流下降更快，从而使绕组电流波形后沿变陡。这种电路的缺点是 R 上有功率消耗。为了提高快速性，需加大 R 的阻值，随着阻值的加大，电源电压也势必提高，功率消耗也进一步加大，正因为这样，单电压限流型驱动电路的使用受到了限制。

② 高低压切换型驱动电路。图 6-16 所示为一高低压驱动放大电路，图中由脉冲变压器 T 组成了高压控制电路。当输入信号为低电平时，V_1、V_2、V_3、V_4 均截止，电动机绕组中无电流流过，步进电动机不转动，当输入信号为高电平时，V_1、V_2、V_4 饱和导通，在 V_2 由截止过渡到饱和导通期间，与 T 一次侧串联的 V_2 集电极回路电流急剧增加，在 T 的二次侧产生一个感应电压，加到高压功率管 V_3 的基极上，使 V_3 导通，80V 的高压经过 V_3 加到电动机绕组上，使电流按 $L_a/(R_d+r)$ 的时间常数向电流稳定值 $V_3/(R_d+r)$ 上升。经过过渡过程后，V_2 进入稳定状态（饱和导通）后，T 一次侧电流达到稳定值，无磁通量变化，T 的二次侧感应电压为零，V_3 截止。这时 12V 低压电源经二极管 VD_4 加到绕组 L_a 上，维持 L_a 中的额定电流。当输入脉冲结束后，V_1、V_2、V_3、V_4 又都截止，储存在 L_a 中的能量通过 R_g、VD_3 构成放电回路，进行释能。该电路由于脉冲开始采用高压驱动，电流增长加快，使绕组的脉冲电流的前沿变陡，使电动机的转矩和启动及运行频率都得到提高。又由于额定电流是低压维持的，故只需较小的限流电阻，功耗较小。

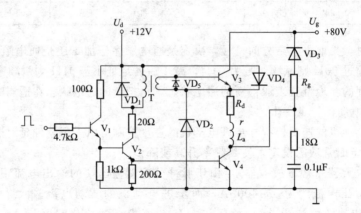

图 6-16　高低压切换型驱动电路

3. 步进电动机驱动装置使用示例

图 6-17 为三相步进电动机细分驱动器通用接线图。

三相步进电动机细分驱动器外部通常有电源输入端（有交流的也有直流的）、步进电动机连接端、信号连接端（包括脉冲信号，方向信号，使能信号和报警输出信号）以及参数设定开关（设置电动机每转步数，相电流等）等几部分 。使用时，将步进电动机驱动器各端口按说明连接好，正确设置拨码开关位置、驱动器即可工作。

（1）图 6-18 为南京大地数控 D306N 三相混合式步进电动机细分驱动器接口信号定义。

CP＋/CP－（脉冲信号）：每个脉冲上升沿使电动机转动一步。

CW＋/CW－（方向信号）：单脉冲控制方式时为方向控制信号输入接口，若 CW 为低

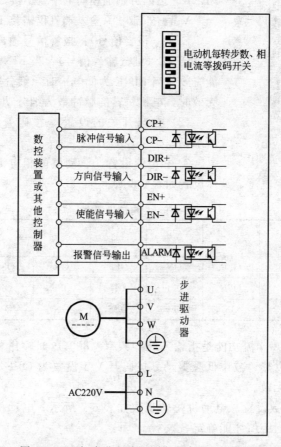

图 6-17　三相步进电动机细分驱动器通用接线图

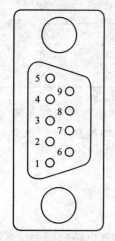

接口信号定义

引脚	端子名	信号定义
1	CP+	脉冲信号(正端)输入
2	CP–	脉冲信号(负端)输入
3	CW+	方向信号(正端)输入
4	CW–	方向信号(负端)输入
5	FREE+	脱机信号(正端)输入
6	FREE–	脱机信号(负端)输入
7	VIN	外部提供的电源
8	ERR	报警信号输出
9	FINE	细分信号(伺能)输入

图 6-18　D306N 三相混合式步进电动机细分驱动器接口信号定义

电平，**电动机顺时针旋转**，CW 为高电平，电动机逆时针旋转。双脉冲控制方式时为反转步**进脉冲信号输入接口**。改变电动机旋转方向可通过互换电动机任意两相接线。

　　FERR＋/FERR－（脱机信号）：脱机信号输入接口，FERR＋与 FERR－之间分别加高低电平，**电动机无相电流**，电动机处于不稳定的自由状态（脱机状态）；反之，FERR＋与

图 6-19 拨码开关功能顺序

（图中标注从上到下）
8　双脉冲/单脉冲设置
7　电动机每转步数设置
6　电动机每转步数设置
5　电动机每转步数设置
4　大力矩/低振动设置
3　相电流设置
2　相电流设置
1　相电流设置
→ ON

FERR－之间分别加相同电平或不接，电动机处于锁定状态。

Vin：外部电源输入端（仅需接 ERR 和 FINE 时接）

ERR（报警信号）：报警信号输出接口。

FINE（细分输入信号）：当 FINE 为高电平时，细分功能有效；当 FINE 为低电平时，细分功能无效。当细分功能无效时，电机每转的脉冲数为细分功能有效时的 1/10。

（2）拨码开关的设置　拨码开关功能顺序如图 6-19 所示。

① 相电流设置。驱动器的相电流设置值必须小于或等于电动机铭牌上的额定电流。具体设置如表 6-6 所示。

表 6-6　相电流设置表

开关＼相电流/A	1.2	2.3	2.7	3.3	3.7	4.5	4.9	5.8
1	OFF	OFF	ON	OFF	ON	OFF	ON	ON
2	OFF	OFF	OFF	ON	OFF	ON	ON	ON
3	OFF	ON	OFF	OFF	ON	ON	OFF	ON

② 半流功能设置。半流功能是指输入脉冲频率＜800Hz 时输出相电流减小到额定值的 60%，可防止电动机发热，减小低频振动。拨码开关 4 设置为 OFF，半流功能有效，设置为 ON 时，半流功能无效。

③ 电动机每转步数设置。电动机每转步数如表 6-7 所示。电动机每转步数需通过步进电动机减速比和丝杠螺距值才能确定。

表 6-7　电机每转步数

开关＼每转步数	10000	8000	6000	5000	4000	3000	2000	12000
5	OFF	OFF	OFF	OFF	ON	ON	ON	ON
6	OFF	OFF	ON	ON	OFF	OFF	ON	ON
7	OFF	ON	OFF	ON	OFF	ON	OFF	ON

④ 单脉冲/双脉冲设置。当拨码开关 8 为 OFF 时，为单脉冲控制方式（CP 输入脉冲信号，CW 为方向信号）；当拨码开关 8 为 ON 时，为双脉冲控制方式（CP 输入正转脉冲信号，CW 输入反转脉冲信号）。

6.3.2　交流伺服电动机进给驱动装置

1. 交流伺服电动机进给驱动的工作原理

交流伺服电动机进给驱动与交流伺服电动机主轴驱动在电路结构上没有本质区别，都采用了 PWM 技术。由于控制对象对各种参数的不同要求，使得进给驱动所控制的参数要比主轴驱动装置的多且精准。

交流伺服进给驱动系统近年来得到了广泛的应用，它克服了直流伺服电动机在结构上存在机械整流子、电刷，维护困难、造价高、寿命短、应用环境受到限制等缺点，同时发挥了坚固耐用，经济可靠及动态响应好等优点。另一方面由于新型功率开关器件，专用集成电路，智能模块等的发展带动了交流驱动电源的发展，使交流电动机的调速性能，已接近直流电动机的调速性能指标，因此，交流速度控制已逐步取代直流速度控制系统。在数控机床的进给伺服驱动系统中，现在广泛应用的是永磁交流同步电动机的伺服驱动系统。下面举例说明。

某数控机床进给伺服系统的组成框图如图 6-20 所示。

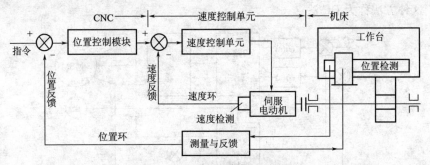

图 6-20　进给伺服系统的组成框图

① 进给伺服系统是一个双闭环系统，内环是速度环，外环是位置环。

② 位置环的输入信号是计算机给出的指令信号和位置检测装置反馈的位置信号，这个反馈是一个负反馈，即与指令信号的相位相反。指令信号是向位置环送去加数，而反馈信号向位置环送去减数。位置检测装置通常有光电编码器、旋转变压器、光栅尺、感应同步器或磁栅尺等。它们或者直接对位移进行检测，或者间接对位移进行检测。

③ 速度环是一个非常重要的环，由速度调节器、电流调节器及功率放大器等部分组成。它的输入信号有两个：一个是位置环的输出，作为速度环的指令信号送给速度环；另一个是电动机转速检测装置测得的速度信号作为负反馈送给速度环。速度环中用作速度反馈检测的装置通常为测速发电机、脉冲编码器等。

进给伺服驱动的其他控制技术。

① 矢量控制技术。交流伺服电动机定子绕组，一般由三相绕组构成。当绕组通以三相对称电流时，绕组会在气隙中产生旋转磁场。该旋转磁场可由等效的正交二相绕组流过二相对应电流来产生，也可由旋转的 d、q 二相绕组流过对应的直流电流来产生。这种等效处理简称为电动机坐标变换，即从静止的 A、B、C 坐标系变换到 d、q 的旋转坐标系。

对于表面安装式永磁转子，只要控制电流 i_q，就可直接控制电动机的电磁转矩，它比起通过分别控制 A、B、C 三相电流来实现转矩控制要容易得多，如图 6-21 所示。指令（给定）电流 i_a^*、i_b^*、i_c^* 与反馈的实际电流 i_a、i_b、i_c 之差经过调节器 $Gi(s)$ 运算后，得到给

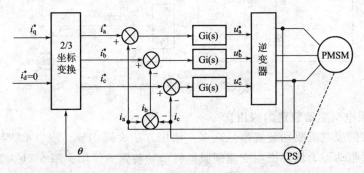

图 6-21　永磁式同步交流伺服电动机矢量控制技术（AC 法）

135

定电压 u_a^*、u_b^*、u_c^*，使实际交流电流 i_a、i_b、i_c 跟踪给定电流 i_a^*、i_b^*、i_c^*。由于 i_a^*、i_b^*、i_c^* 为交流量，因此称这种方法为 AC 法。

② 电流反馈跟踪控制技术。在图 6-22 中，静止坐标系中的实际电流 i_a、i_b、i_c 经过坐标变换为旋转坐标系的直流电流 i_d、i_q 与给定电流 i_d^*、i_q^* 比较后，经调节器 $Gi(s)$ 运算，得到旋转坐标系的给定电压 u_d^*、u_q^*，再经过坐标变换，成为静止坐标系的给定电压 u_a^*、u_b^*、u_c^*。这种方法称为 DC 法。

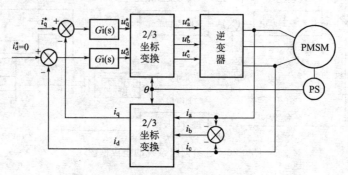

图 6-22 电流反馈跟踪控制技术（DC 法）

③ 实时 PWM 技术。上述电流调节器输出的给定电压 u_a^*、u_b^*、u_c^* 要依靠 PWM 技术转变为三相的 PWM 信号，分别驱动逆变器的三相六个桥臂，从而控制伺服电动机三相定子电流，实现电动机电流跟踪给定电流。在实时反馈的 PWM 技术中，一般采用滞环法、次谐波法和空间矢量法。

图 6-23 为永磁式同步交流伺服电动机控制原理框图。交流伺服系统是一个多环控制系统，需要实现位置、速度、电流三种负反馈控制。为实现上述控制，系统设置了三个调节器，分别调节位置、速度和电流；三者之间实行串级连接，即把位置调节器的输出当作速度调节器的输入；再把速度调节器的输出作为电流调节器的输入；而把电流调节器的输出经过坐标变换后，再通过 PWM 逆变器，实现对同步电动机三相绕组的控制。实测的三相电流（i_A、i_B、i_C）瞬时值，也要通过坐标反变换，成为实现电流的反馈控制。框图结构中电流为最内环，位置为最外环，构成了位置、速度、电流的三闭环控制系统。

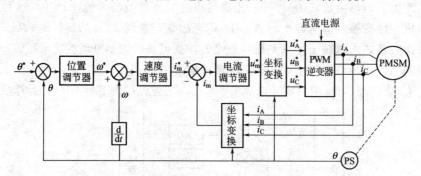

图 6-23 永磁式同步交流伺服电动机控制原理框图

2. 交流伺服电机驱动装置的应用

国内外交流伺服电机驱动装置型号众多，使用方法大同小异。现以 BONMET（深圳博美德）交流伺服驱动器为例，说明交流伺服电机驱动装置的使用。图 6-24 为 BONMET（深圳博美德）SA3L06B 交流伺服驱动器外形及各端口含义。

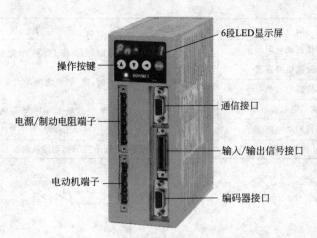

6段LED显示屏

操作按键

通信接口

电源/制动电阻端子

输入/输出信号接口

电动机端子

编码器接口

图 6-24　SA3L06B 交流伺服驱动器外形及各端口含义

（1）SA3L06B 交流伺服驱动器主要功能　有位置控制、速度控制、转矩控制和点到点控制。

所谓位置控制，是指驱动器对电机的转速、转角和转矩控制，上位机对驱动器发脉冲串进行转速与转角的控制，输入的脉冲频率控制电机的转速，输入的脉冲个数控制电机旋转的角度。

速度控制是指仅对电机的转速进行控制，上位机对驱动器发出的是模拟量（电压）信号，范围为 $-10V \sim +10V$，电压值的大小决定电机转速的大小。电机的转速由上位机控制。正电压控制电机正转，负电压控制电机反转。

转矩控制是指驱动器仅对电机的转矩进行控制，电机输出的转矩不再随负载变，只听从于输入的转矩命令，上位机对驱动器发出的是模拟量（电压）信号，范围为 $+10V \sim -10V$，正电压控制电机正转，负电压控制电机反转，电压值的大小决定电机输出的转矩。电机的转速与转角由上位机控制。

点到点控制是指驱动器具有单轴定位功能，即从一个坐标点到另一个坐标点的精准运动。

（2）SA3L06B 外围设备接线图　图 6-25 为 SA3L06B 外围设备接线图。

（3）交流伺服驱动器各接口名称及功能说明　见表 6-8。

表 6-8　SA3L06B 交流伺服驱动器各接口名称及功能说明

端子记号	信号名称	说　　明	
R、S、T	主回路电源输入端	220V 级驱动器	接入三相 220V(50/60Hz)
		380V 级驱动器	接入三相 380V(50/60Hz)
R、t	控制回路电源输入端	220V 级驱动器	接入单相或两相 220V(50/60Hz)
		380V 级驱动器	接入两相 380V(50/60Hz)
U、V、W、PE	电机动力接口	U、V、W 为电机电源输入端子，PE 为电机接地端子	
CN1	电机编码器接口	连接电机编码器反馈电缆	
CN2	I/O 信号接口	输入输出信号接口，连接至上位机	
CN3	C 型驱动器串行通信接口	串行通信接口，支持 RS-232，RS-485	
COM	B 型驱动器串行通信接口	串行通信接口，支持 RS-232	

端子记号	信号名称	说　明
P	外接制动电阻端子	1. 不使用外部制动电阻时,要将 PC 和 P1 之间短路连接,P 不做任何连接。
HP	外接电容正极	
G	外接电容负极	2. 使用外部制动电阻时,PC 和 P 之间加入外接制动电阻,P1 则不做任何连接。
PC	制动电阻公共端	3. 端子 HP、G 为 380V 级驱动器专有端子,配合反向电动势较高的电机使用时,可接入外接电容(P 或 HP 接电容正极,G 接电容负极)。
P1	内置制动电阻端子	
PE	驱动器外壳接地端子	驱动器接地端子,该端子位于驱动器散热器上,共 2 个螺丝孔

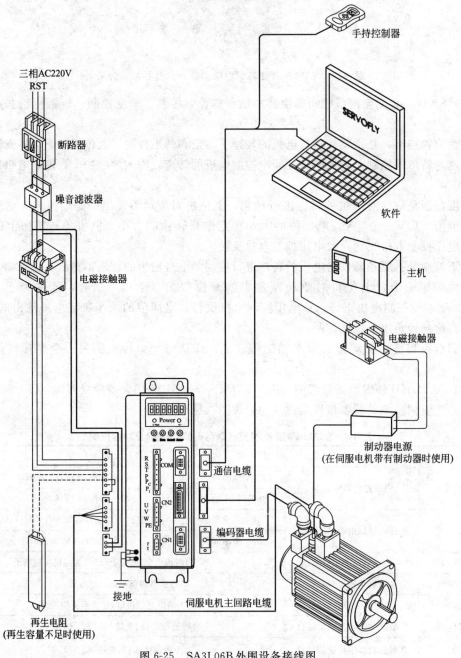

图 6-25　SA3L06B 外围设备接线图

① 编码器接口 CN1 引脚及其定义如图 6-26 和表 6-9 所示。

表 6-9　CN1 引脚定义

引脚定义					
引脚号	定义	引脚号	定义	引脚号	定义
1	A+	6	A−	11	空
2	B+	7	B−	12	5V
3	Z+	8	Z−	13	0V
4	U+	9	U−	14	W+
5	V+	10	V−	15	W−

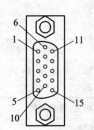

图 6-26　CN1 引脚排列

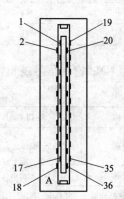

图 6-27　CN2 引脚（用户焊接使用端插头）排列

② I/O 信号接口 CN2 引脚（用户焊接使用端插头）排列如图 6-27 所示。

表 6-10 为 CN2 输入信号物理端口定义。

表 6-10　CN2 输入信号物理端口定义

信号名称		引 脚	功 能
	符 号		
通用端口	VCCCOM	18	输入电源正极(DC12~24V,电流≥100mA),用来驱动输入端子的光电耦合器
	ASPEED+	22	外部模拟速度指令输入端子,差分方式,输入阻抗 10kΩ,输入范围
	ASPEED−	21	−10V~+10V
	AGND	23	接入模拟电压指令输入的 0V
	ATORQUE+	20	外部模拟转矩指令输入端子,差分方式,输入阻抗 10kΩ,输入范围
	ATORQUE−	19	−10V~+10V
	AGND	24	接入模拟电压指令输入的 0V
	FG	36	接入屏蔽地线
逻辑映射端口	ServoEn	10	自定义输入端子,默认映射为 Logic_Sevo_Enable(定义见映射表)
	AlarmClr	11	自定义输入端子,默认映射为 Logic_Alarm_Clear(定义见映射表)
	CCWDis	12	自定义输入端子,默认映射为 Logic_CCW_Disable(定义见映射表)
	CWDis	13	自定义输入端子,默认映射为 Logic_CW_Disable (定义见映射表)
	CLE/SC1/ZEROSPD	14	自定义输入端子,默认映射为 Logic_POrder_Clear/Logic_SOrder_Clamp/Logic_IntPn_Sel[1] (定义见映射表)

数控机床电气控制

信号名称		引　脚	功　能
	符　号		
逻辑映射端口	INH/SC2	15	自定义输入端子,默认映射为 Logic_ POrder__Inhibit/Logic_IntPn_Sel[0]（定义见映射表）
	CCWTLtd	16	自定义输入端子,默认映射为 Logic_ExTLimit_Enable/Logic_IntPn_Sel[3]（定义见映射表）
	CWTLtd	17	自定义输入端子,默认映射为 Logic_ IntPn_Sel[2]（定义见映射表）
	PulseInv＋	32	自定义输入端子,默认映射为 Logic_ PulseInv＋（定义见映射表）
	PulseInv－	33	自定义输入端子,默认映射为 Logic_ PulseInv－（定义见映射表）
	SignInv＋	34	自定义输入端子,默认映射为 Logic_ SignInv＋（定义见映射表）
	SignInv－	35	自定义输入端子,默认映射为 Logic_ SignInv－（定义见映射表）

表 6-11 为 CN2 输入信号逻辑映射表。

表 6-11　CN2 输入信号逻辑映射表

逻辑端口名称	端口符号	缺省映射物理端口	逻辑端口说明
逻辑伺服使能	Logic_Servo_Enable	ServoEn	该逻辑信号置为 ON 时,驱动器才能向电机供电
逻辑报警清除	Logic_Alarm_Clear	AlarmClr	复位功能,清除报警
逻辑 CCW 驱动禁止	Logic_CCW_Disable	CCWDis	正向限位信号
逻辑 CW 驱动禁止	Logic_CW_Disable	CWDis	反向限位信号
逻辑外部转矩限制使能	Logic_ExTLimit_Enable	CCWDTLtd	该逻辑信号置为 ON 时,外部转矩限制功能有效置为 OFF 时,外部转矩限制功能无效
逻辑脉冲计数器清零	Logic_POrder_Clear	CLE/SC1/ZEROSPD	该逻辑信号置为 ON 时,位置指令累计计数、电机行程计数及位置误差计数将被清零,并保持清零状态,指导信号变更为 OFF
逻辑脉冲指令禁止	Logic_POrder_Inhibit	INH/SC2	该逻辑信号置为 ON 时,驱动器将不接收脉冲指令(位置指令累计计数不增加)
逻辑零速箝位	Logic_SOrder_Clamp	CLE/SC1/ZEROSPD	速度模式下,该逻辑信号置为 ON 时,驱动器将不接收模拟量速度指令和脉冲指令
逻辑模拟量指令方向取反	Logic_STOrder_Invert	0	该逻辑信号可切换模拟量指令方向(转矩和速度模式均有效)
逻辑控制信号端子[0]	Logic_IntPn_Sel[0]	INH/SC2	Logic_IntPn_ Sel[0]Logic_IntPn_Sel[1]、Logic_IntPn_Sel[2]、Logic_IntPn_Sel[3]
逻辑控制信号端子[1]	Logic_IntPn_Sel[1]	CLE/SC1/ZEROSPD	拼接成二进制组合,作为触发指令控制字,作为内部速度指令切换、外部转矩限制切换、点到点位置控制等功能的触发信号
逻辑控制信号端子[2]	Logic_IntPn_Sel[2]	CWTLtd	
逻辑控制信号端子[3]	Logic_IntPn_Sel[3]	CCWTLtd	
逻辑模式切换控制[0]	Logic_Mode_Sel[0]	0	控制模式选择开关,2 个控制字拼接成 1 个 2 位 2 进制数,可切换控制模式(位置、转矩、速度)
逻辑模式切换控制[1]	Logic_Mode_Sel[1]	0	

逻辑端口名称	端口符号	缺省映射物理端口	逻辑端口说明
逻辑 PID 参数切换端子	Loglc_PID_Sel	0	该端子可切换 2 套 PID 参数
逻辑指令脉冲 PLUS＋	Logic_PulseInv＋	PulseInv＋	外部指令脉冲输入端子。由参数 PN52 设定脉冲输入方式。 ①PN52＝0,指令脉冲＋符号方式(缺省状态); ②PN52＝1,CCW/CW 指令脉冲方式; ③PN52＝2,2 相指令脉冲方式
逻辑指令脉冲 PLUS－	Logic_PulseInv－	PulseInv－	
逻辑指令脉冲 SIGN＋	Logic_SignInv＋	SignInv＋	
逻辑指令脉冲 SIGN－	Logic_SignInv－	SignInv－	

注：1. 0 的含义为常开或无效,1 的含义为常闭或有效。

2. CN2 输入端口参数设置默认（缺省）为位置控制模式。想切换为其他模式,需通过专用软件 Servofly（可从深圳博美德官方网站下载）联机修改。

表 6-12 为 CN2 输出端口定义。

表 6-12　CN2 输出端口定义

信号名称 名　称	信号名称 符　号	引　脚	功　能
伺服准备好	SRDY＋	8	①该输出信号为通断号。 ②驱动器供电正常且没有报警,输出 ON(输出为导通状态)。 ③驱动器供电不正常或有报警,输出 OFF(输出为截止状态)
	SRDY－	27	
伺服报警	ALM＋	25	①该输出信号为通断号。 ②伺服驱动器有报警,输出 ON(输出为导通状态)。 ③伺服驱动器无报警,输出 OFF(输出为截止状态)
	ALM－	26	
定位完成(位置模式)/速度到达(速度模式)	COIN＋	28	①该输出信号为通断信号。 ②定位完成输出端子:当位置偏差计数器数值在设定的定位范围时,定位完成输出 ON(输出导通状态),否则输出 OFF(输出截止状态)。 ③速度到达输出端子:当速度到达或超过设定的速度时,速度到达输出 ON(输出导通状态),否则输出 OFF(输出截止状态)
	COIN－	29	
机械制动器释放	BRK＋	30	①当电机具有机械制动器(抱闸)时,可以用此端口控制制动器,该输出信号为通断信号,由驱动器内部控制。 ②当驱动器向电机供电时,输出 ON(输出为导通状态)。 ③当驱动器不向电机供电时,输出 OFF(输出为截止状态)
	BRK－	31	
编码器 A 相信号	PhaseA＋	1	①编码端 A、B、Z 信号差分驱动输出(相当于 RS-422)。 ②输出信号是非隔离输出的(非绝缘)。 ③可采用高速光电耦合器或 AM26LV32 及其他等效接收器接收信号
	PhaseA－	2	
编码端 B 相信号	PhaseB＋	3	
	PhaseB－	4	
编码端 Z 相信号	PhaseZ＋	5	
	PhaseZ－	6	
编码器 Z 相集电极开路输出	ZOC	7	①编码器 Z 相信号的集电极开路输出,当编码器 Z 相信号出现时,输出 ON(输出为导通状态),否则输出 OFF(输出为截止状态)。 ②输出信号是非隔离输出的(非绝缘)。 ③通常 Z 相信号脉冲的脉宽很窄,故用高速光电耦合端接收
编码器公共地线	EGND	9	编码器公共地线,接入编码器反馈信号时,若上位机接收端为非光耦器件,必须连接该端子

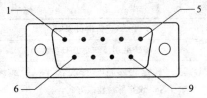

图 6-28 RS-232 通信接口 CN 引脚排列

③ RS-232 通信接口 CN 引脚排列及其定义如图 6-28 和表 6-13 所示。

（4）部分控制模式标准接线图和参数一览及其操作流程（其他控制模式标准接线图、参数一览及设置方法、操作流程参看相关使用说明书）

① 位置控制模式的标准接线图如图 6-29 所示，参数一览如表 6-14 所示，操作流程如图 6-30 所示。

表 6-13　RS-232 通信接口 CN 引脚定义

端子号	信号名称	功　　能	
		记　号	描　述
2	接收数据	RXD	接收数据信号端子
3	发送数据	TXD	发送数据信号端子
5	信号地	GND	屏蔽信号地

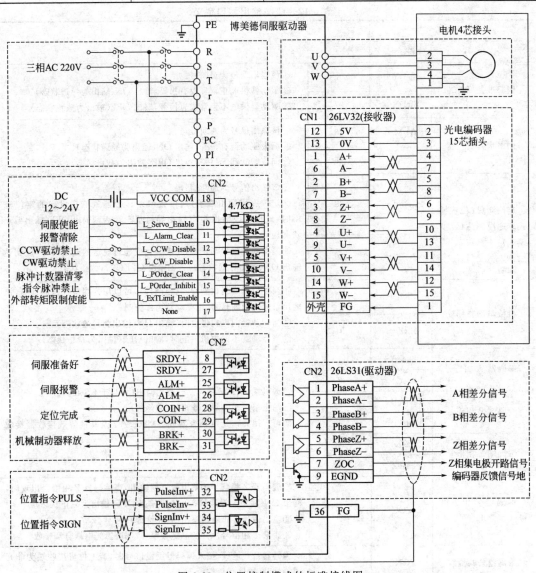

图 6-29　位置控制模式的标准接线图

表 6-14　位置控制模式的参数一览表

参数代码	参数名称	功能简介
Pn-4	电机控制模式	选择位置控制模式。(设定值:2)
Pn-48	位置指令脉冲分倍频分母	电子齿轮功能,可对脉冲指令进行分/倍频操作,2套电子齿轮可由外部触发信号进行即时切换
Pn-49	第一位置指令脉冲分频分子	
Pn-50	第二位置指令脉冲分频分子	
Pn-51	动态电子齿轮有效	
Pn-52	指令脉冲输入方式	可设置接收不同类型的脉冲指令
Pn-53	指令脉冲方向取反	可对指令方向进行取反操作
Pn-54	定位完成范围	若偏差计数器的脉冲数在设定值以内,则会输出定位完成信号 COIN
Pn-55	位置超差检测范围	在位置控制方式下,当位置偏差计数超过阀值时会触发位置超差报警
Pn-56	位置超差错误无效	可设置是否使用位置超差检测功能
Pn-57	编码器反馈信号分频功能	可对编码器反馈信号进行分频
Pn-30	第一速度环比例增益	该参数用于设定第一速度环比例增益,可与第二速度环比例增益智能切换。设定值越大,增益越高,刚度越大。在系统不产生振荡的条件下,请将参数值尽量设大
Pn-31	第一速度环积分时间常数	该参数用于设定第一速度环积分时间常数,可与第二速度环积分时间常数智能切换。设定值越小,刚度越大。在不产生震动的情况下,请将参数值尽量设小
Pn-32	第一速度环低通带宽	该参数用于设定第一速度环低通滤波器带宽,可与第二速度环低通滤波器带宽智能切换。如果负载惯量很大,可以适当减小设定值,但如果数值设定得太小,会造成响应变慢,引起振荡;设定值越大,截止频率越高,速度反馈响应越快,刚度越大。如果需要较高的速度响应,可以适当增加设定值,但如果数值设定得太大,电机会产生啸叫
Pn-33	第一转矩指令低通滤波器带宽	该参数用于设定第一转矩指令低通滤波器带宽,可与第二转矩指令低通滤波器带宽智能切换。如果负载惯量很大,可以适当减小设定值,但如果数值设定得太小,会造成响应变慢,引起振荡;设定值越大,截止频率越高,速度反馈响应越快,刚度越大。如果需要较高的速度响应,可以适当增加设定值,但如果数值设得太大,电机会产生啸叫
Pn-36	第二速度环比例增益	该参数用于设定第二速度环比例增益,可与第一速度环比例增益智能切换。设定值越大,增益越高,刚度越大。在系统不产生振荡的条件下,请将参数值尽量设大
Pn-37	第二速度环积分时间常数	该参数用于设定第二速度环积分时间常数,可与第一速度环积分时间常数智能切换。设定值越小,刚度越大。在不产生震动的情况下,请将参数值尽量设小
Pn-38	第二速度环低通带宽	该参数用于设定第二速度环低通滤波器带宽,可与第一速度环低通滤波器带宽智能切换。如果负载惯量很大,可以适当减小设定值,但如果数值设定得太小,会造成响应变慢,引起振荡;设定值越大,截止频率越高,速度反馈响应越快,刚度越大。如果需要较高的速度响应,可以适当增加设定值,但如果数值设定得太大,电机会产生啸叫

参数代码	参数名称	功能简介
Pn-39	第二转矩指令低通滤波器带宽	该参数用于设定第二转矩指令低通滤波器带宽,可与第一转矩指令低通滤波器带宽智能切换。如果负载惯量很大,可以适当减小设定值,但如果数值设定得太小,会造成响应变慢,引起振荡;设定值越大,截止频率越高,速度反馈响应越快,刚度越大。如果需要较高的速度响应,可以适当增加设定值,但如果数值定得太大,电机会产生啸叫
Pn-44	第一位置环比例增益	该参数用于设定第一位置环比例增益,可与第二位置环比例增益进行智能切换。设定值越大,增益越高,刚度越大,相同频率指令脉冲条件下,位置滞后量越小。但数值太大可能会引起振荡或超调
Pn-45	第一位置环微分增益	该参数用于设定第一位置环微分增益(前馈增益),可与第二位置环微分增益智能切换。位置环的前馈增益增大,控制系统的高速响应特性提高,但会使系统的位置环不稳定,容易产生振荡
Pn-46	第一位置前馈滤波器截止频率	该参数用于设定第一位置前馈滤波器截止频率,可与第二位置前馈滤波器截止频率进行智能切换。本滤波器的作用是增加复合位置控制的稳定性
Pn-66	第二位置环比例增益	该参数用于设定第二位置环比例增益,可与第一位置环比例增益进行智能切换。设定值越大,增益越高,刚度越大,相同频率指令脉冲条件下,位置滞后量越小。但数值太大可能会引起振荡或超调
Pn-67	第二位置环微分增益	该参数用于设定第二位置环微分增益(前馈增益),可与第一位置环微分增益智能切换。位置环的前馈增益增大,控制系统的高速响应特性提高,但会使系统的位置环不稳定,容易产生振荡
Pn-68	第二位置前馈滤波器截止频率	该参数用于设定第二位置前馈滤波器截止频率,可与第一位置前馈滤波器截止频率进行智能切换。本滤波器的作用是增加复合位置控制的稳定性
Pn-69	转矩环响应增强功能使能	设定为1时,可增强转矩换响应,从而提高系统刚性,但可能会引起一些电机的电流噪声

部分参数功能解释:

1. 定位完成功能(相关参数:Pn-54)

(1) 该功能仅在位置模式和点到点模式下有效,在这2种模式下,数字输出信号"COIN"定义为定位完成信号。

(2) 该信号为通断信号,当位置偏差计数器内的剩余脉冲个数小于或等于参数Pn54的设定值时,定位完成信号"COIN"输出ON(输出导通状态),否则输出OFF(输出截止状态)。

2. 位置超差报警检测功能(相关参数:Pn-56,Pn-57)

(1) 该功能仅在位置模式和点到点模式下有效,在这2种模式下,启动位置超差报警功能后,当位置落差超过设定阀值时,将触发报警Err-16;

(2) 将Pn-56为0,启动位置超差报警功能,设置为1可关闭该功能;

(3) 可通过Pn-57设置报警阀值,当位置指令与电机行程位置的差值超过报警阀值时,将立刻触发报警。

报警阀值=Pn-57设定值×100pulse

3. 指令脉冲禁止功能

建立逻辑脉冲指令禁止信号(Logic_POrder_Inhiblt)与物理端口的映射关系,默认映射关系为"Logic_POrder_Inhiblt"→"INH/SC2"。当"Logic_POrder_Inhiblt"信号为OFF时,驱动器正常接收脉冲指令驱动电机运行;当"Logic_POrder_Inhiblt"信号为ON时,驱动将不接收脉冲指令,无法驱动电机运行。

4. 脉冲计数器清零功能

建立逻辑脉冲计数器清零信号(Logic_POrder_Clear)与物理端口的映射关系,默认映射关系为"Logic_POrder_Clear"→"CLE/SC1/ZEROSPD"。当"Logic_POrder_Clear"信号为OFF时,驱动器正常接收脉冲指令驱动电机运行;当"Logic_POrder_Clear"信号为ON时,累计位置指令、累计电机行程计数及累计位置误差计数将被强制清零,且电机处于自锁状态。

5. 电子齿轮功能(相关参数:Pn-48,Pn-49,Pn-50,Pn-51)

数控装置每变化一个最小数字单位时,要求相应的机械装置有一个设定的长度或角度的相应变化,称为脉冲当量。当机械装置的传动比不能满足数控装置脉冲当量的要求时,用电子齿轮比,来配合数控装置与机械传动比之间的关系,满足数控装置所需要的脉冲当量。它起到了一个输入与输出变比的作用。电子齿轮比仅在位置控制中起作用。电子齿轮比数值设置过大，会降低伺服电机的运行状态。

（1）指令脉冲乘以电子齿轮比为真正的位置控制输入脉冲。

$$G＝P/Po＝电子齿轮分子/电子齿轮分母$$

Po：要求电机旋转一圈所需的脉冲个数；

P：编码器分辨率；

G：电子齿轮比。

例如：SM110-050-30LFB电机反馈元件分辨率为10000ppr，即旋转一圈脉冲计数10000个，若需要电机旋转一圈脉冲计数1000个，则$G＝P/Po＝10000/1000＝10$。

即电子齿轮分子（Pn-49）应设置为10，电子齿轮分母（Pn-48）应设置为1。

（2）将Pn-51设置为1可使用动态电子齿轮功能，该模式下，可通过逻辑控制信号"Logic-IntPn-Sel[0]"切换2套电子齿轮。

6. 编码器信号反馈及反馈信号任意分频功能（相关参数：Pn-57）

（1）该功能可对编码器反馈信号作分频处理，公式如下：

$$Rf＝N/P$$

Rf：分频比；

N：需求反馈分辨率（需求转动一圈反馈端口输出脉冲个数）；

P：编码器分辨率（编码器转动一圈反馈脉冲个数）。

其中分子必须小于分母且不为零，否则比值强制为1∶1。

（2）将P、N转换为五位二进制数，P作为低五位，N作为高五位，并接成一个十位的二进制数，将这个十位二进制数再转换为十进制数即为设置分频功能的参数值（Pn-57）。

例如：标准式编码器分辨率为10000ppr，现在需要反馈信号分辨率为5000ppr，即N＝1，P＝2；

将P、N分别转换为五位二进制数，即N＝00001，P＝00010；

将P、N拼接为一个十位二进制数，即为0000100010，转换为十进制数变成34，因此将Pn-57设置为34即可。

（3）可设置任意分频比，但小数会降低反馈分辨率。

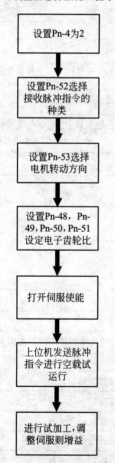

设置Pn-4为2　　　　　　(1) 设置控制模式为位置控制模式

设置Pn-52选择接收脉冲指令的种类　　　(2) 博美德伺服驱动器可接收指令/方向脉冲，CCW/CW相脉冲，A/B两相正交脉冲这3种指令，可通过Pn-52设置接收指令类型

设置Pn-53选择电机转动方向　　　(3) 当上位机或用户自定义的指令方向与伺服驱动器定义的指令方向相反时，可通过该参数更改指令方向

设置Pn-48，Pn-49，Pn-50，Pn-51设定电子齿轮比　　　(4) 设置电子齿轮比修改脉冲当量

打开伺服使能　　　(5) 可通过接通电信号(ServoEn)或将Pn-8设置为100000打开伺服使能，RUN指示灯点亮，电机处于运行状态

上位机发送脉冲指令进行空载试运行　　　(6) 在空载状态下(电机输出轴不与机械传动部分作任何连接)，发送脉冲指令进行正转、反转、加/减速运行等状态，进行模拟运行

进行试加工，调整伺服则增益　　　(7) 连接机械传动部分，进行试加工，根据运行状态调节伺服增益

图6-30　位置控制模式的操作流程图

② 模拟量速度控制模式的标准接线图如图 6-31 所示，参数一览如表 6-15 所示，操作流程如图 6-32 所示。

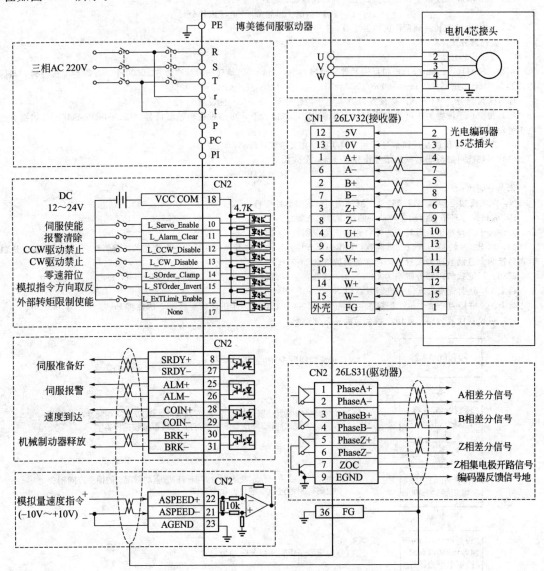

图 6-31　模拟量速度控制模式的标准接线图

表 6-15　模拟量速度控制模式的参数一览表

参数代码	参 数 名 称	功 能 简 介
Pn-4	电机控制模式	选择位置控制模式(设定值:1)
Pn-18	模拟量速度指令输入增益	设定模拟量速度输入电压和等级实际转速之间的比例关系
Pn-19	模拟速度输入偏置补偿	对模拟量速度输入得零偏置补偿量
Pn-20	模拟速度输入反相使能	设定外部速度控制下电机转动的方向
Pn-21	模拟速度输入低通带宽	设置速度输入模拟量的响应速度
Pn-34	速度线性加速时间常数	设置内部设定速度控制时的加速时间
Pn-35	速度线性减速时间常数	设置内部设定速度控制时的减速时间
Pn-40	速度指令选择	选择接收速度指令类型(设定值:1)

参数代码	参 数 名 称	功 能 简 介
Pn-43	到达速度	当电机转速到达参数设定值时,输出速度到达信号
Pn-30	第一速度环比例增益	该参数用于设定第一速度环比例增益,可与第二速度环比例增益智能切换。设定值越大,增益越高,刚度越大。在系统不产生振荡的条件下,请将参数值尽量设大
Pn-31	第一速度环积分时间常数	该参数用于设定第一速度环积分时间常数,可与第二速度环积分时间常数智能切换。设定值越小,刚度越大。在不产生震动的情况下,请将参数值尽量设小
Pn-32	第一速度环低通带宽	该参数用于设定第一速度环低通滤波器带宽,可与第二速度环低通滤波器带宽智能切换。如果负载惯量很大,可以适当减小设定值,但如果数值设定得太小,会造成响应变慢,引起振荡;设定值越大,截止频率越高,速度反馈响应越快,刚度越大。如果需要较高的速度响应,可以适当增加设定值,但如果数值设定得太大,电机会产生啸叫
Pn-33	第一转矩指令低通滤波器带宽	该参数用于设定第一转矩指令低通滤波器带宽,可与第二转矩指令低通滤波器带宽智能切换。如果负载惯量很大,可以适当减小设定值,但如果数值设定得太小,会造成响应变慢,引起振荡;设定值越大,截止频率越高,速度反馈响应越快,刚度越大。如果需要较高的速度响应,可以适当增加设定值,但如果数值定得太大,电机会产生啸叫
Pn-36	第二速度环比例增益	该参数用于设定第二速度环比例增益,可与第一速度环比例增益智能切换。设定值越大,增益越高,刚度越大。在系统不产生振荡的条件下,请将参数值尽量设大
Pn-37	第二速度环积分时间常数	该参数用于设定第二速度环积分时间常数,可与第一速度环积分时间常数智能切换。设定值越小,刚度越大。在不产生震动的情况下,请将参数值尽量设小
Pn-38	第二速度环低通带宽	该参数用于设定第二速度环低通滤波器带宽,可与第一速度环低通滤波器带宽智能切换。如果负载惯量很大,可以适当减小设定值,但如果数值设定得太小,会造成响应变慢,引起振荡;设定值越大,截止频率越高,速度反馈响应越快,刚度越大。如果需要较高的速度响应,可以适当增加设定值,但如果数值设定得太大,电机会产生啸叫
Pn-39	第二转矩指令低通滤波器带宽	该参数用于设定第二转矩指令低通滤波器带宽,可与第一转矩指令低通滤波器带宽智能切换。如果负载惯量很大,可以适当减小设定值,但如果数值设定得太小,会造成响应变慢,引起振荡;设定值越大,截止频率越高,速度反馈响应越快,刚度越大。如果需要较高的速度响应,可以适当增加设定值,但如果数值定得太大,电机会产生啸叫
Pn-69	转矩环响应增强功能使能	设定为 1 时,可增强转矩换响应,从而提高系统刚性,但可能会引起一些电机的电流噪声

部分参数功能解释:

1. 模拟量指令增益设定功能（相关参数：Pn-18）

该功能用于设定模拟电压与打击转速指令的比例关系,两者之间为等比例关系。

设定增益值＝（最大电压值/最大转速指令）30000。缺省值（默认值）为 100,即输入 10V 时,最大转速指令为 3000r/min。Pn-18＝200 时,最大转速为 1500r/min；Pn-18＝300 时,最大转速为 1000r/min。

2. 零漂补偿功能（相关参数：Pn-19）

模拟量指令存在零漂是正常现象,可通过补偿功能将零漂消除。

零漂补偿有两种方式,一种是自动补偿,另一种是手动补偿。自动补偿存在一定误差也是正常现象,通常需要用参数进行微调补偿。其补偿步骤如下:

(1) 按接线图连接好电路,并将模拟量指令调节至 0V。

(2) 自动补偿操作步骤:（手动补偿时省略）

① 从面板上选择零漂自动补偿菜单；

② 进入子菜单选择转矩（AU-Trq）或转速模式（AU-Spd）；

③ 点击"Enter"键确认，执行模拟量零漂自动调整的操作；

④ 操作完成后，"Finish"表示操作成功，"Erro"表示操作失败。操作失败重新操作。

（3）监视电机转速，观察零漂速度，调节 Pn-19 值进行补偿。当零漂速度为正值时，参数值设置为正值进行补偿；当零漂速度为负值时，参数值设置为负值进行补偿。

3. 速度到达功能（相关参数：Pn-43）

（1）该功能仅在速度模式下有效，在这速度模式下，数字输出信号"COIN"定义为速度到达信号。

（2）该信号为通断信号，当电机实际转速超过参数 Pn-43 的设定值时，速度到达信号"COIN"输出 ON（输出导通状态），否则输出 OFF（输出截止状态）。

4. 零速箝位功能

建立逻辑零速箝位信号（Logic _ SOrder _ Clamp）与物理端口的映射关系，默认映射关系为"Logic _ SOrder _ Clamp"→"CLE/SC1/ZEROSPD"。当"Logic _ SOrder _ Clamp"信号为 ON 时，速度指令无效，电机处于自由状态；当"Logic _ SOrder _ Clamp"信号为 OFF 时，零速箝位功能无效，电机正常运行。

5. 加/减速时间设定功能（相关参数：Pn-34，Pn-35）

在负载过重的情况下，应设定加/减速时间，以免造成冲击电流过大，引起伺服报警甚至故障。通过参数 Pn-34/Pn-35 设定加/减速时间（ms）。

6. 模拟量指令方向取反功能（相关参数：Pn-20）

（1）当上位机或用户自定义的指令方向与驱动器定义的指令方向相反时，可通过参数 Pn-20 更改指令方向。

（2）当使用单极性（0V～+10V）模拟量指令控制时，可通过参数 Pn-20 实时切换。

建立模拟量指令方向取反信号（Logic _ STOrder _ Invert）与物理端口的映射关系，可改变"Logic _ STOrder _ Invert"信号状态切换电机转动方向。

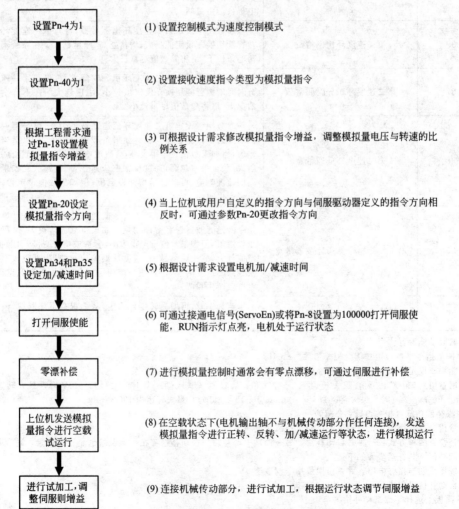

图 6-32　模拟量速度控制模式的操作流程图

思考题及习题

6-1　数控机床驱动装置的类型有哪些？

6-2　对数控机床驱动系统有何基本要求？

6-3　主轴伺服驱动器控制的方式有哪些？

6-4　简述变频调速系统基本组成。

6-5　简述交-直-交 PWM 逆变器的工作原理。

6-6　变频调速的控制方式有哪些？

6-7　交流伺服电动机专用主轴驱动装置有哪些特点？

6-8　简述步进电动机伺服驱动系统的组成。

6-9　简述交流伺服电动机进给驱动器的工作原理。

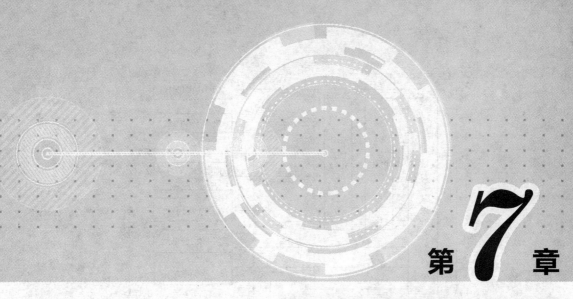

第 **7** 章

可编程控制器及其应用

【本章学习目标】
    掌握可编程序控制器工作原理；
    掌握 S7 系列 PLC 的指令系统；
    掌握 FANUC 数控系统 PMC 的基本指令、功能指令；
    会分析数控机床一般应用程序。

7.1　数控机床 PLC 概述

7.1.1　数控机床 PLC 的形式

数控机床用 PLC 可分为两类：一类是专门为数控机床设计制造的内置型 PLC（PMC）；另一类为满足数控机床控制要求的独立型 PLC（通用型 PLC）。

1. 内置型 PLC

目前单机中小型数控机床普遍采用此形式。内置型 PLC 从硬件上看无明显特征，可理解为 CNC 装置带有 PLC 功能，或 PLC 与 NC 装置合二为一、PLC 与 NC 之间的信号传送在 CNC 装置内部即可实现的一个 CNC 装置。内置型 PLC（PMC）与 NC 及 MT（机床侧）之间的信号传送如图 7-1 所示。

内置型 PLC 有以下特点：

① 由于内置型 PLC 是专门为数控机床设计制造的，其性能指标是根据所从属的 CNC 系统的规格、性能、适用机床的类型等确定的，其软硬件部分是被作为 CNC 系统的基本功能或附加功能与 CNC 系统一起统一设计制造，故由此组成的 CNC 系统软硬件整体结构十分紧凑，PLC 功能针对性强，性价比较高，较适用于单台数控机床及加工中心等；

② 内置型 PLC 可与 CNC 共用 CPU，也可单独使用一个 CPU；

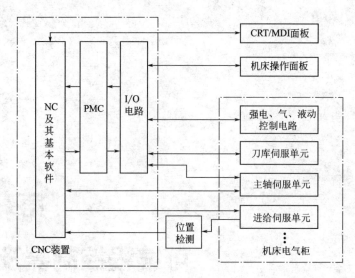

图 7-1 内置型 PLC（PMC）与 NC 及 MT 之间的信号传送示意图

③ 内置型 PLC 一般单独制成一块附加板，插到 CNC 主板插座上，不单独配备 I/O 接口，使用 CNC 系统本身的 I/O 接口，减少了中间环节；

④ 内置型 PLC 所用电源由 CNC 装置提供，不另备电源；

⑤ 内置 PLC 型 CNC 系统也具有高级控制功能，如梯形图编辑和传送功能等。

目前，世界上著名的 CNC 生产厂家在其生产的 CNC 系统中，大都开发了内置型 PLC 功能。常见的有 FANUC 系统，西门子系统等。

2. 独立型 PLC

数控机床控制用独立型 PLC 实际就是通用型 PLC。独立型 PLC 是独立于 CNC 装置之外，具有完备的硬件和软件功能，能够独立完成规定控制任务的装置。独立型 PLC 与 CNC 及 MT（机床侧）之间的信号传送如图 7-2 所示。

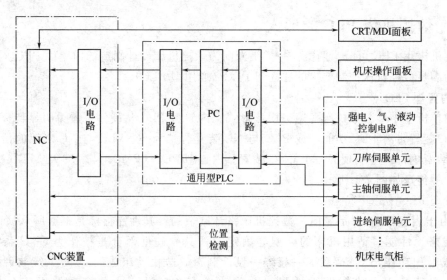

图 7-2 独立型 PLC 与 CNC 及 MT 之间的信号传送示意图

独立型 PLC 有以下特点：

① 数控机床用独立型 PLC 的功能与通用型 PLC 完全相同（有的独立型 PLC 无明显通用型 PLC 的外壳，但其硬件结构及其功能与通用型 PLC 完全相同），或者直接采用通用型 PLC；

② 大型数控装置用独立型 PLC 一般采用模块化结构的中型或大型 PLC，具有安装方便、功能易于扩展和变换等优点；

③ 数控机床用独立型 PLC 的 I/O 点数可以通过 I/O 模块的增减灵活配置，还可通过多个远程终端连接器构成有大量 I/O 点的网络，以实现大范围的集中控制，因此，较适合于大型柔性制造系统（FMS）、计算机集成制造系统（CIMS）；

④ 单台数控机床采用独立型 PLC 性价比不高。

生产通用型 PLC 的厂家很多，如德国西门子公司，日本三菱公司等。

7.1.2　数控机床 PLC 的控制对象

数控机床的控制包括坐标轴运动的位置控制和加工过程的顺序控制两部分。在分析数控机床 PLC 控制对象时，可将数控机床分为 NC 侧、PLC、MT 侧（机床侧）。NC 侧包括 NC 系统的硬件和软件；MT 侧包括机床机械部分和其液压、气动、冷却、润滑、排屑等辅助装置以及机床操作面板、继电器电路及机床强电等；PLC 处于 NC 和 MT 之间，对 NC 侧和 MT 侧的输入、输出信号进行处理。数控机床 PLC 的输入/输出信号如图 7-3 所示。

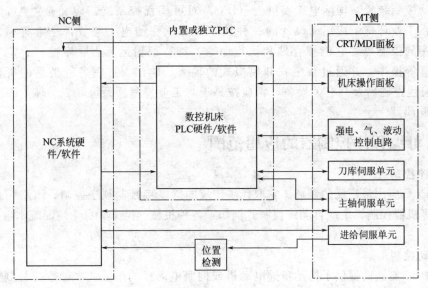

图 7-3　数控机床 PLC 的输入/输出信号

数控机床 PLC 的输入/输出信号处理包括以下几种。

1. 机床操作面板控制

将操作面板上的控制信号直接送入数控系统的接口信号区，以控制数控系统的运行。具体包括以下几种。

（1）S 功能：主轴转速控制。

（2）T 功能：刀库管理，自动刀具交换等。

（3）M 功能（辅助功能）：根据不同的 M 代码，可控制主轴的正、反转和停止，主轴齿轮箱的换挡变速，主轴准停，切削液的开、关，卡盘的夹紧、松开及换刀机械手的取刀、归刀等动作。

2. 机床外部开关信号的控制

将机床侧的按钮、行程开关、接近开关、压力开关等控制开关信号送入 PLC 经逻辑运算后输出给控制对象。

3. 输出信号控制

PLC 输出的信号经继电器、接触器或液压、气动电磁阀对刀库、机械手和回转工作台等装置，以及冷却、润滑和油泵电动机等的控制。

4. 伺服控制

控制主轴、伺服进给及刀库驱动的使能信号。

5. 报警处理控制

当出现故障时，PLC 收集强电柜、机床侧和伺服驱动的故障信号，使数控系统显示报警号以及报警文本以方便故障诊断。

7.2　通用型可编程序控制器的基础知识

7.2.1　可编程序控制器的定义

可编程控制器是以微处理器为核心，集自动化技术、计算机技术、通信技术为一体的工业自动控制装置。国际电工委员会（IEC）对可编程控制器的定义是："可编程控制器是专为在工业环境下应用而设计的一种数字运算操作的电子装置，是带有存储器、可以编制程序的控制器。它能够存储和执行命令，进行逻辑运算、顺序控制、定时、计数和算术运算等操作，并通过数字式和模拟式的输入、输出，控制各种类型的机械或生产过程。可编程控制器及其有关设备，都应按易于与工业控制器系统联成一体，易于扩充功能的原则设计。"

7.2.2　可编程序控制器的应用范围

1. 顺序控制

这是 PLC 应用最广泛的领域。它取代了传统的继电接触器顺序控制。PLC 可应用于单机控制、多机群控制、生产自动线控制。例如：各种机械、机床、自动装配流水生产线、电梯控制等。

2. 运动控制

目前 PLC 制造商提供了拖动步进电动机或伺服电动机的单轴或多轴位置控制模块，使得 PLC 具有了运动控制的功能。

3. 过程控制

大多数 PLC 具有压力、温度、流量、速度控制等 PID 调节专用智能模块，使 PLC 具有开环和闭环控制功能，可完成压力、温度、流量、速度等过程控制。

4. 数据处理

数控机床中 PLC 和计算机数字控制（CNC）设备紧密结合，实现了 PLC 和 CNC 设备之间内部数据的自由传递。例如 FANUC 公司推出的 System10、11、12 系列，已将 CNC控制功能作为 PLC 的一部分。

5. 通信和联网

PLC 之间、PLC 和上级计算机之间还具有通信和联网的功能。例如，在工厂自动化

（FA）系统、柔性制造系统（FMS）及集散等系统当中，PLC 的 I/O 模块按功能各自放置在生产现场分散控制，然后采用网络连接构成集中管理信息的分布式网络系统。

7.2.3　可编程序控制器的分类

1. 按容量分类

① 大型 PLC：I/O 总点数在 2048 点以上、存储容量 8K 步以上。

② 中型 PLC：I/O 总点数在 256～2048 点之间、存储容量 2～8K 步。

③ 小型 PLC：I/O 总点数在 256～64 点之间、存储容量在 2K 步以内。

④ 微型 PLC：I/O 总点数在 64 点以下。

事实上，对于大、中、小、微型 PLC 的划分并无严格定义，只是大家的一般认识。

2. 按结构形式分类

① 整体式结构。它的特点是将 PLC 的基本组成部件，如 CPU 板、输入板、输出板、电源板等很紧凑地安装在一个标准机壳内，构成一个整体，组成 PLC 的一个基本单元（主机）或扩展单元。基本单元上设有扩展端子，通过电缆与扩展单元相连，以构成 PLC 不同的配置。整体式结构 PLC 体积小，成本低，安装方便。微型 PLC 大多采用这种结构形式。

② 模块式结构。这种 PLC 由一些标准模块如 CPU 模块、输入模块、输出模块、电源模块等构成。各模块功能是独立的。使用时，可根据需要灵活配置标准模块，将各标准模块插在框架上或基板上即可组装而成 PLC。

7.2.4　可编程控制器的主要特点

① 操作方便，改变控制程序灵活。

② 可靠性高，抗干扰能力强。

③ 通用性和灵活性强，应用范围广。

④ 系统组成灵活。

⑤ 编制程序简单、容易。

7.2.5　通用型 PLC 主要性能指标

① 输入输出总点数（I/O 总点数）：I/O 总点数是指 PLC 外部输入、输出端子数的总和。它代表可以连接开关、按钮等输入量的个数和可以控制输出负载的个数。

② 存储容量：存储容量是指 PLC 内部用于存放用户程序的存储器容量，一般以步为单位。

③ 扫描速度：一般以执行 1000 步指令所需时间来衡量。

④ 功能扩展能力：可编程控制器除了主模块之外，通常都可配备一些可扩展模块，以适应各种特殊应用的需要，如 A/D 模块、D/A 模块、位置控制模块等。

⑤ 指令系统：指令系统是指一台可编程控制器指令的总和，它是衡量可编程控制器功能强弱的主要指标。

7.2.6　通用型 PLC 系统的软硬件组成

1. PLC 的硬件结构

PLC 的硬件结构主要由中央处理器（CPU）、存储器、输入输出接口、电源、扩展接口、通信接口、智能 I/O 接口、编程工具等组成。

2. PLC 的软件系统

PLC 的软件系统包括系统程序和用户程序两大部分。系统程序由 PLC 生产厂家出厂时固化在 EPROM 中，用户不可读写；用户程序则由用户根据控制要求自己编写，存入到 PLC 的 RAM 中，可以更改。

7.2.7 PLC 的编程语言

PLC 的编程语言一般包括梯形图（LAD）语言、指令表（STL）编程语言和功能图语言等。

梯形图（LAD）编程语言是从继电器控制系统原理图的基础上演变而来的。它的许多图形符号与继电接触器控制系统电路符号有对应关系，表 7-1 为某型号 PLC 图形符号与继电接触器控制系统电路符号对照表。图 7-4 为继电器电路与梯形图及指令表对照示意图，其中图（a）为继电器电路，图（b）为对应的梯形图。这种编程语言继承传统继电器控制系统中使用的框架结构，使得程序直观易读，具有形象实用的特点，因此应用最为广泛。

表 7-1 某型号 PLC 图形符号与继电接触器控制系统电路符号对照

项　　目	物理继电器	PLC 继电器
线圈	▢	◯
常开触点	/	─┤├─
常闭触点	/	─┤／├─

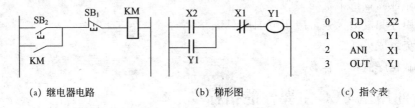

(a) 继电器电路　　　　　　　(b) 梯形图　　　　　　　(c) 指令表

图 7-4　继电器电路与梯形图及指令表对照示意图

指令表（STL）编程语言是一种类似于计算机汇编语言的助记符语言。一条指令一般由两部分组成：前一部分由几个容易记忆的字符来代表可编程序控制器的某种操作功能，称为助记符；另一部分为操作数或称为操作数的地址。指令还与梯形图有一定的对应关系，如图 7-4(b) 和（c）所示。不同厂家 PLC 的指令不尽相同。

功能图语言编程是用"功能图"来表达一个顺序控制过程，是一种图形化的编程方法。图中用方框表示整个控制过程中每个"状态"，或称"功能"，或称"步"，用线段表示方框间的关系及方框间状态转换的条件。图 7-5 为某顺序控制的功能图（状态流程图），方框中的数字代表顺序步，每一步对应一个控制任务，每个顺序步执行的功能和步进条件写在方框右边。

7.2.8 PLC 的工作原理

1. PLC 逻辑控制的等效电路

PLC 逻辑控制的等效电路如图 7-6 所示。该等效电路分为三个部分，即输入继电器电

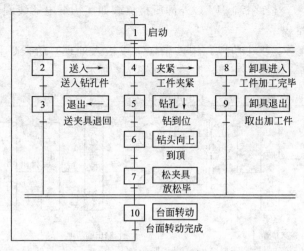

图 7-5 某顺序控制的功能图

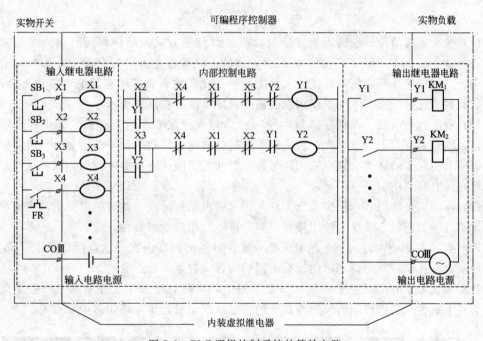

图 7-6 PLC 逻辑控制系统的等效电路

路、内部控制电路（梯形图）和输出继电器电路。其中 PLC 内部继电器均为虚拟继电器。

　　输入继电器电路由 PLC 外部电路元器件如按钮、行程开关等和 PLC 内部输入继电器（虚拟继电器）线圈以及输入继电器电路电源等组成。

　　内部控制电路是一个由用户程序编制而成的虚拟继电器电路。其逻辑判断规则与实物继电器控制基本相同。内部控制电路（梯形图）可由各类型虚拟继电器，如输出继电器、定时器、辅助继电器等编制而成。输出继电器电路由 PLC 外部控制电路元器件如实物继电器线圈、指示灯等和 PLC 内部输出继电器触点（虚拟触点）以及输出继电器电路电源等组成。

　　PLC 逻辑控制系统等效电路的工作过程为：外部输入信号经 PLC 输入继电器的线圈控制内部控制电路（梯形图）中对应的触点（虚拟触点），经由内部控制电路（梯形图）进行逻辑运算后，再由内部控制电路（梯形图）中输出继电器的线圈来控制输出继电器电路中对应的触点（虚拟触点），最终控制 PLC 外部所接负载如实物继电器线圈得电或失电。

2. PLC 的工作过程

PLC 的工作过程分为三个阶段，输入采样（或输入处理）阶段、程序执行（或程序处理）阶段和输出刷新（或输出处理）阶段，如图 7-7 所示。

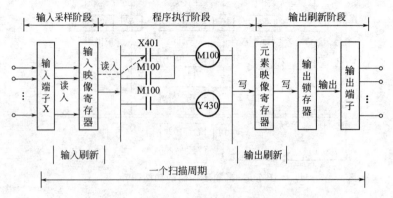

图 7-7　PLC 的工作过程

（1）输入采样阶段　在输入采样阶段，PLC 以扫描方式按顺序将所有输入端的输入信号状态（ON 或 OFF，即"1"或"0"）读入到输入映像寄存器中寄存起来，称为对输入信号的采样。在程序执行期间，即使输入状态发生变化，输入映像寄存器的内容也不会改变。输入状态的变化只能在下一个工作周期的输入采样阶段才被重新读入。

（2）程序执行阶段　在程序执行阶段，PLC 对程序按顺序进行扫描。如果程序用梯形图表示，则总是按由上到下、先左后右的顺序进行扫描。每扫描到一条指令时，所需要的输入状态或其他元素的状态分别由输入映像寄存器和元素映像寄存器中读出，而将执行结果写入元素映像寄存器中。

（3）输出刷新阶段　当程序执行完后，进入输出刷新阶段。此时，将元素映像寄存器中所有输出继电器的状态转存到输出锁存电路，再驱动用户输出负载。

PLC 在每次扫描中，对输入信号采样一次，对输出刷新一次。这就保证了 PLC 在执行程序阶段，输入映像寄存器和输出锁存电路的内容或数据保持不变。

PLC 重复地执行上述三个阶段，每重复一次的时间就是一个工作周期（或扫描周期），通常为几十毫秒。工作周期的长短与程序的长短（即组成程序的语句多少）有关。

7.3　S7 系列可编程序控制器

目前在中国市场上，可编程控制器的生产厂家、产品型号、规格众多，但主要为德、日、美三国的产品。德国的代表是西门子公司，其主要产品有：S7-200 微型 PLC；S7-300 中、小型 PLC；S7-400 大型或超大型 PLC。日本的有三菱公司 FX 系列、A 系列等 PLC 和欧姆龙公司 C 系列、CVM1 系列 PLC 等。美国的代表是 AB 与 GE 公司。各大公司在中国均推出自己的从微型到大型 PLC 的系列化产品。本节以西门子 S7 系列可编程控制器为例，学习通用型可编程序控制器。

7.3.1　S7-200 系列 PLC 的组成

S7-200 系列 PLC 由基本单元、I/O 扩展单元、功能单元和外部设备等组成。其基本单元和 I/O 扩展单元为整体式结构。S7-200 系列 PLC 有 CPU21X 和 CPU22X 两代产品，其中 CPU22X 型 PLC 有 CPU221、CPU222、CPU224 和 CPU226 四种基本型号。

　　CPU22X PLC 主要由主机（主机箱）、I/O 扩展单元、文本/图形显示器、编程器等组成。图 7-8 为 S7-200 CPU 224 微型 PLC 主机的结构外形图。

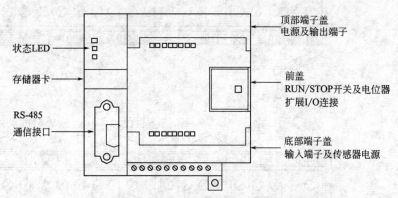

图 7-8　S7-200 CPU 224 微型 PLC 主机的结构外形

　　S7-200 CPU22X 主机箱设置有用以连接手持编程器或 PC 机的 RS-485 通信接口、工作方式开关、I/O 扩展接口、工作状态 LED 指示、用户存储卡、I/O 接线端子等。

1. 基本 I/O 及扩展

CPU22X 型 PLC 提供的 CPU 基本单元的型号及其参数见表 7-2。

表 7-2　CPU22X 系列 PLC 型号及参数

型　号	电源电压	输入电压及方式	输出电压及方式	基本数字量I/O 点数	可扩展模块数及最大数字量I/O 点数	用户存储空间
CPU221	DC24V	DC24V	DC24V 晶体管	6/4	无	6KB
	AC85～264V	DC24V	DC24V/AC24～230V 继电器			
CPU222	DC24V	DC24V	DC24V 晶体管	8/6	2/78	6KB
	AC85～264V	DC24V	DC24V 继电器			
CPU224	DC24V	DC24V	DC24V 晶体管	14/10	7/168	13KB
	AC85～264V	DC24V	DC24V 继电器			
CPU226	DC24V	DC24V	DC24V 晶体管	24/16	7/248	13KB
	AC85～264V	DC24V	DC24V 继电器			
CPU226XM	DC24V	DC24V	DC24V 晶体管	24/16	7/248	26KB
	AC85～264V	DC24V	DC24V 继电器			

　　例如，CPU224 主机有 I0.0～I0.7、I1.0～I1.5 共 14 个数字量输入点和 Q0.0～Q0.7、Q1.0～Q1.1 共 10 个数字量输出点。可以扩展的模块数为 7 个，最大扩展至 168 路数字量 I/O 或 35 路模拟 I/O 点，13KB 字节程序和数据存储空间。

　　CPU224 输入电路采用了双向光电耦合器，24V DC 极性可任意选择；系统设置 1MB 为 I0.X 字节输入端子的公共端，2 MB 为 I1.X 字节输入端子的公共端；在晶体管输出电路中采用了 MOSFET 功率驱动器件，并将数字量输出分为两组，每组有一个独立公共端，共有 1L 和 2L 两个公共端，可接入不同的负载电源。图 7-9 为 CPU224 外部电路接线原理图。

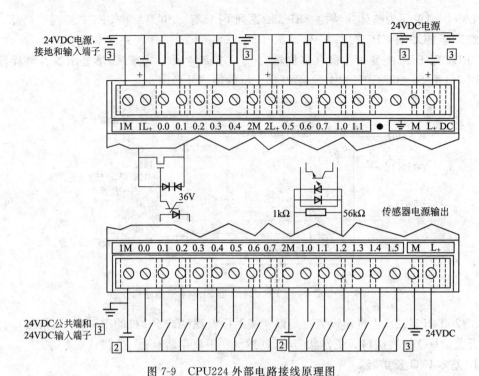

图 7-9　CPU224 外部电路接线原理图

注：1. 实际元件值可能有变更；2. 可接受任何极性；3. 接地可选

2. 存储系统及存储卡

S7-200 CPU 存储系统由 RAM 和 EEPROM 两种存储器构成，用以存储器用户程序、CPU 组态（配置）、程序数据等。当执行程序下载操作时，用户程序、CPU 组态（配置）、程序数据等由编程器送入 RAM 存储器区，并自动拷贝到 EEPROM 区永久保存。系统掉电时，自动将 RAM 中 M 存储器的内容保存到 EEPROM 存储器。

上电恢复时，用户程序及 CPU 组态（配置）自动存于 RAM 中，如果 V 和 M 存储区内容丢失，则 EEPROM 永久保存区的数据会被复制到 RAM 中去。

执行 PLC 的上载操作时，RAM 区用户程序、CPU 组态（配置）上载至 PC 机，RAM 和 EEPROM 中数据块合并后上载至 PC 机。存储卡位可以选择安装扩展卡。扩展卡有 EEPROM 存储卡、电池和时钟卡等模块。EEPROM 存储模块用于用户程序的复制。电池模块用于长时间保存数据，使用 CPU224 内部存储电容数据存储时间达 190h，而使用电池模块存储时间可达 200 天。

3. 高速脉冲输入/输出端

CPU22X PLC 设置有若干个高速计数脉冲输入端和输出端，中断信号允许以极快的速度对过程信号的上升沿做出响应。例如 CPU224 PLC 有 6 个高速计数脉冲输入端（I0.0～I0.5）和 2 个高速脉冲输出端（Q0.0、Q0.1），输入端最快的响应速度为 30kHz，用于捕捉比 CPU 扫描周期更快的脉冲信号；输出脉冲频率可达 20kHz，用于 PTO（高速脉冲束）和 PWM（脉宽调制）高速脉冲输出。

4. 模拟电位器

模拟电位器用来改变特殊寄存器中的数值，以改变程序运行时的参数，如定时器的预设值，过程量的控制参数等。

7.3.2　S7-300 系列 PLC 的组成及编址

1. S7-300 系列 PLC 的组成

S7-300 系列 PLC 采用模块化结构设计，各独立模块之间可进行广泛组合和扩展。其系统构成如图 7-10 所示。它的主要组成部分有导轨（RACK）、电源模块（PS）、中央处理单元模块（CPU）、接口模块（IM）、信号模块（SM）、功能模块（FM）、通信处理器（CP）等。它通过 MPI 网的接口直接与编程器 PG、操作员面板 OP 与其他 S7 PLC 相连。

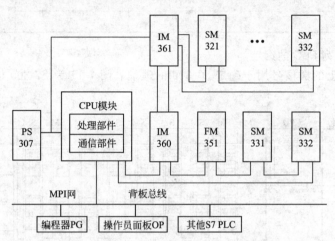

图 7-10　S7-300 系列 PLC 组成框图

（1）电源模块 PS307　电源模块用于输出 DC24V。

（2）中央处理 CPU 模块　S7-300 提供了多种不同性能的 CPU 以满足用户不同的要求，有 CPU312 IFM、CPU313、CPU314、CPU315、CPU315-2DP 等。CPU 模块除完成执行用户程序的主要任务外，还为 S7-300 背板总线提供 5V 直流电源，并通过 MPI 接口与其他中央处理器或编程装置通信。S7-300 的编程装置可以是西门子专用的编程器，如 PG705、PG720、PG740、PG760 等，也可以采用通用计算机，配以 STEP 7 软件包，并加 MPI 卡和MPI 编程电缆构成。

（3）信号模块 SM　信号模块使不同的过程信号电平和 S7-300 的内部信号电平相匹配，主要有数字量输入模块 SM321、数字量输出模块 SM322、模拟量输入模块 SM331、模拟量输出模块 SM332。每个信号模块都配有自编码的螺栓紧固型前连接器，外部过程信号可方便地连在信号模块的前连接器上。其模拟量输入模块可以接入热电偶、热电阻、4～20mA电流、0～10V 电压等 18 种不同的信号，输入量程范围很宽。

（4）接口模块 IM　接口模块用于多机架配置时连接主机架（CR）和扩展机架（ER）。S7-300 通过分布式的主机架（CR）和三个扩展机架（ER），可以操作多达 32 个模块。

（5）功能模块 FM　功能模块主要用于实时性强、存储计数量较大的过程信号处理任务。例如，快给进和慢给进驱动定位模块 FM351、电子凸轮控制模块 FM352、步进电动机定位模块 FM353、伺服电动机位控模块 FM354、智能位控模块 SINUMERIK FM-NC 等。

（6）通信处理器 CP　通信处理器用于 PLC 间或 PLC 与其他装置间联网以实现数据共享。例如，具有 RS-232C 接口的 CP340，与现场总线联网的 CP342-5 DP 等。

上述各模块安装在由特制不锈钢异型板做成的导轨（RACK）上。除 CPU 模块外，每块信号模块都带有总线连接器，安装时先将总线连接器装在 CPU 模块并固定在导轨上，然后依次将各模块装入，通过背板总线将各模块从物理上和电气上连接起来。

S7-300 为中小型 PLC，其性能简表如表 7-3 所示。

表 7-3   S7-300 系列 PLC 性能简表

型　　号	用户存储器/KB	最大数字量 I/O 点	最大模拟量 I/O 点	通信接口	网　　络
CPU312	6	144/16	32		SINEC L2/L2 DP
CPU313	12	128/0	32	MPI	
CPU314	24	512/0	64		
CPU315-2DP	48	1024/0	128		

2. S7-300 系列 PLC 的编址

S7-300 机架上的插槽号用于确定 S7-300 的地址。图 7-11 为 S7-300 机架上的插槽地址示意图。

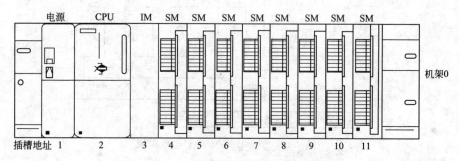

图 7-11   S7-300 机架上的插槽地址

一个 S7-300CPU 的控制可以扩展到 4 个机架，模块的第一个地址由它在机架上的位置决定。

插槽 1 上为电源模块。对电源不分配模块地址。

插槽 2 上为 CPU 模块。它必须紧靠电源，对 CPU 也不分配模块地址。

插槽 3 上为接口模块 IM。用于连接扩展机架，对接口模板也不分配模块地址。即使 IM 不使用，在为插槽进行地址规划时也必须留出位置。在 CPU 中拔插槽 3 逻辑地址分配给 IM。

插槽 4~11 为信号模块 SM。插槽 4 是 I/O 模板的第一个插槽，从第一个 I/O 模块开始，根据模块的类型地址递增。

根据机架上模块的类型，地址可以为输入（I）或输出（O）。数字 I/O 模块每个槽分为 4B（等于 32 个 I/O 点）。模拟 I/O 模块每个槽划分为 16B（等于 8 个模拟量通道），每个模拟量通道或输出通道的地址总是一个字地址。在机架 0 的第一个信号模块槽（槽 4）的地址为 0.0~3.7，一个 16 点的输入模块只占用 0.0~1.7，地址 2.0~3.7 未用。数字量模块的输入点和输出点的地址由字节部分和位部分组成。表 7-4 为 S7-300 的数字量 I/O 默认地址，表 7-5 为 S7-300 模拟量 I/O 的默认地址。

例如，图 7-12 中，4 块信号模块被分别安装在两个机架上。SM321 装在 0 架 4 槽，16 点数字量输入地址为 I0.0~I0.7、I1.0~I1.7；SM331 装在 0 架 5 槽，4 路模拟量输入字地址为 AIW272、AIW274、AIW276、AIW278；SM322 装在 1 架 4 槽，16 点数字量输出地址为 Q32.0~Q32.7、Q33.0~Q33.7；SM332 装在 1 架 5 槽，4 路模拟量输出字地址为 AQW400、AQW402、AQW404、AQW406。

表 7-4　S7-300 的数字量 I/O 默认地址

机架/槽	3 槽	4 槽	5 槽	6 槽	7 槽	8 槽	9 槽	10 槽	11 槽
机架 3	IM 接收	96.0～99.7	100.0～103.7	104.0～107.7	108.0～111.7	112.0～115.7	116.0～119.7	120.0～123.7	124.0～127.7
机架 2	IM 接收	64.0～67.7	68.0～70.7	72.0～75.7	76.0～79.7	80.0～83.7	84.0～87.7	88.0～91.7	92.0～95.7
机架 1	IM 接收	32.0～35.7	36.0～39.7	40.0～43.7	44.0～47.7	48.0～51.7	52.0～55.7	56.0～59.7	60.0～63.7
机架 0	IM 发送	0.0～3.7	4.0～7.7	8.0～11.7	12.0～15.7	16.0～19.7	20.0～23.7	24.0～27.7	28.0～31.7

表 7-5　为 S7-300 模拟量 I/O 的默认地址

机架/槽	3 槽	4 槽	5 槽	6 槽	7 槽	8 槽	9 槽	10 槽	11 槽
机架 3	IM 接收	640～654	656～670	672～686	688～702	704～718	720～734	736～750	752～766
机架 2	IM 接收	512～526	528～542	544～558	560～574	576～590	592～606	608～622	624～638
机架 1	IM 接收	384～398	400～414	416～430	432～446	448～462	464～478	480～494	496～510
机架 0	IM 发送	256～270	272～286	288～302	304～318	320～334	336～350	352～366	368～382

	接口模块 IM361	16点数字量输出SM322	4通道模拟量输出SM332

机架1

电源模块 PS307	CPU模块 314	接口模块 IM360	16点数字量输入SM321	4通道模拟量输入SM331

机架0

图 7-12　S7-300 模块地址示例

7.3.3　S7 系列 PLC 的指令系统

S7 系列 PLC 有丰富的指令系统，支持梯形图（LAD）、语句表（STL）、功能图编程。按功能其指令系统可划分为基本逻辑指令、定时/计数指令、算术及增减指令、传送位移类指令、逻辑操作指令、程序控制指令、中断指令、高速处理指令、PID 指令、填表查表指令、转换指令、通行指令等多种类型。下面介绍 S7 系列 PLC 常用的基本指令系统。

1. 基本逻辑指令

（1）基本逻辑指令格式　如表 7-6 所示。

（2）基本逻辑指令应用举例

【例 7-1】　简单"与"、"或"关系"电路"的梯形图和语句表应用如图 7-13 所示。

【例 7-2】　较复杂"与"、"或"关系"电路"的梯形图和语句表应用如图 7-14、图 7-15 所示。两个或两个以上"触点"串联或并联组成的"电路"叫做一个"块"。利用梯形图编程时无特殊要求，与继电接触器电路一样，但利用语句表编程时就必须特别说明。"块"的"与"（串联）操作用"ALD"指令，见图 7-14；"块"的"或"（并联）操作用"OLD"指令，见图 7-15。

表 7-6　基本逻辑指令格式

指 令 类 型		梯形图符号 LAD	助记符 STL	功　能
基本逻辑指令	基本位操作指令	bit ─┤├─　　bit ─┤/├─ bit ─（ ）─	LD/LDN bit A/AN bit O/ON bit ＝ bit	网络起始常开/常闭触点 常开/常闭触点串联 常开/常闭触点并联 线圈输出
	取非和空操作指令	─┤NOT├─	NOT	取非
		─（NOP）─ N	NOP N	空操作指令
	置位/复位指令	bit ─（S）─ N	S bit,N	从起始位开始的 N 个元件置 1
		bit ─（R）─ N	R bit,N	从起始位开始的 N 个元件清 0
	边沿触发指令	─┤P├─	EU	正跳变,无操作元件
		─┤N├─	ED	负跳变,无操作元件
	比较指令	─┤ IN1 ═══ B ├─ IN2	LDB＝IN1,IN2 AB＝IN1,IN2 OB＝IN1,IN2	操作数 IN1 和 IN2（整数）比较

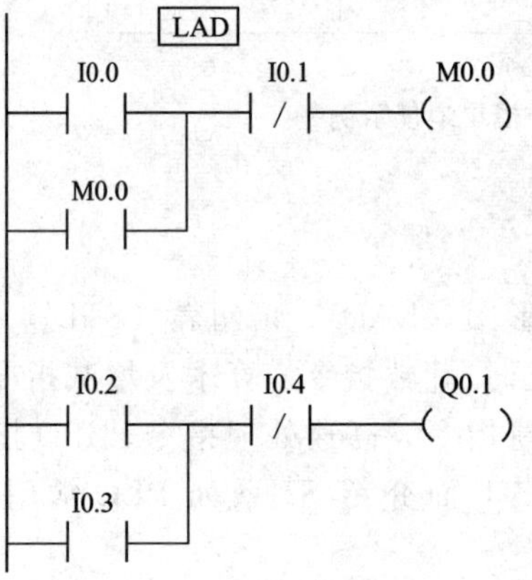

LAD	STL		功能注释
I0.0　　　I0.1　　M0.0 ─┤├──┤/├──（ ）─ M0.0 ─┤├─	LD 0 AN ＝	I0.0 M0.0 I0.1 M0.0	装入常开触点 或常开触点 与常闭触点 输出线圈
I0.2　　I0.4　　Q0.1 ─┤├──┤/├──（ ）─ I0.3 ─┤├─	LD 0 AN ＝	I0.2 I0.3 I0.4 Q0.1	装入常开触点 或常开触点 与常闭触点 输出线圈

图 7-13　简单"与"、"或"关系"电路"的梯形图和语句表

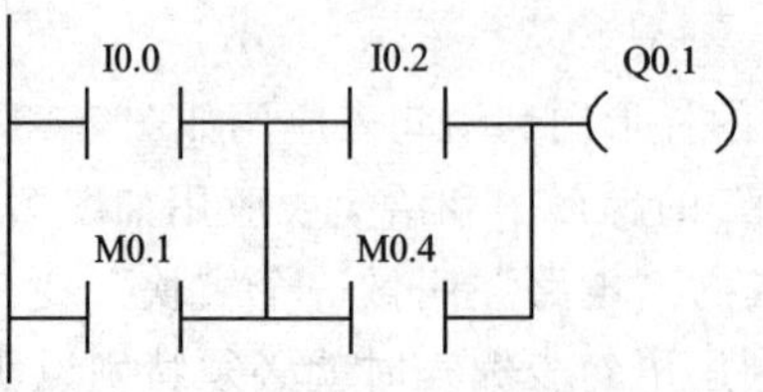

	STL		功能注释
I0.0　　I0.2　　Q0.1 ─┤├──┤├──（ ）─ M0.1　　M0.4 ─┤├──┤├─	LD 0 LD 0 ALD ＝	I0.0 M0.1 I0.2 M0.4 　 Q0.1	装入常开触点 或常开触点 装入常开触点 或常开触点 块与操作 输出线圈

图 7-14　"块"的"与"（串联）操作梯形图和语句表

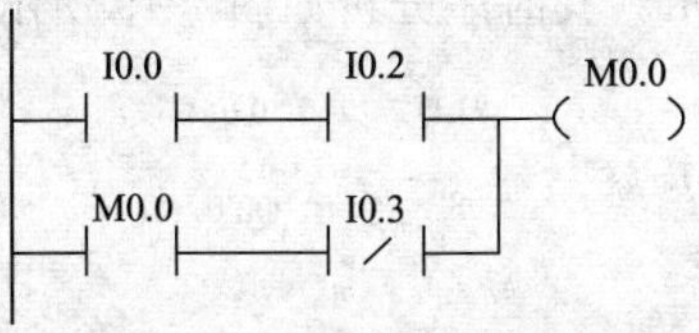

LD	I0.0	装入常开触点
A	I0.2	与常开触点
LD	M0.0	装入常开触点
AN	I0.3	与常闭触点
OLD		块或操作
=	M0.0	输出线圈

图 7-15　"块"的"或"（并联）操作梯形图和语句表

【例 7-3】　有分支母线"电路"的梯形图和语句表应用如图 7-16 所示。该"电路"利用梯形图编程时无特殊要求，仍与继电接触器电路一样，但利用语句表编程时就必须用栈操作指令说明。

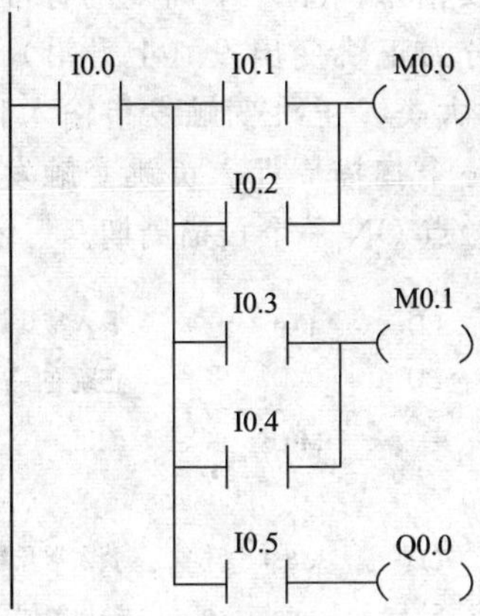

LD	I0.0	装入常开触点
LPS		建立栈指针(堆栈)
LD	I0.1	装入常开触点
O	I0.2	或常开触点
ALD		块与操作
=	M0.0	输出线圈
LRD		读栈
LD	I0.3	装入常开触点
O	I0.4	或常开触点
ALD		块与操作
=	M0.1	输出线圈
LPP		弹栈
A	I0.5	与常开触点
=	Q0.0	输出线圈

图 7-16　有分支母线"电路"的梯形图和语句表应用

栈操作指令：

LPS(Logic　Push)——逻辑堆栈操作指令（无操作元件）。

LRD(Logic　Read)——逻辑读栈指令（无操作元件）。

LPP(Logic　Pop)——逻辑弹栈指令（无操作元件）。

堆栈操作时将断点的地址压入栈区，栈区内容自动下移（栈底内容丢失）。读栈操作时将存储器栈区顶部的内容读入程序的地址指针寄存器，栈区内容保持不变。弹栈操作时，栈的内容依次按照后进先出的原则弹出，将栈顶内容弹入程序的地址指针寄存器，栈的内容依次上移。

逻辑堆栈指令（LPS）可以嵌套使用，最多为 9 层。为保证程序地址指针不发生错误，堆栈和弹栈指令必须成对使用，最后一次读栈操作应使用弹栈指令。

【例 7-4】　取反指令（NOT）和空操作指令（NOP）应用如图 7-17 所示。取反指令采用梯形图时用专用"触点"符号表示，触点左侧为 1(0) 时，右侧为 0(1)；采用语句表时用 NOT 指令。空操作数 N 为执行空操作指令的次数，N 在 $0\sim255$ 之间。

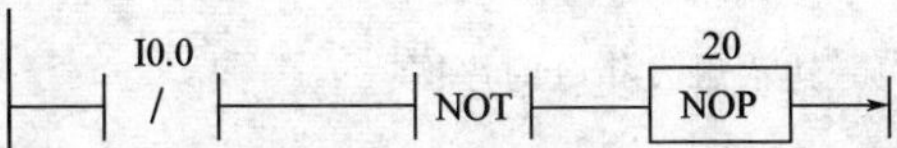

LDN	I0.0	
NOT		取反
NOP	20	空操作20次

图 7-17　取反指令（NOT）和空操作指令（NOP）梯形图和语句表

【例7-5】 置位/复位指令应用如图7-18所示，其时序分析如图7-19所示。

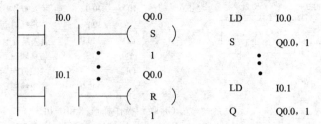

图7-18 置位/复位指令的梯形图和语句表应用

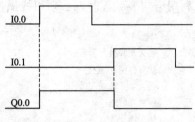

图7-19 置位/复位指令时序图

【例7-6】 边沿触发指令应用如图7-20所示，其时序分析如图7-21所示。边沿触发指令（脉冲生成）是指用边沿触发信号产生一个周期的标准扫描脉冲。边沿触发指令分为正跳变出发（上升沿）和负跳变出发（下降沿）两大类。正跳变触发指输入脉冲的上升沿，使触点ON一个扫描周期。负跳变触发指输入脉冲的下降沿，使触点ON一个扫描周期。

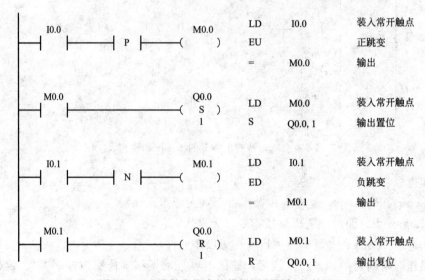

图7-20 边沿触发指令的梯形图和语句表应用

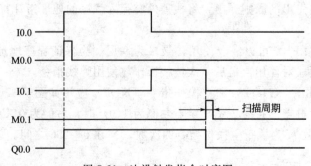

图7-21 边沿触发指令时序图

2. 定时/计数指令

（1）定时/计数指令格式 如表7-7所示。

表 7-7　定时/计数指令格式

指 令 类 型		梯形图符号 LAD	助记符 STL	功　能
定时/计数指令	定时器	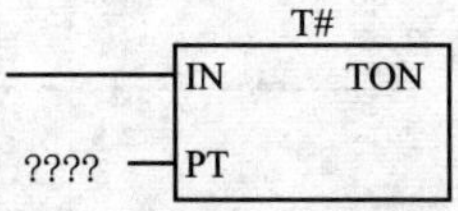 IN　TON（T#）　PT（????）	TON　T#，PT	通电延时器
		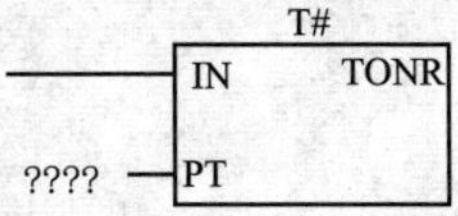 IN　TONR（T#）　PT（????）	TONR　T#，PT	有记忆延时器
		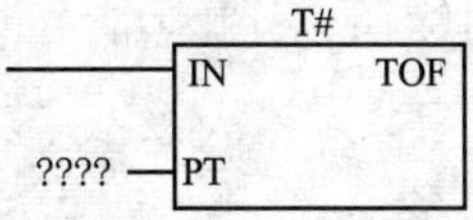 IN　TOF（T#）　PT（????）	TOF　T#，PT	断电延时器
	计数器	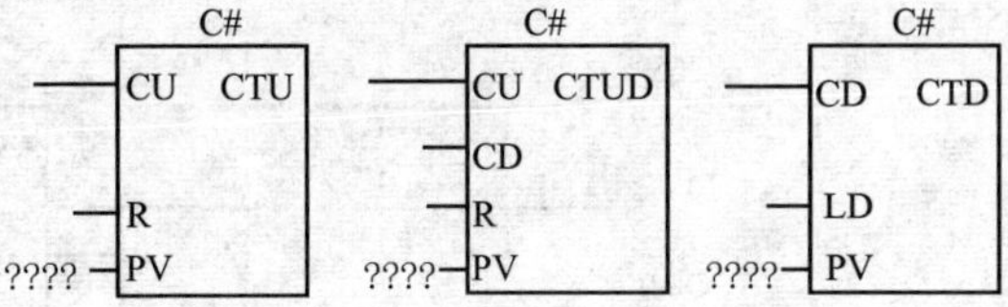 CU　CTU（C#）R　PV（????）；CU　CTUD（C#）CD　R　PV（????）；CD　CTD（C#）LD　PV（????）	CTU CTUD CTD	增计数器 增/减计数器 减增计数器

（2）定时/计数指令应用举例

① S7-200 系列 PLC 的定时器按照工作方式可分为通电延时型（TON）、有记忆的通电延时型（又称保持型）（TONR）和断电延时型（TOF）三种类型。按照时基基准，定时器可分为 1ms、10ms、100ms 三种类型，CPU 22X 系列 PLC 的 256 个定时器分属 TON（TOF）和 TONR 工作方式，其参数如表 7-8 所示。

表 7-8　CPU 22X 系列 PLC 定时器参数

工作方式	用毫秒(ms)表示的分辨率	用秒(s)表示的最大当前值	定 时 器 号
TONR	1ms	32.767s	T0，T64
	10ms	327.67s	T1～T4，T65～T68
	100ms	3276.7s	T5～T31，T69～T95
TON/TOF	1ms	32.767s	T32，T96
	10ms	327.67s	T33～T36，T97～T100
	100ms	3276.7s	T37～T63，T101～T255

【例 7-7】　通电延时型（TON）定时器应用如图 7-22 所示。

【例 7-8】　有记忆通电延时型（TONR）定时器应用如图 7-23 所示。

【例 7-9】　断电延时型（TOF）定时器应用如图 7-24 所示。

② S7-200 系列 PLC 有增计数（CTU）、减计数（CTD）、增/减计数（CTUD）三类计数指令。计数器的使用方法和基本结构与定时器基本相同。

增计数指令在 CU 端输入脉冲上升沿，计数器的当前值增 1 计数。当前值大于或等于预置值（PV）时，计数器状态位置 1。复位输入（R）有效时，计数器状态位复位（置 0），当前计数值清 0。

减计数指令在复位输入（LD）有效时，计数器把预置值（PV）装入当前值存储器，计

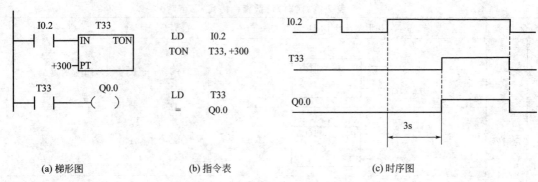

(a) 梯形图　　　　　(b) 指令表　　　　　(c) 时序图

图 7-22　通电延时型（TON）定时器应用

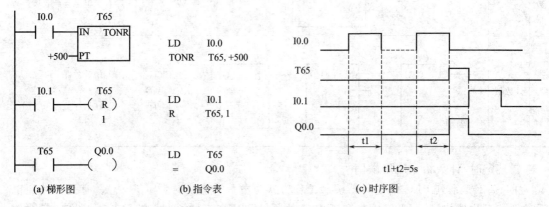

(a) 梯形图　　　　　(b) 指令表　　　　　(c) 时序图

图 7-23　有记忆通电延时型（TONR）定时器应用

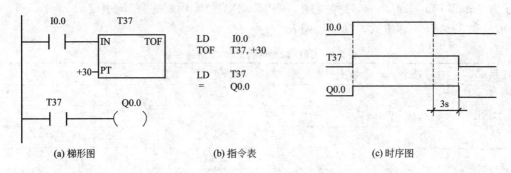

(a) 梯形图　　　　　(b) 指令表　　　　　(c) 时序图

图 7-24　断电延时型（TOF）定时器应用

数器状态位复置 0。CD 端每一个输入脉冲上升沿，减计数器的当前值从预置值开始递减计数，当前值等于 0 时，计数器状态位置 1，停止计数。增/减计数器有两个脉冲输入端，其中 CU 端用于递增计数，CD 端用于递减计数。执行增/减计数指令时，两个脉冲输入端差的当前绝对值大于或等于预置值（PV）时，计数状态位置 1，否则置 0。复位输入（R）有效或执行复位指令时，计数器状态位复位，当前值清 0。

【例 7-10】　增计数指令（CTU）应用如图 7-25 所示。

【例 7-11】　减计数指令（CTD）应用如图 7-26 所示。

【例 7-12】　增/减计数指令（CTUD）应用如图 7-27 所示。

3. 程序控制指令

（1）程序控制指令格式　如表 7-9 所示。

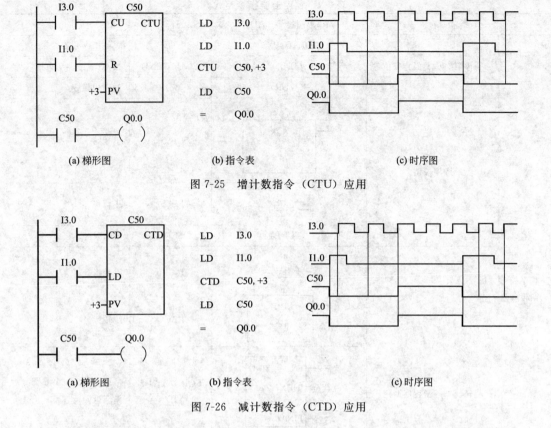

图 7-25　增计数指令（CTU）应用

图 7-26　减计数指令（CTD）应用

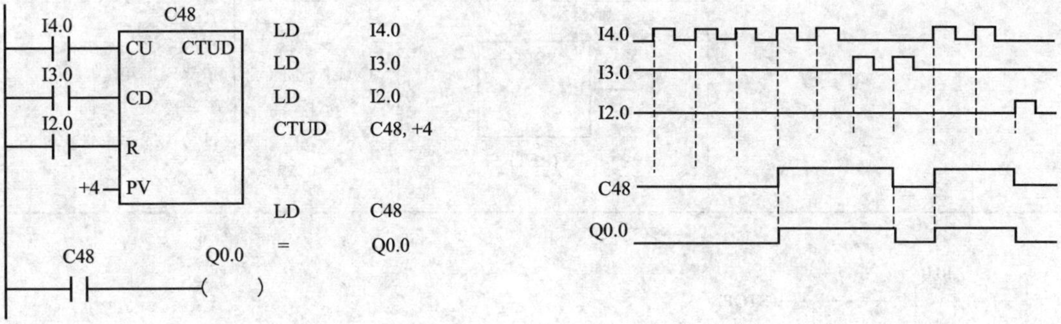

图 7-27　增/减计数指令（CTUD）应用

（2）程序控制指令应用举例

【例 7-13】　暂停指令（STOP）应用如图 7-28 所示。STOP 指令在使能输入有效时，立即终止程序的执行，CPU 工作方式由 RUN 切换到 STOP 方式。

【例 7-14】　结束指令（END）、看门狗复位指令（WDR）应用如图 7-29 所示。

梯形图结束指令直接连在左侧电源的母线时，为无条件结束指令（MEND），该指令无使能输入；有条件地连接在左侧的母线时，为条件结束指令（END），该指令只在其使能输入有效时，终止用户程序的执行返回主程序的第一条指令执行（循环扫描工作方式）。结束指令只能在主程序使用，不能用于子程序和中断服务程序。STEP7 编程软件在主程序的结尾会自动生成无条件结束（MEND）指令，用户不得输入无条件结束指令，否则编译出错。

表7-9 程序控制指令格式

指令类型		梯形图符号 LAD	助记符 STL	功 能
程序控制指令	暂停、结束、看门狗复位	-(STOP)	STOP	暂停指令
		-(END)	END/MEND	条件/无条件结束指令
		-(WDR)	WDR	看门狗指令
	顺序控制	??.? SCR	LSCR Sx. y	步开始
		??.? —(SCRT)	SCRT Sx. y	步转移
		-(SCRE)	SCRE	步结束
	跳转、循环、子程序调用	n —(JMP)	JMP n	跳转指令
		n LBL	LBL n	跳转标号
		EN FOR ENO ???? INDX ???? INIT ???? FINAL	FOR IN1,IN2 NEXT	循环开始 循环返回
		SBR0 EN -(RET)	CALL SBR0 CRET RET	子程序调用 子程序条件返回 自动生成无条件返回

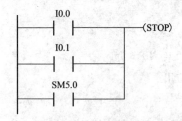

图7-28 暂停指令（STOP）应用

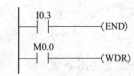

图7-29 结束指令（END）、看门狗复位指令（WDR）应用

看门狗定时器指令的功能是在其使能输入有效时，重新触发看门狗定时器 WDR，增加程序的本次扫描时间，一般在程序扫描周期超过 300ms 时使用。若 WDR 的使能输入无效，则看门狗定时器时间到时，程序必须终止当前指令，不能增加本次扫描时间，并返回到第一条指令重新启动 WDR 执行新的扫描周期。

顺序控制指令包括顺序步开始指令（LSCR）、顺序步结束指令（SCRE）和顺序步转移指令（SCRT）。顺序步开始指令（LSCR）为顺序控制继电器位 Sx. y＝1 时，该程序步执行；SCRE 为顺序步结束指令，顺序步的处理程序在 LSCR 和 SCRE 之间；顺序步转移指令（SCRT）为使能输入有效时，将本顺序步的顺序控制继电器位 Sx. y 清零，下一步顺序控制继电器位置 1。

【例 7-15】 顺序控制指令应用如图 7-30 所示。编写两台电动机顺序启停控制程序，步进条件为时间步进型。状态步的处理为 M_1 启动运行、M_2 停止，同时启动定时器，步进条件满足时（定时时间到）进入下一步，关断上一步，M_2 启动运行、M_1 停止。

当 I0.1 输入有效时，启动 S0.0，执行程序的第一步，输出点 Q0.0 置 1（M_1 启动运行），Q0.1 置 0（M_2 停止），同时启动定时器 T38，经过 2s，步进转移指令使得 S0.1 置 1，S0.0 置 0，程序进入第二步。输出点 Q0.1 置 1（M_2 启动运行），Q0.0 置 0（M_1 停止），同时启动定时器 T39，经过 2s，步进转移指令使得 S0.0 置 1，S0.1 置 0，程序进入第一步执行。如此周而复始，循环工作。

【例 7-16】 跳转、循环、子程序调用指令应用如图 7-31 所示。

跳转指令（JMP）和跳转地址标号指令（LBL）配合使用，实现程序的跳转。使能输入有效时，使程序跳转到指定标号 n 处执行（在同一程序内，跳转标号 $n=0\sim255$）；使能输入无效时，程序顺序执行。

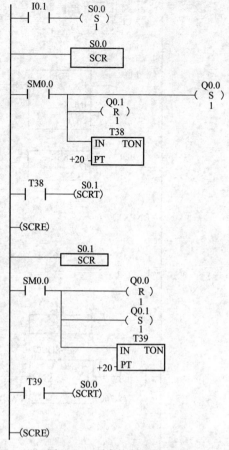

图 7-30 顺序控制指令应用

循环控制指令（FOR）用于重复循环执行一段程序，由 FOR 和 NEXT 指令构成程序的循环体。FOR 指令标记循环的开始，NEXT 指令为循环体的结构指令。FOR 指令为指令盒格式，EN 为使能输入，INIT 为循环次数初始值，INDX 为当前值计数，FINAL 为循环计数终值。使能输入（EN）有效时，循环体开始执行，执行到 NEXT 指令时返回，每执行一次循环体，当前计数器（INDX）增 1，达到终值（FINAL）时，循环结束。例如，初始值 INDX 为 5，终值 FINAL 为 15，当 EN 有效时执行循环体时 INDX 从 5 开始计数，每执行一次，INDX 当前值就加 1，INDX 计数到 15 时，循环结束。使能输入无效时，循环体程序不执行。各参数在每次使能输入有效时自动复位。FOR/NEXT 指令必须成对使用，循环可以嵌套，最多为 8 层。

子程序调用指令（SBR）。通常将具有特定功能并且多次使用的程序段作为子程序。子程序可以多次被调用，也可以嵌套（最多 8 层），还可以递归调用（自己调用）。

子程序有子程序调用和子程序返回两大类指令，子程序返回又分条件返回和无条件返回。子程序调用指令可用于主程序或其他子程序的程序中，子程序的无条件返回指令在子程序的最后网络段，梯形图指令系统能够自动生成子程序的无条件返回指令，无需用户输入。

S7 系列 PLC 的其余指令，请读者参考《S7-200 中文系统手册》，这里就不一一列举了。

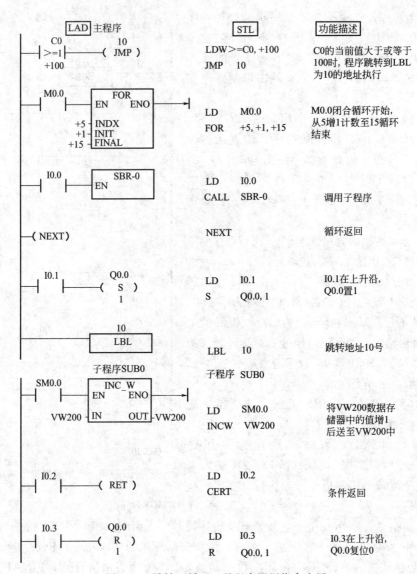

图 7-31　跳转、循环、子程序调用指令应用

7.3.4　S7 系列 PLC 应用举例（PLC 在机械手控制系统中的应用）

1. 机械手结构

图 7-32 为机械手结构示意图。机械手的所有动作均采用电液控制、液压驱动。它的上升/下降和左移/右移均采用双线圈三位电磁阀推动液压缸完成。当某个电磁阀线圈通电，就一直保持当前的机械动作，直到相反动作的线圈通电为止。例如，当下降电磁阀线圈通电后，机械手下降，即使线圈再断电，仍保持当前的下降动作状态，直到上升电磁阀线圈通电为止。机械手的夹紧/放松采用单线圈二位电磁阀推动液压缸完成，线圈通电时执行夹紧工作，断电时执行放松动作。为了使动作准确，机械手上安装了限位开关 SQ_1、SQ_2、SQ_3、SQ_4，分别对机械手进行上升、下降、左行、右行等动作的限位，并给出了动作到位的信号。另外，还安装了光电开关 SP，负责监测工作台 B 上的工件是否已移走，从而产生无工件信号，为下一个工件的下放做好准备。

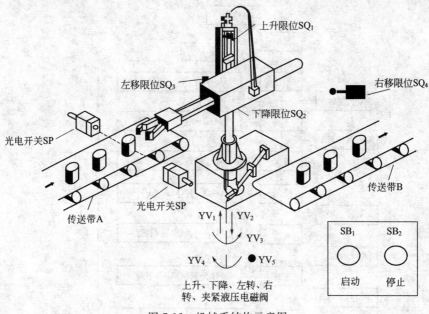

图 7-32　机械手结构示意图

2. 控制要求分析

机械手的动作顺序如图 7-33 所示。

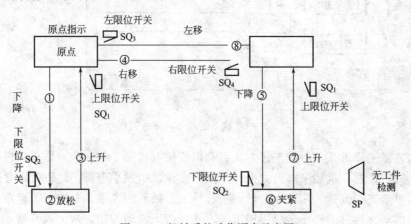

图 7-33　机械手的动作顺序示意图

机械手的初始位置在原位，按下启动按钮后，机械手将依次完成：下降→夹紧→上升→右移→下降→放松→上升→左移八个动作，实现机械手一个周期的动作。机械手的上升、下降、左移、右移的动作转换靠限位开关来控制，而夹紧、放松动作的转换是由时间继电器来控制的。为了保证安全，机械手右移到位后，必须在工作台 B 上无工件时才能下降。若上一次搬到右工作台上的工件尚未移走，则机械手应自动暂停等待。为此设置了一只光电开关，以检测"无工件"信号。工作台 A、B 上工件的传送不用 PLC 控制；机械手要求按一定的顺序动作，其流程图如图 7-34 所示。

启动时，机械手从原点开始按顺序动作；停止时，机械手停止在现行工步上；重新启动时，机械手按停止前的动作继续进行。

为满足生产要求，机械手设置手动工作方式和自动工作方式，而自动工作方式又分为单

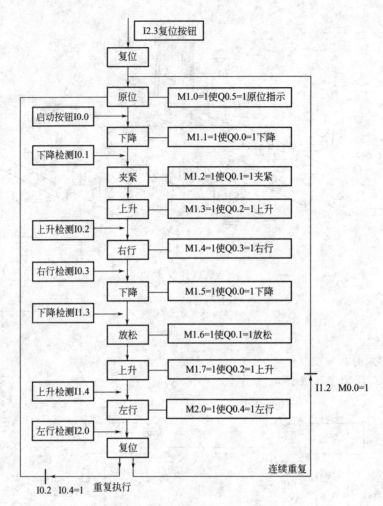

图 7-34　机械手的动作顺序流程图

步、单周和连续工作方式。手动工作方式：利用按钮对机械手每一步动作单独进行控制，例如，按"上升"按钮，机械手上升；按"下降"按钮，机械手下降。此种工作方式可使机械手置原位。单步工作方式：从原点开始，按自动工作循环的工序，每按一下启动按钮，机械手完成一步的动作后自动停止。单周期工作方式：按下启动按钮，从原点开始，机械手按工序自动完成一个周期的动作后，停在原位。连续工作方式：机构在原位时，按下启动按钮，机构自动连续地执行周期动作。当按下停止按钮时，机械手保持当前状态。重新恢复后机械手按停止前的动作继续进行。

3. PLC 选型及 I/O 接线图

根据控制要求，PLC 控制系统选用西门子公司 S7-200 系列 CPU214 和 EM221，其 I/O 端子接线图如图 7-35 所示。

4. PLC I/O 地址分配

PLC I/O 地址分配见表 7-10。

5. **梯形图设计**

（1）整体设计　为编程结构简洁、明了，把手动程序和自动程序分别编成相对独立子程序模块，通过调用指令进行功能选择。当工作方式选择开关选择手动工作方式时，I0.7 接

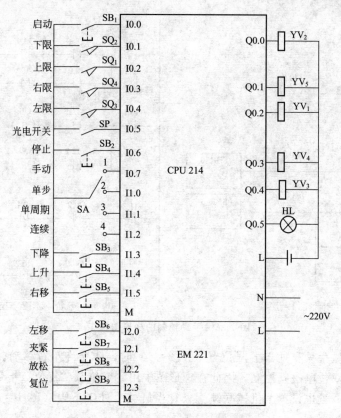

图 7-35 I/O 端子接线图

通，执行手动工作程序；当工作方式选择开关选择自动方式（单步、单周、连续）时，I1.0、I1.1、I1.2 分别接通，执行自动控制程序。整体设计的梯形图（主程序）如图 7-36(a) 所示。

表 7-10 PLC I/O 地址分配

外部设备	I/O	功能描述	外部设备	I/O	功能描述
SB₁	I0.0	启动	SB₄	I1.4	上升
SQ₂	I0.1	下限	SB₅	I1.5	左移
SQ₁	I0.2	上限	SB₆	I2.0	右移
SQ₄	I0.3	右限	SB₇	I2.1	加紧
SQ₃	I0.4	左限	SB₈	I2.2	放松
SP	I0.5	无工件检测	SB₉	I2.3	复位
SB₂	I0.6	停止	YV₂	Q0.0	下降
SA	I0.7	手动	YV₅	Q0.1	加紧
SA	I1.0	单步	YV₁	Q0.2	上升
SA	I1.1	单周	YV₄	Q0.3	右移
SA	I1.2	连续	YV₃	Q0.4	左移
SB₃	I1.3	下降	HL	Q0.5	原位显示

（2）手动控制程序　手动操作不需要按工序顺序动作，可以按普通继电接触器控制系统来设计。手动控制的梯形图（子程序 0）如图 7-36(b) 所示。手动按钮 I1.3、I1.4、I1.5、I2.0、I2.1、I2.2 分别控制下降、上升、左移、右移、夹紧、放松各个动作。为了保持系统的安全运行，设置了一些必要的联锁保护，其中在左右移动的控制环节中加入了 I0.2 作上

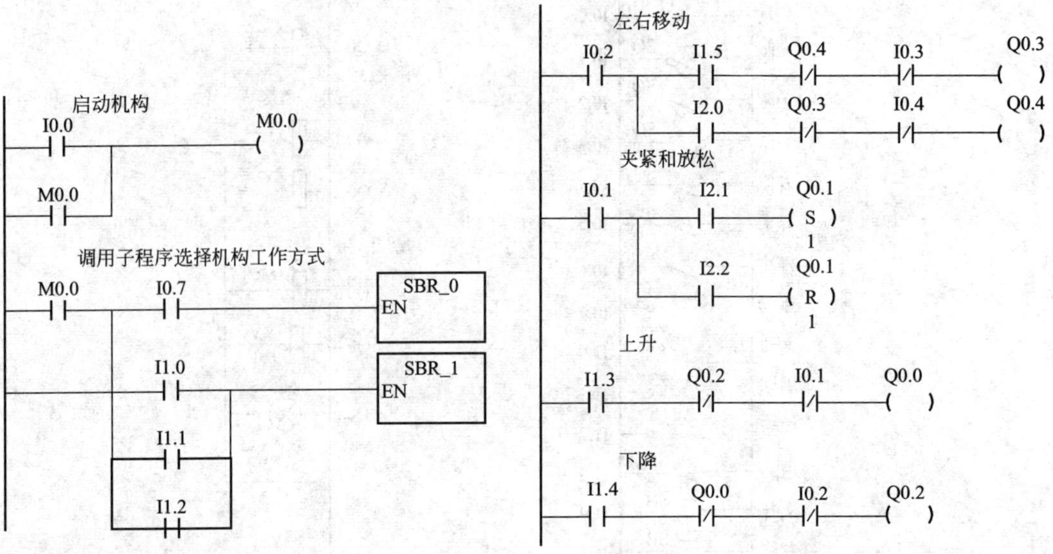

启动机构

I0.0 ——| |—— M0.0 ——( )

M0.0 ——| |——

调用子程序选择机构工作方式

M0.0 I0.7
——| |——| |—— SBR_0 / EN

I1.0
——| |—— SBR_1 / EN

I1.1
——| |——

I1.2
——| |——

(a) 手动控制的梯形图主程序

左右移动

I0.2 I1.5 Q0.4 I0.3 Q0.3
——| |——| |——|/|——|/|——( )

I2.0 Q0.3 I0.4 Q0.4
——| |——|/|——|/|——( )

夹紧和放松

I0.1 I2.1 Q0.1
——| |——| |——(S) 1

I2.2 Q0.1
——| |——(R) 1

上升

I1.3 Q0.2 I0.1 Q0.0
——| |——|/|——|/|——( )

下降

I1.4 Q0.0 I0.2 Q0.2
——| |——|/|——|/|——( )

(b) 手动控制的梯形图(子程序0)

图 7-36　手动控制的梯形图程序

限联锁。因为机械手只有处于上限位置（I0.2＝1）时，才允许左右移动。由于夹紧、放松动作选用单线圈双位电磁阀控制，因此在梯形图中用"置位"、"复位"指令来控制，该指令具有保持功能，并且也设置了机械联锁。只有当机械手处于下限（I0.1＝1）时，才能进行夹紧和放松动作。

（3）自动操作程序　由于自动操作的动作较复杂，不容易直接设计出梯形图，因此可以先画出自动操作流程图，用以表明动作的顺序和转换的条件，然后根据所采用的控制方法，设计梯形图就比较方便了。

机械手的自动操作流程图如图 7-34 所示。图中矩形方框表示其自动工作循环过程中的一个"工步"，方框中用文字表示该步的编号。相邻两工步之间可以用有向线段连接，表明转换方向，有向线段上的小横线表示转换的条件，当转换条件得到满足时，便从上一工步转到下一工步。

为保证运行的可靠性，在执行夹紧和放松动作时，分别用定时器 T37 和定时器 T38 作为转换的条件，并采用具有保持功能的继电器（M0.X）为夹紧电磁阀线圈供电。其工作过程分析如下。

① 机构处于原位，上限位和左限位行程开关闭合，I0.2、I0.4 接通，移位寄存器首位 M1.0 置"1"，Q0.5 输出原位显示，机构当前处于原位。

② 按下启动按钮，I0.0 接通，产生移位信号，使移位寄存器右移一位，M1.1 置"1"（同时 M1.0 恢复为0），M1.1 得电，Q0.0 输出下降信号。

③ 下降至下限位，下限位开关受压，I0.1 接通，移位寄存器右移一位，移位结果将使 M1.2 置"1"（其余为0），Q0.1 接通，夹紧动作开始，同时 T37 接通，定时器开始计时。

④ 经过延时（与设定 K 值有关），T37 触点接通，移位寄存器又右移一位，使 M1.3 置"1"（其余为0），Q0.2 接通，机构上升。由于 M1.2 为 1，因此夹紧动作继续执行。

⑤ 上升至上限位，上限位开关受压，I0.2 接通，寄存器在右移一位，M1.4 置"1"（其余为0），Q0.3 接通，机构右行。

⑥ 右行至右限位，I0.3 接通，将寄存器中"1"移到 M1.5，Q0.0 得电，机构再次下降。

⑦ 下降至下限位，下限位开关受压，移位寄存器又右移一位，使 M1.6 置"1"（其余为 0），Q0.1 复位，机构放松，放下搬运零件同时接通 T38 定时器，定时器开始计时。

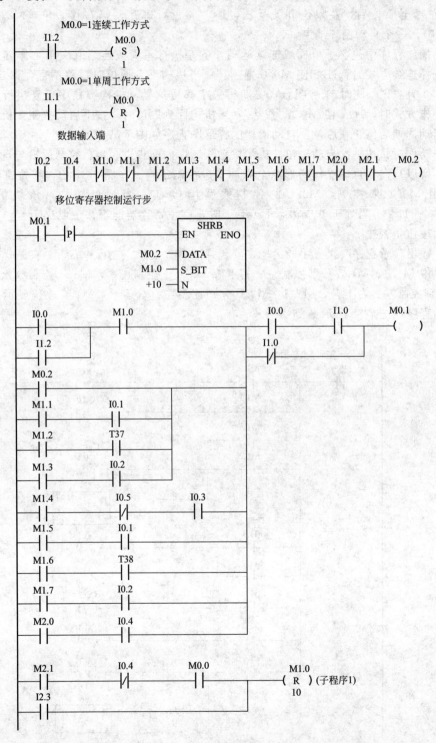

图 7-37　自动操作的梯形图程序

⑧ 延时时间到，T38 常开点闭合，移位寄存器移位，M1.7 置"1"（其余为 0），Q0.2 再次得电上升。

⑨ 上升至上限位，上限位开关受压，I0.2 闭合，移位寄存器右移一位，M2.0 置"1"（其余为 0），Q0.4 置"1"，机构左行。

⑩ 左行至原位后，左限位开关受压，I0.4 接通，寄存器仍右移一位，M2.1 置"1"（其余为 0），一个自动循环结束。

自动操作程序中包含了单周或连续运动，程序执行单周或连续取决于工作方式选择开关。当选择连续方式时，I1.2 使 M0.0 置"1"；当机构回到原位时，移位寄存器自动复位，并使 M1.0 为"1"，同时 I1.2 闭合，又获得一个移位信号，机构按顺序反复执行；当选择单周期操作方式时，I1.1 使 M0.0 为"0"；当机构回到原位时，按下启动按钮，机构自动动作一个运动周期后停止在原位。自动操作的梯形图程序如图 7-37 所示。

单步动作时每按一次启动按钮，机构按动作顺序向前步进一步。控制逻辑与自动操作基本一致，所以只需在自动操作梯形图上添加步进控制逻辑。在图 7-37 中，移位寄存器的使能控制用 M0.1 来控制，M0.1 的控制线路串接有一个梯形图块，该块的逻辑为 $I0.0 \cdot I1.0 + \overline{I1.0}$。当处于单步状态 I1.0＝1 时，移位寄存器能否移位取决于上一步是否完成和启动按钮是否按下。

(4) 输出显示程序 机械手的运动主要包括上升、下降、左行、右行、夹紧、放松，在控制程序中 M1.1、M1.5 分别控制左、右下降，M1.2 控制夹紧，M1.6 控制放松，M1.3、M1.7 分别控制左、右上升，M1.4、M2.0 分别控制左、右运行，M1.0 原位显示。输出显示梯形图程序如图 7-38 所示。

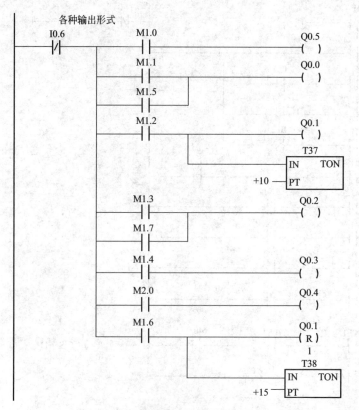

图 7-38 输出显示梯形图程序

7.4　FANUC 数控系统 PMC

7.4.1　FANUC 数控系统 PMC 概述

1. FANUC-PMC 的特点

FANUC 数控机床 PMC 有 PMC-A、PMC-B、PMC-C、PMC-D、PMC-G 和 PMC-L 等多种型号，它们分别适用于不同的 FANUC 数控系统。PMC 编程使用惯用的继电器符号和简单的逻辑指令、功能指令来编制梯形图，其读/写存储器 RAM 主要用于存放随机变化的数据、表格等，接有锂电池能实现断电自保，输出负载能力一般小于 5V·A，最大可达 25V·A。FANUC PMC 的输入信号是来自机床侧的直流信号，规格为 30V、16mA。PMC 到机床侧的直流输出信号有晶体管输出和继电器输出两类，额定值分别为 40mA、30V 和 500mA、50V。FANUC-PMC 是内置的 PLC，通过数控系统的 I/O 接口板和外部信号进行交换。

2. FANUC-PMC 信号、继电器地址

（1）MT 到 PMC 输入信号地址格式

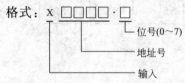

格式：

内装 I/O 的地址从 X1000 开始；I/O LINK 的地址从 X0 开始。

（2）CNC 到 PMC 的输入信号用 F 表示　CNC 系统部分将伺服电动机和主轴电动机的状态以及请求相关机床动作的信号反馈到 PMC 进行逻辑运算，作为机床动作的条件及进行自诊断的依据，如 CNC 已准备好信号（机床就绪）、伺服准备好信号、控制单元报警信号等。地址从 F0 开始。

注意：梯形图中只能有其触点而不能有其线圈。

（3）PMC 到 MT 输出信号地址格式

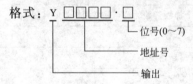

格式：

内装 I/O 的地址从 Y1000 开始；I/O LINK 的地址从 Y0 开始。

（4）PMC 到 CNC 的输出信号用 C 表示　该信号是对系统部分进行控制和信息反馈，如系统急停信号、进给保持信号等。地址从 G0 开始。

注意：在梯形图中可以是线圈，也可以用其触点。

（5）内部继电器用 R 表示　地址从 R0 到 R9117，共 9118 字节。R0～R999 作为通用辅助继电器使用，R9000 后的地址作为 PMC 系统程序保留区，这个区域中的继电器不能用作梯形图中的线圈使用。

（6）定时器用 T 表示　地址从 T0 到 T79，共 80 个字节。每 2 个字节组成 1 个定时器，总共可组成 40 个定时器，定时器号从 1 到 40。

（7）计数器用 C 表示　地址从 C0 到 C79，共 80 个字节。每 4 个字节组成 1 个计数器，

总共可组成 20 个计数器,计数器号从 1 到 20。

(8) 保持继电器用 K 表示　其地址从 K0 到 K19,共 20 个字节 160 位。K0～K16 为一般通用地址,K17～K19 为 PMC 系统软件参数设定区域,由 PMC 软件使用。

3. FANUC-PMC 梯形图的表示符号

FANUC-PMC 梯形图的表示符号如图 7-39 所示。

图 7-39　FANUC-PMC 梯形图符号

在指令执行过程中,用一个堆栈寄存器暂存逻辑操作的中间结果,堆栈寄存器有九位。如图 7-40 所示,按"先进后出,后进先出"的原则工作。"写"操作结果压入时,堆栈的各原状态全部左移一位;对应地,"取"操作结果时,堆栈全部右移一位,最后压入的信号首先读出。

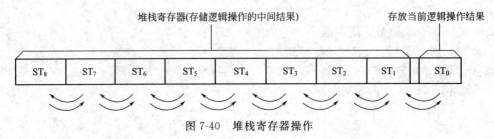

图 7-40　堆栈寄存器操作

7.4.2　FANUC 数控系统 PMC 的基本指令和功能指令

1. 基本指令

共 12 条,指令及处理内容,见表 7-11。

表 7-11　FANUC-PMC 基本指令和处理内容

序号	指令	处理内容
1	RD	读出指令信号的状态并把它设置入 SQ_0。在一个梯级开始的节点是常开节点时使用
2	RD. NOT	读出指令信号的"非"状态,并置入 SQ_0。在一个梯级开始的节点是常闭节点时使用
3	WRT	输出逻辑操作结果(SQ_0 状态)到指令地址
4	WRT. NOT	输出逻辑操作结果(SQ_0 状态)的"非"状态并输出到指令地址
5	AND	将 SQ_0 的状态与指定信号的状态相"与",再将结果置入 SQ_0
6	AND. NOT	将 SQ_0 的状态与指定信号状态的"非"状态相"与",再将结果置入 SQ_0
7	OR	将 SQ_0 的状态与指定信号的状态相"或",再将结果置入 SQ_0
8	OR. NOT	将 SQ_0 的状态与指定信号状态的"非"状态相"或",再将结果置入 SQ_0
9	RD. STK	堆栈寄存器左移一位,并把指定地址的状态置于 SQ_0
10	RD. NOT. STK	堆栈寄存器左移一位,并把指定地址状态的"非"状态置于 SQ_0
11	AND. STK	将 SQ_0 和 SQ_1 内容执行逻辑"与",并将结果存于 SQ_0,堆栈寄存器右移一位
12	OR. STK	将 SQ_0 和 SQ_1 内容执行逻辑"或",并将结果存于 SQ_0,堆栈寄存器右移一位

2. 基本指令举例

FANUC-PMC 基本指令的梯形图和助记符格式与通用 PLC 的格式基本相同。

【**例 7-17**】 简单"与"、"或"关系"电路"的梯形图和指令表应用如图 7-41 所示。

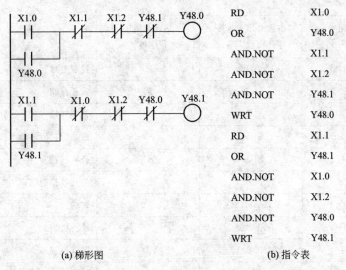

RD	X1.0
OR	Y48.0
AND.NOT	X1.1
AND.NOT	X1.2
AND.NOT	Y48.1
WRT	Y48.0
RD	X1.1
OR	Y48.1
AND.NOT	X1.0
AND.NOT	X1.2
AND.NOT	Y48.0
WRT	Y48.1

(a) 梯形图　　　　　　　(b) 指令表

图 7-41　简单"与"、"或"关系"电路"的梯形图和指令表应用

【**例 7-18**】 较复杂"与"、"或"关系"电路"的梯形图和指令表应用如图 7-42 所示。

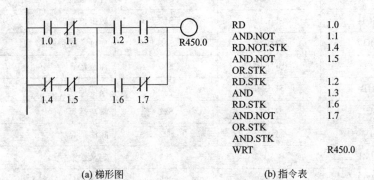

RD	1.0
AND.NOT	1.1
RD.NOT.STK	1.4
AND.NOT	1.5
OR.STK	
RD.STK	1.2
AND	1.3
RD.STK	1.6
AND.NOT	1.7
OR.STK	
AND.STK	
WRT	R450.0

(a) 梯形图　　　　　　　(b) 指令表

图 7-42　较复杂"与"、"或"关系"电路"的梯形图和指令表应用

3. FANUC-PMC 的功能指令

FANUC-PMC 的功能指令数目视型号的不同而不同。A、C、D 型为 22 条；B、G 为 23 条；L 型为 35 条。表7-12 为 FANUC-PMC L 功能指令和处理内容。

表 7-12　FANUC-PMC L 功能指令和处理内容

序　号	指　　　令			处　理　内　容
	格式 1 用于 梯形图	格式 2 用于纸带 穿孔和程序显示	格式 3 用于 程序输入	
1	END1	SUB1	S1	1 级(高级)程序结束
2	END2	SUB2	S2	2 级程序结束
3	END3	SUB48	S48	3 级程序结束
4	TMR	TMR	T	定时器处理
5	TMRB	SUB24	S24	固定定时器处理
6	DEC	DEC	D	译码

序 号	指　令			处 理 内 容
	格式1用于 梯形图	格式2用于纸带 穿孔和程序显示	格式3用于 程序输入	
7	CTR	SUB5	S5	计数处理
8	ROT	SUB6	S6	旋转控制
9	COD	SUB7	S7	代码转换
10	MOVE	SUB8	S8	数据"与"后传输
11	COM	SUB9	S9	公共线控制
12	COME	SUB29	S29	公共线控制结束
13	JMP	SUH10	S10	跳转
14	JMPE	SUB30	S30	跳转结束
15	PARI	SUB11	S11	奇偶检查
16	DCNV	SUE14	S14	数据转换(二进制与 BCD 码互换)
17	COMP	SUD15	S15	比较
18	COIN	SUB16	S16	符合检查
19	DSCH	SUD17	S17	数据检索
20	XMOV	SUB18	S18	变址数据传输
21	ADD	SUB19	S19	加法运算
22	SUB	SUB20	S20	减法运算
23	MUL	SUB21	S21	乘法运算
24	DIV	SUB22	S22	除法运算
25	NUME	SUB23	S23	定义常数
26	PACTL	SUB25	S25	位置 Mate-A
27	CODB	SUB27	S27	二进制代码转换
28	DCNVB	SUB31	S31	扩展数据转换
29	COMPB	SUB32	S32	二进制数比较
30	ADDB	SUB36	S36	二进制数加
31	SUBB	SUB27	S37	二进制数减
32	MULB	SUU38	S38	二进制数乘
33	DIVB	SUB39	S39	二进制数除
34	NUMEB	SUB40	S40	定义二进制常数
35	DISP	SUB49	S49	在 CNC 的 CRT 上显示信息

功能指令的格式符号如图 7-43 所示。包括控制条件、指令标号、参数和输出几个部分。

（1）控制条件　控制条件的数量和意义随功能指令的不同而变化。

（2）指令　功能指令有三种形式：形式 1 用于梯形图；形式 2 用于程序显示；形式 3 用于编程器输入时的简化指令。

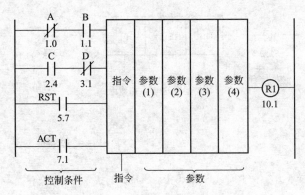

图 7-43　功能指令的格式符号

（3）参数　功能指令可以处理各种数据，数据本身或存有数据的地址可作为参数用于指令中，参数的数量和含义随指令的不同而不同。

（4）输出　功能指令的执行结果送到 R1 软继电器。

4. 部分常用功能指令说明

（1）顺序程序结束指令（END1、END2）　END1：高级顺序程序结束指令。END2：低级顺序程序结束指令。指令格式如图 7-44 所示。

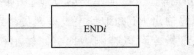

图 7-44　顺序程序结束指令格式

说明：其中；$i=1$ 或 2，分别表示高级和低级顺序程序结束指令。

（2）定时器指令（TMR、TMRB）

① TMR 定时器。TMR 指令为设定时间可更改的定时器。指令格式如图 7-45 所示。

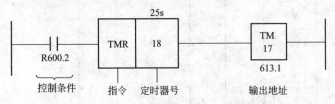

图 7-45　TMR 定时器指令格式

说明：当控制条件 ACT＝0 时，定时器 TM 断开；当 ACT＝1 时，定时器开始计时，到达预定的时间后，定时器 TM 接通。定时器数据的设定以 50ms 为单位。将定时时间化为 ms 数再除以 50，然后以二进制数写入选定的储存单元。

② TMRB 定时器。TMRB 为设定时间固定的定时器。TMRB 与 TMR 的区别在于，TMRB 的设定时间编在梯形图中，在指令和定时器号的后面加上一项参数预设定时间，与顺序程序一起被写入 EPROM，所设定的时间不能用 CRT/MDI 改写。

（3）译码指令（DEC）　数控机床在执行加工程序中规定的 M、S、T 功能时，CNC 装置以 BCD 代码形式输出 M、S、T 代码信号。这些信号需要经过译码才能从 BCD 状态转换成具有特定功能含义的位逻辑状态。

译码指令（DEC）指令格式如图 7-46 所示。

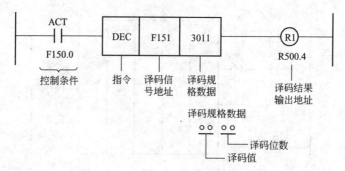

图 7-46　译码指令（DEC）指令格式

说明：译码信号地址是指 CNC 至 PLC 的二字节 BCD 码的信号地址，译码规格数据由译码值和译码位数两部分组成，其中译码值只能是两位数，例如 M30 的译码值为 30。译码位数的设定有 3 种情况。

01：译码地址中的高位 BCD 码不译码，只译低位码。

10：译码地址中的高位 BCD 码译码，低位不译码。

11：译码地址中的高低两位 BCD 码均被译码。

DEC 指令的工作原理是，当控制条件 ACT＝0 时，不译码，译码结果继电器 R1 断开；当控制条件 ACT＝1 时，执行译码。当指定译码信号地址中的代码与译码规格数据相同时，输出 R1＝1，否则 R1＝0。译码输出 R1 的地址由设计人员确定。

（4）旋转指令（ROT）　该指令可以控制刀库、回转工作台等选择最短路径的旋转方向；计算现在位置和目标位置之间的步数；计算目标前一个位置的位置数或达到目标前一个位置的步距数。

ROT 功能的指令格式如图 7-47 所示。

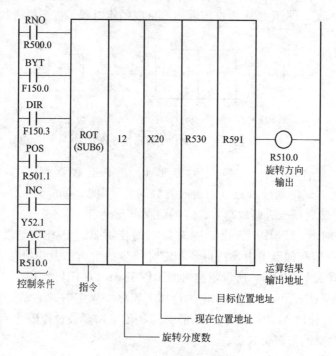

图 7-47　ROT 功能的指令格式

说明：

① 指定起始位置数：RNO＝0，旋转起始位置数为 1。

② 指定处理数据（位置数据）的位数：BYT＝0，指定两位 BCD 码；BYT＝1，指定四位 BCD 码。

③ 选择最短路径的旋转方向：DIR＝0，不选择，按正向旋转；DIR＝1，选择。

④ 指定计算条件：POS＝0，计算现在位置与目标位置之间的步距数；POS＝1，计算目标前一个位置数或计算到达目标前一个位置的步距数。

⑤ 指定位置数或步距数：INC＝0，指定位置数；INC＝1，指定步距。

⑥ 控制条件：ACT＝0，不执行 ROT 指令，R1 不变化；ACT＝1，执行 ROT 指令，并有旋转方向输出。

当选择较短路径时有方向控制信号，该信号输出到 R1。当 R1＝0 时旋转方向为正，当 R1＝1 时旋转方向为负（反转）。若转子的位置数是递增的则为正转，反之，若转子位置数是递减的则为反转。R1 地址可以任意选择。

（5）数据检查指令（DSCH）　该指令可对表格数据进行检索，常用于刀具 T 代码的检索。

DSCH 功能的指令格式如图 7-48 所示。

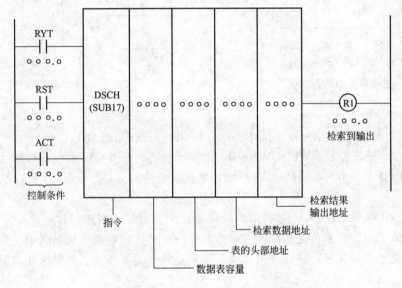

图 7-48　DSCH 功能的指令格式

说明：该指令有 3 项控制条件。

① 指定处理数据的位数：BYT＝0，指定 2 位 BCD 码；BYT＝1，指定 4 位 BCD 码。

② 复位信号：RST＝0，R1 不复位；RST＝1，R1 复位。

③ 执行命令：ACT＝0，不执行 DSCH 指令，R1 不变化；ACT＝1，执行 DSCH 指令，数据检索到时，R1＝1 反之，R1＝0。

（6）一致性检查指令（COIN）　此指令用来检查参考值与比较值是否一致，可用于检查刀库、转台等旋转体是否到达目标位置等。

一致性检查功能指令格式如图 7-49 所示。

说明：该指令只适用于 BCD 数据。

185

① 指定数据位数：BYT＝0，处理数据为 2 位 BCD 码；BYT＝1，处理数据为 4 位 BCD 码。

② 指定参考值格式：DAT＝0，参考值用常数指定；DAT＝1，指定存放参数值的数据地址。

③ 执行命令：ACT＝0，不执行；ACT＝1，执行 COIN 指令。

④ 比较结果：参考值≠比较值，R1＝0；参考值＝比较值，R1＝1。

（7）计数器指令（CTR） 该指令进行加、减计数。计数器指令（CTR）格式如图 7-50 所示。

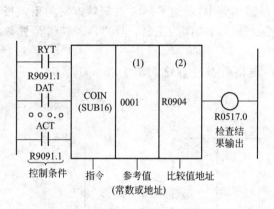

图 7-49 一致性检查功能指令（COIN）格式

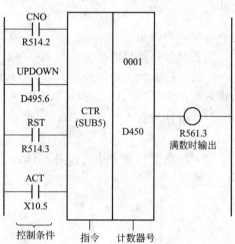

图 7-50 计数器指令（CTR）格式

说明：

① 指定初始值：CNO＝0，初始值为 0；CNO＝1，初始值为 1。

② 指定加/减计数器：UPDOWN＝0，做加计数器；UPDOWN＝1，做减计数器。

③ 复位：RST＝0，不复位；RST＝1，复位。复位时 R1 变为 0，计数器累加值变为初始值。

④ 控制条件：ACT＝0，不执行 CTR 指令；ACT＝1，执行 CTR 指令。

（8）逻辑"与"数据传送指令 该指令的作用是把比较数据（梯形图中写入的）和处理数据（数据地址中存放的）进行逻辑"与"运算，并将结果传输到指定地址。逻辑乘数据传送指令格式如图 7-51 所示。

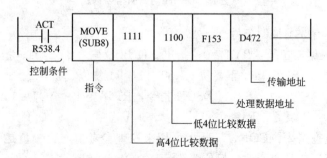

图 7-51 逻辑乘数据传送指令格式

说明：当 ACT＝0 时，MOVE 指令不执行；当 ACT＝1 时，MOVE 指令执行。

7.4.3　FANUC 数控系统 PMC 应用程序示例分析

下面举例分析 FANUC 0 MD 数控系统控制的数控铣床 PMC 应用程序。该 PMC 应用程序有 45 个功能程序，共 171 个网络程序。FANUC 0 MD 数控系统 PMC 应用程序如表 7-13 所示。

表 7-13　FANUC 0 MD 数控系统 PMC 应用程序

序号	功能程序	序号	功能程序	序号	功能程序
1	紧急停止处理	16	循环启动	31	返回参考点结束信号输出
2	总是输出高电平信号	17	程序暂停	32	M 辅助功能指令译码
3	上电复位信号	18	常逻辑 0 输出	33	主轴正转控制
4	定时器延时方波信号输出	19	进给倍率控制	34	主轴反转控制
5	Z 轴抱闸控制	20	快速进给控制	35	冷却启动
6	返回参考点结束指示灯控制	21	手轮进给量控制	36	结束信号
7	工作模式选择信号输入	22	手轮方式的轴选择	37	主轴转速倍率控制一
8	单段运行控制	23	快速倍率选择	38	工作灯控制
9	选择跳过	24	HANDLE×1/F0 指示灯控制	39	程序写入保护
10	机床锁住	25	HANDLE×10/F25 指示灯控制	40	程序结束信号
11	空运行	26	HANDLE×100/F50 指示灯控制	41	主轴转速倍率控制二
12	回参考点	27	HANDLE×100 指示灯控制	42	主轴转速倍率控制三
13	DNC 运行	28	返回参考点结束信号输入	43	故障设置
14	程序选停	29	+X、+Y、+Z 按键控制回参考点	44	加工程序选择
15	程序停止	30	进给坐标轴方向选择信号	45	报警

+X、+Y、+Z 按键控制回参考点梯形图程序如图 7-52 所示，分析如下。

N00080（程序无条件断开本指令之后的三个输出线圈）

当 PMC 输入到 CNC 的回参考点信号 G120.7＝1 时，则执行功能跳转指令之后的三条指令。当 PMC 输入到 CNC 的回参考点信号 G120.7＝0 时，不执行回参考点操作，则不执行功能跳转指令之后的三条指令，程序无条件断开本指令之后的三个输出线圈。

N00081（X 轴回参考点）

在面板上按下＋X 键 X2.3＝1、X 轴返回参考点结束的输入信号 F148.0＝0、复位信号 F149.1＝0、X 轴回到参考点上信号 R608.0＝0 时，输出 R608.3＝1（X 轴回参考点）并自保。

N00082（Y 轴回参考点）

在面板上按下＋Y 键 X4.7＝1、Y 轴返回参考点结束的输入信号 F148.1＝0、复位信号 F149.1＝0、Y 轴回到参考点上信号 R608.1＝0 时，输出 R608.4＝1（Y 轴回参考点）并自保。

N00083（Z 轴回参考点）

在面板上按下＋Z 键 X4.1＝1、Z 轴返回参考点结束的输入信号 F148.2＝0、复位信号 F149.1＝0、Z 轴回到参考点上信号 R608.2＝0 时，输出 R608.2＝1（Z 轴回参考点）并自保。

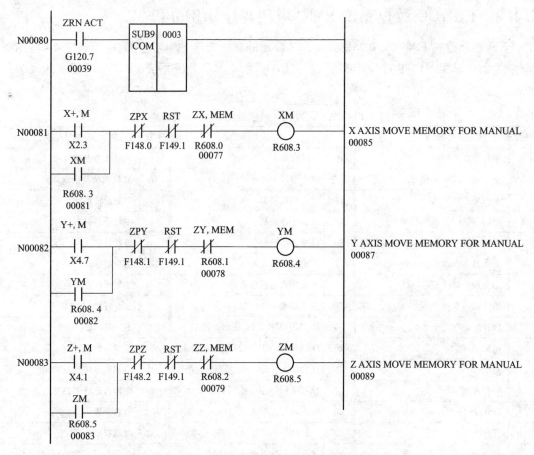

图 7-52　+X、+Y、+Z 按键控制回参考点梯形图程序

7.5　SIEMENS 数控系统 PMC

本节以 SINUMERIK 802S 数控系统用于车床控制的 PMC 编程为例，说明西门子数控系统内置 PLC 的编程与使用方法。西门子公司生产的 802S、802D、840D 数控系统内置 PLC 采用了 S7 系列 PLC 的编程语言，由于本章 7.4 已介绍过该编程语言，故本节相同部分不再重复介绍。

7.5.1　802S 数控系统的内外部信号联系

图 7-53 为 SINUMERIK 802S 数控系统的 NC、PMC 及车床强电之间的信号联系示意图。

1. PMC 和机床强电之间的地址分配

西门子 802S PMC 的输入点用符号 I、单元地址数和位数来表示，最大输入点为 32 个，用于车床控制时使用 16 个，其中的输入信号可根据车床逻辑动作的要求使用，例如数控车床的电动刀架只能装四把刀具时，则 I0.4 和 I0.5 两个输入信号不必使用。不使用的输入信号应在数控系统设置参数时进行"输入位屏蔽"。

PMC 的输出点用来驱动机床强电的具体负载，用 Q、单元地址数和位数来表示。802S 数控系统的 PMC 最大输出点为 64 个，用于车床控制时使用 16 个。其中输出信号 Q1.0、

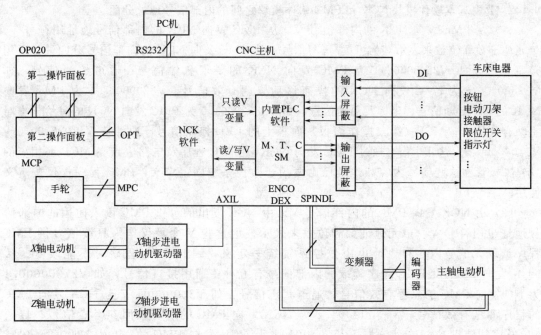

图 7-53　SINUMERIK 802S 数控系统内外部信号联系

Q1.1、Q1.2、Q1.3 用于驱动接触器进行双速电动机及主轴自动变速机构的多挡变速，应根据主轴主电路的要求来使用。对于单速主轴电动机或在变频器无级变速的情况下，这四个输出信号不使用。同时，用于主轴速度分挡显示的输出信号 Q1.4、Q1.5、Q1.6 和 Q1.7 也要根据速度挡的需要来选用。不使用的输出信号也应在数控系统参数设置时进行"输出位屏蔽"。

西门子 802S PMC 和机床强电之间的输入、输出地址分配如表 7-14 所示。

表 7-14　西门子 802S PMC 输入、输出地址分配

输入点 DI	功　　能	输出点 DO	功　　能
I0.0	第一把刀到位	Q0.0	主轴正转接触器
I0.1	第二把刀到位	Q0.1	主轴反转接触器
I0.2	第三把刀到位	Q0.2	主轴制动接触器
I0.3	第四把刀到位	Q0.3	冷却控制接触器
I0.4	第五把刀到位	Q0.4	刀架正转继电器
I0.5	第六把刀到位	Q0.5	刀架反转继电器
I0.6	刀架锁紧到位	Q0.6	导轨润滑继电器
I0.7	机床报警输入	Q0.7	机床报警输出
I1.0	X 轴正向限位	Q1.0	主轴速度Ⅰ、Ⅲ挡输出
I1.1	Z 轴正向限位	Q1.1	主轴速度Ⅱ、Ⅳ挡输出
I1.2	X 轴负向限位	Q1.2	主轴速度Ⅰ、Ⅱ挡输出
I1.3	Z 轴负向限位	Q1.3	主轴速度Ⅲ、Ⅳ挡输出
I1.4	X 轴参考点减速开关	Q1.4	主轴速度Ⅰ挡示灯
I1.5	Z 轴参考点减速开关	Q1.5	主轴速度Ⅱ挡示灯
I1.6	驱动准备好输入	Q1.6	主轴速度Ⅲ挡示灯
I1.7	急停按钮输入	Q1.7	主轴速度Ⅳ挡示灯

2. 数控基本软件模块 NCK 和 PMC 软件模块之间的内部信号地址分配

（1）从 PMC 发向 NCK 的内部信号 V。从 PMC 发向 NCK 的内部信号地址用符号 V、单元地址数和位数来表示，为可读/可写信号。从 PMC 发向 NCK 的内部信号分四种：通用接口信号，如 V26000000.1 为 PMC 发向 NCK 的要求急停信号；通道控制信号，如 V32000006.6 为 PMC 发向 NCK 的快速移动修调有效信号，V32000007.1 为 PMC 发向 NCK 的 NC 启动信号；坐标及主轴信号，如 V38032001.0 为 PMC 发向 NCK 的进给倍率对主轴有效信号；MCP（第二操作面板）面板上的 LED 控制信号，地址从 V11000000.0～V11000000.5。这几个信号通过 PMC 发向 NCK，由 NC 程序及电路去点亮 MCP 上相应的发光二极管。这些信号内容和地址已由西门子数控系统固定定义，PMC 程序仅仅按定义使用。

（2）由 NCK 发向 PMC 的内部信号 V。由 NCK 发出的可供 PMC 读入使用的内部信号地址也用符号 V、单元地址数和位数来表示。但这些 V 变量仅作为只读信号供 PMC 程序读取，信号内容和地址也由数控系统统一定义，编制 PMC 程序时不能改变。从 NCK 发向 PMC 供 PMC 程序读取的内部信号有五种：通用接口信号，如 V27000000.1 为 NC 发向 PMC 的急停有效信号；通道状态信号，如 V33000001.7 为 NCK 发向 PMC 的程序测试有效信号，V33000004.2 为 NCK 发向 PMC 的所有轴回参考点信号；传送 NC 通道的辅助功能信号，如 V25001001.1 为 NCK 发向 PMC 的 M09 辅助功能信号；来自坐标轴及主轴的通用信号，如 V39032001.0 为 NCK 发向 PMC 的主轴速度超出极限信号。这些信号被 PMC 读取后，由 PMC 程序去实现这些信息对应的强电执行动作。另外，由于来自机床控制面板 MCP 的按键、倍率开关等输入控制信号并没有通过 PMC 的 DI 输入点接入，而是通过数控系统的专用接口输入的，所以，PMC 程序不能直接对来自 MCP 的信号编程，PMC 信号的操作状态只能先传送到 NCK，再通过 NCK 模块的只读 V 变量被 PMC 模块读取。例如 V10000000.0 为 MCP 面板上的用户自定义键 K1 的状态，V10000000.5 为 MCP 面板上的用户自定义键 K6 的状态，V10000002.0～V10000002.2 和 V10000002.4～V10000002.6 为 MCP 面板上的六个点动控制键的状态，V10000002.3 为 MCP 面板上的点动快速移动键的状态等。这是从 NCK 发向 PMC 的第五种内部信号。

在 802S 数控系统用于车床控制时，PMC 程序除了读取已固定定义的 MCP 面板上的按键、倍率开关信号之外，MCP 面板上可自定义的键被定义如下：

K1：主轴转速降低按键。K2：主轴点动按键。K3：主轴转速升高按键。K4：手动换刀按键。K5：手动导轨润滑按键。K6：冷却启/停按键。K8：超程复位按键。

这些自定义键与 PMC 的 DI/DO 点的相同之处是：不使用的按键也可以在数控系统设置参数时通过使能定义进行"位屏蔽"。

7.5.2 802S PMC 的编程资源和 CNC 的相关机床参数

1. 802S 数控系统内置 PLC 的编程资源

802S 数控系统提供的编程工具是在 S7-200 MicroWIN 编程软件的基础上开发出来的，802S 数控系统 PMC 可以作为西门子 S7-200 可编程控制器产品编程软件的一个子集。因此，其操作变量含义和指令系统符合 S7 系列 PLC 的相关定义。

802S 数控系统 PMC 编程时可使用的有效操作数范围见表 7-15，特殊标志位说明见表 7-16。

表 7-15　802S 数控系统 PMC 有效操作数范围

操作地址符	说　明	范　围	操作地址符	说　明	范　围
V	数据	V0.0～V99999999.7	M	标志位	M0.0～M127.7
T	计数器	T0～T15(单位:100ms)	SM	特殊标志位	SM0.0～SM0.6
C	计数器	C0～C31	A	ACCU(逻辑)	AC0～AC1(Udword)
I	数字输入	I0.0～I7.7	A	ACCU(算术)	AC2～AC2(Dword)
Q	数字输出	Q0.0～Q7.7			

表 7-16　特殊标志位说明

SM 位	说　　明	SM 位	说　　明
SM0.0	定义带"1"信号	SM0.4	60s 周期的脉冲(占空比,30s"0" 30s"1")
SM0.1	第一次 PMC 循环"1",后面循环"0"	SM0.5	1s 周期脉冲(占空比,0.5s"0",0.5 s"1")
SM0.2	缓冲数据丢失,只适用第一次 PMC 循环("0"信号时数据不丢失,"1"信号时数据丢失)	SM0.6	PMC 信号周期(交替循环"0"和循环"1")
SM0.3	重新启动,第一次 PMC 信号"1",后面信号"0"		

2. 与 PMC 相关的数控系统参数设置

任何数控系统在控制具体机床时,都要根据机床的配置情况设置系统参数,802S 数控系统在安装调试时,通过"机床参数"菜单,可以实现对可编程控制器输入/输出信号的"屏蔽",还可以设置 PMC 程序运行所需要的参数。

(1) 数控系统参数 MD14512 对 PMC 输入/输出信号的"屏蔽"　802S 数控系统可以对 PMC 的 DI/DO 信号、MCP 面板上的用户自定义按键等信号实现"屏蔽"。表 7-17 为机床参数 MD14512 与其所"屏蔽"的信号对照表。

表 7-17　机床参数 MD14512 与其所"屏蔽"的信号对照

机床参数 MD14512	USER_DATA_HEX						
索引	Bit7	Bit6	Bit5	Bit4	Bit3	Bit2	Bit1	Bit0
[0]	输入信号有效							
	I0.7	I0.6	I0.5	I0.4	I0.3	I0.2	I0.1	I0.0
[1]	输入信号有效							
	I1.7	I1.6	I1.5	I1.4	I1.3	I1.2	I1.1	I1.0
[4]	输入信号有效							
	Q0.7	Q0.6	Q0.5	Q0.4	Q0.3	Q0.2	Q0.1	Q0.0
[5]	输入信号有效							
	Q1.7	Q1.6	Q1.5	Q1.4	Q1.3	Q1.2	Q1.1	Q1.0
[8]	输入信号有效							
	K8	K7	K6	K5	K4	K3	K2	K1

数控系统用于机床控制时，已装入了一个完整的机床 PMC 程序，其 DI/DO 点已经定义完毕。在调试中根据现场的控制要求，如果需要关闭某些输入输出信号，只需通过数控操作面板改变参数 MD14512 就可以完成对不需要的信号的"屏蔽"。

对输入点的"屏蔽"举例：如受控车床只有四把刀，意味着不需要 I0.4（第五把刀到位）和 I0.5（第六把刀到位）信号；如刀架上没有安装刀具锁紧传感器，意味着不需要 I0.6（刀架锁紧到位信号）；设 I0.7 机床报警输入被需要；则按照表 7-17，数控系统机床参数的"MD14512[0]"应将不需要的对应输入位置"0"，即设置为"10001111"，用十六进制输入为"8FH"。

对输出点的"屏蔽"举例：如受控车床主轴为不能调速的单速电动机，意味着不需要 Q1.0~Q1.3 四个主轴速度控制接触器信号，且主轴速度最多需要Ⅰ挡显示灯 Q1.4，意味着不需要Ⅱ、Ⅲ、Ⅳ挡速度显示信号 Q1.5、Q1.6 和 Q1.7；按照表 7-16，数控系统机床参数的"MD14512[5]"应将不需要的对应输出位置"0"，即设置为"00010000"，用十六进制输入为"10H"。

对 MCP 机床操作面板上的用户自定义键的"屏蔽"举例：如受控车床主轴为不能调速的单速电动机，意味着不需要设置用户键 K1（主轴转速降低）和 K3（主轴转速升高）；点动按钮 K2 是必要的，用户手动换刀按键 K4 也是必要的，设手动导轨润滑按键 K5、冷却启/停按键 K6 和超程复位按键 K8 也需要设置，则按照表 7-17，数控系统机床参数的"MD14512[8]"应设置为"10111010"，用十六进制输入为"BAH"。

（2）与 PMC 程序相关的机床参数 MD14510　该参数的含义见表 7-18。表中共有五个参数，MD14510[0] 为车床所使用电动刀架的刀位数，只能使用 4 或 6。MD14510[1] 为电动刀架的反转卡紧时间，以 100ms 为单位，如希望设置该值为 1s，需要输入十进制数值 10。其余类似。

表 7-18　802S 的机床参数 MD14510

机床参数 MD14510	USER_DATA_HEX
[0]	刀架刀位数(4 或 6)
[1]	刀架卡紧时间(单位:100ms)
[2]	主轴制动时间(单位:100ms)
[3]	润滑间隔(单位:1min)
[4]	每次润滑时间(单位:100ms)

7.5.3　802S 数控车床 PMC 应用程序示例

802S 数控系统的车床 PMC 程序总体结构，由主程序和 26 个子程序连接而成。其中被主程序调用的子程序一共 13 个，分别为：PLC 初始化子程序；急停子程序；控制面板信号处理子程序；T 功能子程序；X 轴控制子程序；Z 轴控制子程序；主轴控制子程序；刀架控制子程序；冷却控制子程序；润滑控制子程序；I/O 信号处理子程序；报警子程序和手轮控制子程序。

图 7-54 为 PMC 程序中的润滑控制子程序。

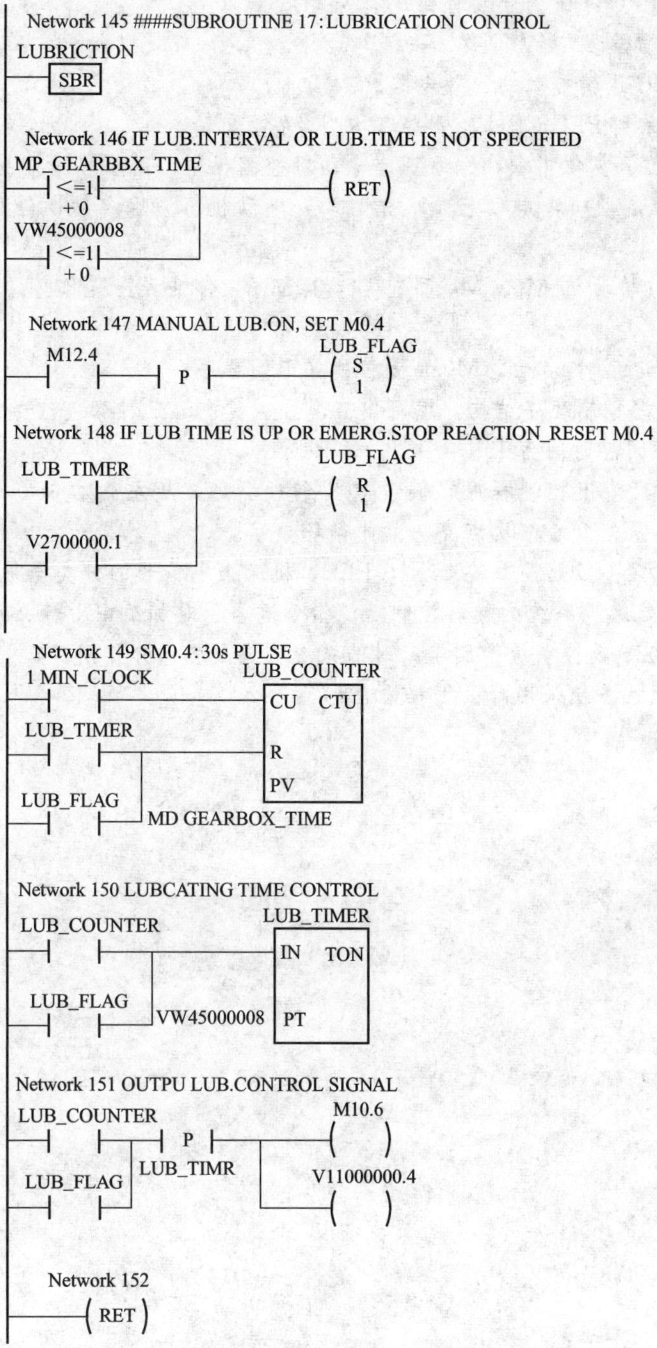

Network 145 ####SUBROUTINE 17:LUBRICATION CONTROL

```
LUBRICTION
  ┤├──[SBR]
```

Network 146 IF LUB.INTERVAL OR LUB.TIME IS NOT SPECIFIED

```
MP_GEARBBX_TIME
  ┤ <=1 ├──────────────( RET )
    + 0        │
VW45000008     │
  ┤ <=1 ├──────┘
    + 0
```

Network 147 MANUAL LUB.ON, SET M0.4

```
    M12.4                    LUB_FLAG
  ──┤├────┤ P ├────────────( S )
                               1
```

Network 148 IF LUB TIME IS UP OR EMERG.STOP REACTION_RESET M0.4

```
  LUB_TIMER                  LUB_FLAG
  ──┤├───────────┐────────( R )
                 │            1
  V2700000.1     │
  ──┤├───────────┘
```

Network 149 SM0.4:30s PULSE

```
  1 MIN_CLOCK          LUB_COUNTER
  ──┤├─────────────┐  CU    CTU
  LUB_TIMER        │
  ──┤├─────────────┴── R
  LUB_FLAG            PV
  ──┤├────┤├── MD GEARBOX_TIME
```

Network 150 LUBCATING TIME CONTROL

```
  LUB_COUNTER          LUB_TIMER
  ──┤├─────────────┐  IN    TON
  LUB_FLAG         │
  ──┤├──── VW45000008 ── PT
```

Network 151 OUTPU LUB.CONTROL SIGNAL

```
  LUB_COUNTER                 M10.6
  ──┤├────┤├────┤ P ├────┬──( )
  LUB_FLAG  LUB_TIMR     │  V11000000.4
  ──┤├───────────────────┴──( )
```

Network 152

```
  ─────( RET )
```

图 7-54 PMC 程序中的润滑控制子程序

思考题及习题

7-1 数控机床 PLC 的形式有哪些？

7-2 数控机床 PLC 的控制对象有哪些？

7-3 可编程序控制器的应用范围有哪些？

7-4 可编程序控制器如何分类？

7-5　通用型 PLC 系统的软硬件组成有哪些？

7-6　PLC 的编程语言有哪些？

7-7　绘出 PLC 逻辑控制的等效电路。

7-8　S7-200 系列 PLC CPU 有哪些基本型号？

7-9　使用置位、复位指令，编写两套电动机控制程序，两套程序控制要求如下：

（1）控制两台电动机，电动机 M_1 先启动，电动机 M_2 后启动；停止时，电动机 M_1、M_2 同时停止。

（2）启动时，电动机 M_1、M_2 同时启动；M_1 先停止 M_2 后停止。以上按时间原则控制。

7-10　编写断电延时 5s 后，M0.0 置位的梯形图程序。

7-11　使用顺序控制程序结构，编写出实现红、黄、绿三种颜色信号灯循环显示的梯形图程序，要求循环间隔时间为 1s。

7-12　编写一段输出控制程序，假设有 8 个指示灯，从左到右以 0.5s 速度依次点亮，到达最右端后，再从左到右依次点亮，如此循环显示。

7-13　说明 FANUC 数控系统 CNC、PLC、机床强电信号的分类与地址分配。

7-14　FANUC 数控系统的旋转控制功能指令适合于对加工中心什么动作的编程？

7-15　说明 802S 数控系统控制车床时的系统构成及各部分作用。

7-16　802S 数控系统采用什么编程语言？

第 **8** 章

数控系统的综合应用

【本章学习目标】

　　了解专用数控系统和通用数控系统特点；

　　掌握数控系统输入接口、输出接口和强电回路接线图的一般设计方法；

　　掌握数控系统电气控制硬件连接规律；

　　了解数控系统参数设置。

　　数控系统不仅应用于机械加工行业的机床上，还应用在其他行业的机电设备上。数控系统的应用，涵盖了设备的数控化设计、制造、维护、检修及其改造。

　　狭义的数控系统是指目前广泛用于机械加工行业机床设备的专用成套数字控制系统。例如常说的日本的 FANUC 数控系统、德国的 SIEMENS 数控系统、广州 GSK 数控系统等。广义讲，数控系统是数字控制系统的简称，英文名称为 Numerical Control System，是根据计算机存储器中存储的控制程序，执行部分或全部数值控制功能，并配有接口电路和驱动装置的专用计算机系统。通过数字、文字和符号组成的数字指令来实现一台或多台机械设备动作控制，它所控制的通常是位置、角度、速度等机械量和开关量。所以，数控系统除上述常说的 FANUC 数控系统、SIEMENS 数控系统等专用成套数字控制系统外，还包括由触摸屏（或 PC）＋PLC＋软件＋驱动系统，单片机系统（或 DSP）＋软件＋驱动系统，通用计算机（PC）＋软件＋驱动系统，通用编程器＋软件＋驱动系统等方式的通用数字控制系统。目前，触摸屏＋PLC＋软件＋驱动系统组成的数控系统应用越来越多。与专用数控系统相比，该系统可制成个性化人机界面，操作简便，操作者无需具备数控操作编程技能，只需采用"填空"或"选择"的方式，修改界面参数，触摸界面按钮即可。专用数控系统具有几乎通用的人机界面，操作者需具备数控操作编程技能，系统操作编程自由度较大。如选择合适，专用数控系统（数控车系统、数控铣系统）一定程度上可用于非机床领域，这对二次开发人员要求不太高，能进行硬件连接和强电设计以及参数设置即可。所谓数控系统的二次开发，就是在已有的数控系统软硬件基础上，按照用户使用要求，将硬件连接起来，设置系统参数或编制应用软件，使系统满足用户要求的过程。例如，要开发一个由触摸屏＋PLC＋软件＋驱动系统的数控系统，就要按照用户使用要求选择并购置触摸屏及其软件（可下载）、PLC及其编程软件（可下载）、驱动系统、继电接触器等设备器件，先连接好硬件电路，然后编制符合用户使用要求的软件并安装在相应设备上，调试并交付用户。再如，要在一个专用数控系统上再次开发，就要按照用户使用要求选择并购置数控装置、驱动器及电机、继电接触器等设备器件，先连接好硬件电路，然后设置符合用户使用要求的参数，编程，调试并交付用户。本章介绍的为专用数控系统安装、调试及其二次开发应用。

8.1　普通机床的数控化改造示例

随着普通数控机床价格的降低，普通机床的数控化改造性价比越来越低。但对于初学者来说，通过普通机床的数控化改造，可进一步了解和掌握数控系统的组成，安装与调试，强电设计，参数设置等基本知识和技能，为数控机床的维护、检修和其他机电设备的数控化改造奠定基础。

普通机床的数控化改造包括机械结构和电气系统改造两大部分。本章主要介绍电气系统改造，对机械结构改造只做简单叙述。下面以 C6150 卧式车床数控化改造为例加以说明。

1. C6150 卧式车床的主要结构、运动形式、拖动方式与控制要求

中小型卧式车床的主要结构、运动形式、拖动方式与控制要求基本相同。

C6150 卧式车床由床身、主轴变速箱、进给变速箱、光杠、丝杠、溜板箱、刀架、尾座等组成。主要运动一个是主轴旋转运动，另一个是刀架横向和纵向直线进给移动。主电机通过主轴变速箱带动主轴有级旋转。主电机还通过进给变速箱、光杠带动溜板箱、刀架进行慢快速纵向进给运动；进给变速箱通过丝杠带动溜板箱、刀架车削螺纹。刀架安装在溜板箱上随同溜板箱作纵向运动，通过手动作横向运动。主电动机功率大部分消耗在主轴上，进给运动只消耗很小的功率。主轴转速和进给速度可有级调速；加工螺纹时主轴旋转速度与刀具的进给移动速度之间具有严格的比例关系；主轴能正反两个方向旋转；主轴电动机启动应平稳；主轴应能迅速停车；车削时的刀具及工件应进行冷却；控制电路应有必要的联锁、保护及其他辅助电路，如照明电路等。

C6150 卧式车床主要技术参数如表 8-1 所示。

表 8-1　C6150 卧式车床主要技术参数

参　数	型　号	C½ 36F	C½ 40F	C½ 50F
加工能力	床身上最大回转直径/mm	360	400	500
	刀架上最大回转直径/mm	190	230	330
	马鞍处最大回转直径/mm	520	560	660
	中心距/mm	750	1000	1500
	床身宽度/mm	360		
主　轴	主轴孔径/mm	52		
	主轴端部尺寸	C6		
	主轴锥孔	MT6		
	主轴转速范围(级数)/(r/min)	26、40、58、86、116、168、250、365、512、750、1100、1600(12 Steps)		

续表

参 数	型 号	C½ 36F	C½ 40F	C½ 50F
进 给	公制螺纹范围(种数)/mm	0.25～7(17 Kinds)		
	英制螺纹范围(种数)/in	5～144(30 Kinds)		
	模数螺纹范围(种数)/m	0.25～3.5(12 Kings)		
	径节螺纹范围(种数)/D.P	10～288(30 Kings)		
拖 架	横滑板行程/mm	180	222	
	小刀架行程/mm	95		
	车刀杆截面尺寸/mm²	20×20		
尾 座	尾座套筒锥度	MT4		
	尾座套筒直径/mm	65		
	尾座套筒行程/mm	140		
	主电机/kW	4	5.5	

2. 采用数控系统控制方式下拖动方式与控制方案的确定

(1) 主轴系统拖动与控制方式 采用数控系统控制方式下主轴拖动与控制方式改造基本有三种方式。

① 全部保留原来的主电动机和主轴变速箱，主轴旋转速度控制仍然采用原来手动的方式。只是主轴启动/停止、正反转控制改由数控 M03（主轴正转）、M04（主轴反转）、M05（主轴停）指令控制继电器，再控制主电机接触器完成。由于主轴与进给系统脱开，为加工螺纹，需要在主轴上安装编码器。

② 保留原来的主电动机。改造主轴变速箱，保留高低两级机械变速；或拆除原来主轴变速箱，另行制作一个变速箱。主电动机启动/停止、正反转、速度控制采用通用变频器控制方式。在主轴上安装编码器。

③ 全部拆除原来的主电动机和主轴变速箱，改由主轴伺服电动机直接驱动主轴或经另行制作的变速箱驱动主轴，主轴伺服电动机由伺服驱动器驱动，数控装置控制伺服驱动器。

以上三种改造方案相互比较，由于第一种改造方案全部保留原来的主电动机和主轴变速箱，所以简单、经济，但缺点是主轴速度不能实现无级调速。要想实现主轴无级调速，或在两档内无级调速，就必须改造主轴变速箱，这给改造带来难度。从电气系统考虑，电机无级变速控制要比电机不变速复杂。故第二种和第三种改造方案无论机械还是电气系统都比较复杂，而且费用较高。特别是第三种改造方案，由于废弃原来的电动机而改用低速大扭矩主轴交流伺服电动机，使得改造费用更高。具体采用哪种方案，要根据实际情况考虑综合性价比来确定。一般情况下，小型普通机床的数控化改造，通常采用第一种方案。而大中型机床的数控化改造，采用第二种或第三种方案。本例采用第二种改造方案。

(2) 进给拖动与控制方式 采用数控系统控制方式下进给拖动与控制方式基本有两种方式。

① 拆除进给变速箱，纵向、横向进给分别采用步进电动机驱动，步进电动机由步进驱动器驱动，数控装置控制步进驱动器。

② 拆除进给变速箱，纵向、横向进给分别采用交流伺服电动机驱动，伺服电动机由伺

服驱动器驱动，数控装置控制伺服驱动器。

以上两种拖动与控制方式相比，第一种方案采用开环控制方式，控制精度不高，但价格比较便宜；第二种采用半闭环控制方式（编码器反馈），控制精度较高，但价格较贵。采用哪种方式，主要取决于加工精度的要求。一般情况下，早期改造为经济型数控机床常用第一种方案，随着交流伺服系统价格的下降，目前多采用第二种改造方案。本例采用第二种改造方案。

3. 机械结构改造

（1）主轴系统。改造主轴变速箱及其变速挡杆标记，确定 A4B2 挡作为低速挡（减速比约 1∶4）；A2B3 挡作为中速挡（减速比约 1∶2）；主电动机不经变速齿轮直接驱动主轴（减速比 1∶1）作为高速挡。

车螺纹时，主轴转一圈，刀具移动一个螺距。为了保证不乱扣，主轴与丝杠应保持同步动作。主轴与丝杠的同步动作由编码器来保证。为了保证同步动作，编码器与主轴的传动比应为 1∶1。

① 用尼龙板制作两个大小和齿数完全相同的齿轮，并制作齿轮支架。

② 在主轴上安装一个尼龙齿轮，调整支架位置，保证两个齿轮正确啮合。

③ 将支架齿轮与编码器安装调试好。

（2）纵向进给系统（Z 向进给）。纵向进给由 Z 向进给伺服电机经同步传动带使滚珠丝杠转动，然后通过丝杠螺母带动大拖板左右运动，伺服电机通常安装在纵向丝杠的右端。

① 拆下普通丝杠、光杠与溜板箱，把溜板箱内的齿板、传动轴拆除，加工一个螺母固定套，安装在溜板箱内，改由伺服电机驱动滚珠丝杠。

② 加工右端的支撑座和两个支撑孔，孔的位置精度要求很高，使其分别与伺服电机的支撑轴和支撑丝杠的轴承同轴配合。

③ 加工左端的支撑座，用于固定丝杠的左端，保证支撑座底面的平面度。

④ 对安装螺母的支撑座进行铣、磨、钻、攻丝等加工，保证其形位公差。

⑤ 装配后，对滚珠丝杠与导轨的平行度进行调整，确保丝杠传动平稳，受力均匀。

（3）横向进给系统（X 向进给）。横向进给由 X 向伺服电机直接驱动滚珠丝杠，使刀架横向运动。伺服电机安装在大拖板后，为了保证同轴度和传动精度，用法兰盘将伺服电机与溜板箱固定在一起。

① 拆下小拖板、刀架及丝杠、手轮，留下小拖板，其余的不用。

② 加工法兰盘，保证法兰盘孔与大拖板后孔的同轴度，最后配钻四个螺纹孔，并攻螺纹。

③ 加工一个连接套用于连接丝杠与伺服电机轴。

④ 铣去大拖板上与螺母发生干涉的部位，将螺母安装在大拖板上。

⑤ 安装完成后，用垫片调整螺母上下位置，使丝杠运行平稳，受力均匀。

（4）刀架改造。为了提高生产效率、缩短辅助加工时间，刀架要求有自动换刀功能。刀架的转动由三相电机驱动，到位信号由霍尔传感器来检测。

① 拆除原手动刀架。

② 在小拖板上钻四个安装孔，并攻丝，安装好电动刀架。

（5）行程开关（用接近开关）：用来保证工作台运行在安全的位置和作为机械回零的检测信号。

① 配钻螺纹孔，并攻螺纹，安装接近开关和挡块。

② 调整挡块的位置，使减速信号和回零信号分开。

（6）保留原来的冷却泵装置，改由数控装置 M08（M09）控制。

（7）制作数控装置面板架。

4. 数控系统的选择

（1）与国内外数控装置相比，选择广数 GSK928TC-3 车床数控装置，完全可以满足改造要求，且性价比较高。GSK928TC-3 车床数控装置技术规格如表 8-2 所示。

表 8-2　GSK928TC-3 车床数控装置技术规格

技术参数	规　　格
可控制轴数	2 轴（X 轴、Z 轴）
可联动轴数	2 轴（X 轴、Z 轴）
最小设定单位	0.001mm
最小移动单位	X 轴：0.0005mm；Z 轴：0.0001mm
最大编程尺寸	±8000.000mm
最大移动速度	15000mm/min
切削速度	5～6000mm/min（G98/G99）
加工程序容量	62KB
可存储程序数	100 个
图形液晶显示器	480×234 点阵 TFT 彩色液晶显示
通信接口	标准 RS-232
控制刀位数	四工位（可扩展至八工位）
补偿	刀位补偿、间隙补偿
手脉	×0.001×0.01×0.1
主轴功能	S1、S2、S3、S4 四挡位直接输出或 BCD 编码 S0～S15 输出；三个自动换挡输出及三挡 0～10V 模拟输出；参数选择 1024p/r、1200p/r 主轴编码器
G 代码	24 种，包含各种固定/复合循环、Z 轴钻孔攻丝
螺纹功能	公/英制单头、多头直螺纹、锥螺纹、高速退尾，长度可设定

GSK928TC-3 车床数控装置后视图及接口定义如图 8-1 所示。

各接口排定义图（从装置后面看）如图 8-2 所示。

（2）选择广数 GSK DA98 交流伺服驱动器作为 Z 向和 X 向驱动装置；Z 轴伺服电机选用北京超同步 CTB-40P5BJG07-4L35；X 轴伺服电机选用 CTB-40P3BJG07-4L5。广数 GSK DA98 交流伺服驱动器与 GSK928TC-3 车床数控装置以及 Z 轴伺服电机和 X 轴伺服电机连接如图 8-3 所示。伺服电机参数如表 8-3 所示。

表 8-3　伺服电机参数

电机型号	额定功率/kW	额定电压/V	额定电流/A	额定转矩/N·m	额定频率/Hz	极数/P	额定转速/(r/min)	最高转速/(r/min)	风机功率/kW	风机电压/V
CTB-40P5BJG07-4L35	0.55	380	1.3	7	25	4	750	3000	30	380
CTB-40P3BJG07-4L5	0.37	380	1.1	4.7	25	4	750	3000	28	380

数控机床电气控制

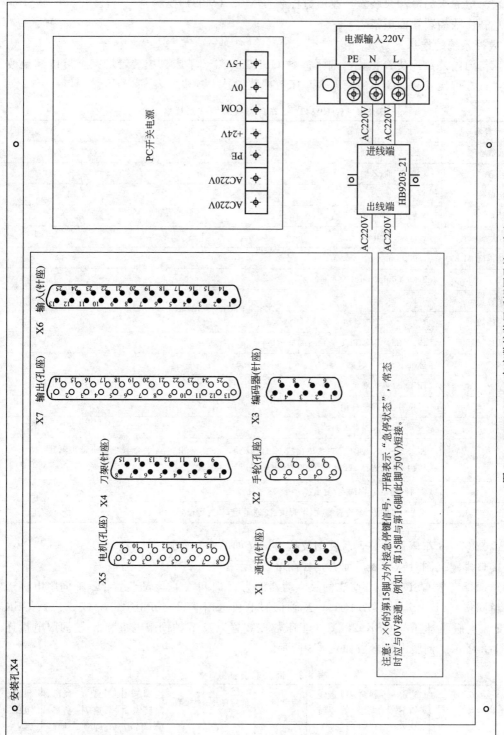

图 8-1　GSK928TC-3 车床数控装置后视图及接口定义

X1—RS-232 接口，DB9 针座；X2—手脉接口，DB9 孔座；X3—编码器接口，DB15 针座；X4—刀架接口，DB15 针座；
X5—电机信号接口，DB15 孔座；X6—输入信号接口，DB25 针座；X7—输出信号接口，DB25 孔座。

注意：X6 的第15脚为外接急停键信号，开路表示"急停状态"，常态
时应与0V接通，例如，第15脚与第16脚(此脚为0V)短接。

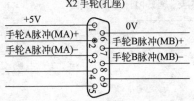

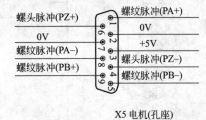

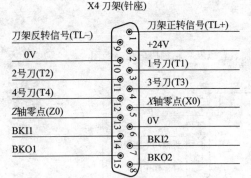

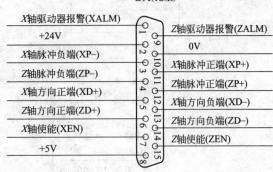

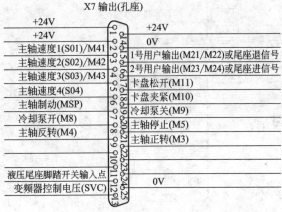

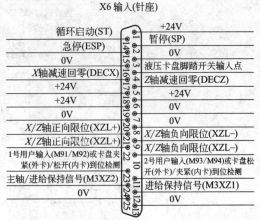

图 8-2　接口排定义图（从装置后面看）

（3）选择三菱 FR-F540J-7.5K-CHT 变频器作为 5.5kW 主电机控制器。

三菱 FR-F540J-7.5K-CHT 变频器端子接线图如图 8-4 所示。

三菱 FR-F540J-7.5K-CHT 变频器基本功能参数一览表如表 8-4 所示。其扩张功能参数见《三菱 FR-F540J-7.5K-CHT 变频器使用手册》。

（4）选择 TC-3 电动刀架控制器和 120W 配套三相交流电动机。

TC-3 电动刀架控制器电气控制原理图如图 8-5 所示。

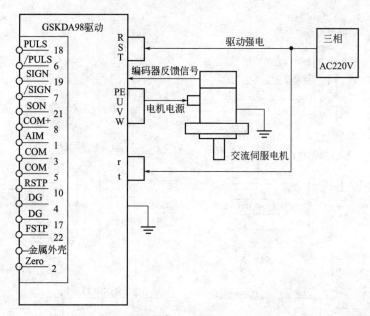

图 8-3　GSK DA98 交流伺服驱动器与数控装置以及各轴伺服电机连接图

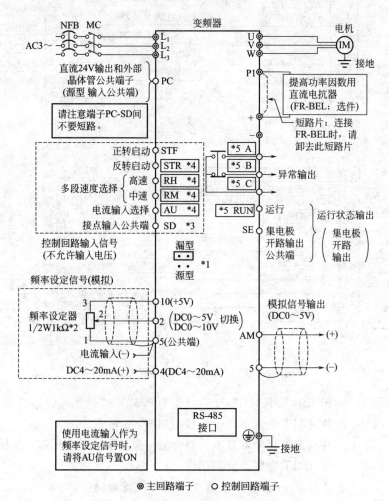

图 8-4　三菱 FR-F540J-7.5K-CHT 变频器端子接线图

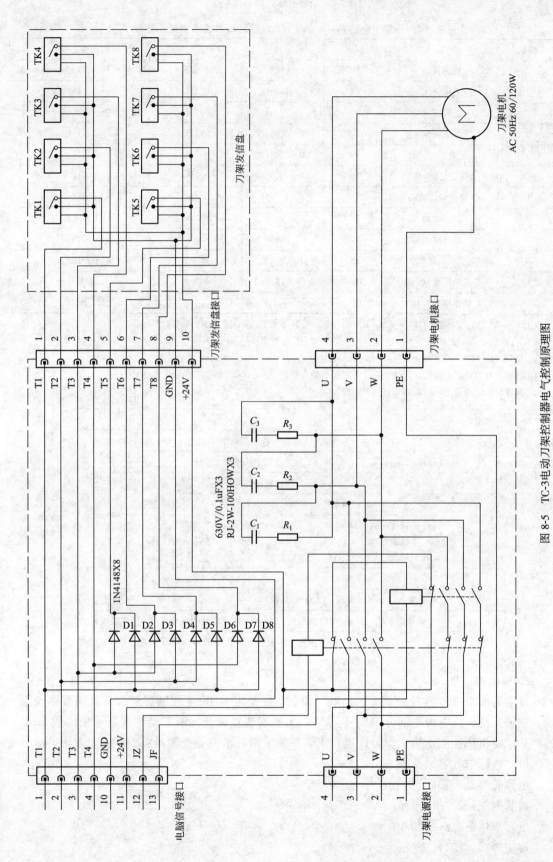

图 8-5 TC-3电动刀架控制器电气控制原理图

203

表 8-4　三菱 FR-F540J-7.5K-CHT 变频器基本功能参数一览表

参数	名　称	表示	设定范围	最小设定单位	出厂设定值
0	转矩提升	P0	0～15％	0.1％	6％/5％/4％/3％/2％①
1	上限频率	P1	0～120Hz	0.1Hz	50Hz
2	下限频率	P2	0～120Hz	0.1Hz	0Hz
3	基准频率	P3	0～200Hz	0.1Hz	50Hz
4	3 速设定(高速)	P4	0～200Hz	0.1Hz	50Hz
5	3 速设定(中速)	P5	0～200Hz	0.1Hz	30Hz
6	3 速设定(低速)	P6	0～200Hz	0.1Hz	10Hz
7	加速时间	P7	0～999s	0.1s	5s/15s②
8	减速时间	P8	0～999s	0.1s	10s/30s③
9	电子过电流保护	P9	0～100A	0.1A	额定输出电流
30	扩张功能显示选择	P30	0,1	1	0④
79	操作模式选择	P79	0～4,7,8	1	0⑤

① 0.75K：6％；1.5K、2.2K：5％；3.7K：4％；5.5K、7.5K：3％；11K、15K：2％。

② 7.5K 以下 5s；11K 以上 15s。

③ 7.5K 以下 10s；11K 以上 30s。

④ 设定为 0 时扩张功能无效，设定为 1 时扩张功能有效。

⑤ 操作模式选择设定值功能如下：

设定值	内　　　容	
0	PU 操作或外部操作	
1	只能执行 PU 操作	
2	只能执行外部操作	
3	运行频率	启动信号
	• 用设定用旋钮设定 • 多段速选择 • 4～20mA（仅当 AU 信号有效）	外部端子（STF、STR）
4	运行频率	启动信号
	外部端子信号（多段速、DCO～5V 等）	RUN 键
7	PU 操作互锁（根据 MRS 信号的 ON/OFF 来决定是否可移往 PU 操作模式）	
8	操作模式外部信号切换（运行中不可）根据 X16 信号的 ON/OFF 移往操作模式选择	

5. 电路设计

改造后的 C6150 数控卧式车床的电气控制系统是由 CNC 主控制装置、交流伺服驱动系统、主轴系统、强电控制部分等构成。CNC 主控制装置以及伺服驱动装置，采用广数 GSK 的产品，使机床性能价格比十分优越；主轴系统采用日本三菱变频器主轴变速，方便灵活。

（1）机床电气容量及要求

电源总容量：10kV·A

满载电流：25A

电源总熔断电流：32A

防护等级：IP54

(2) 机床电气主要技术要求 机床供电电源要求采用三相三线制，380V 50Hz 交流电。三根相线（Ll，L2，L3）和一根地线（PE）均从电柜底部引入电气柜内电盘上的主接线板 Ll，L2，L3 和 PE 端子上。保护地线还必须与机床所设置的专用接地螺钉牢固、可靠地连接，接地电阻 $R < 10\Omega$。供电电源的电缆或电线的截面积应采用不小于 $6mm^2$ 导电率高的铜线。

电网电压：交流 380V（±10%）

电网频率：50Hz（±1Hz）

工作环境温度：5～40℃

相对湿度：25℃时 80%

(3) 机床电气的构成

① 数控系统 CNC

GSK928TC-3 车床数控装置。

② 伺服驱动装置及伺服电动机

X 轴：GSK DA98 交流伺服驱动器，CTB-40P3BJG07-4L5 伺服电动机

Z 轴：GSK DA98 交流伺服驱动器，CTB-40P5BJG07-4L35 伺服电动机。

③ 强电控制单元

主轴电动机 M1：5.5kW 1450r/min 三相异步电动机（原来的电动机）。

刀台电动机 M2：0.12kW 1500r/min

冷却电动机 M3：0.12kW 2900r/min

主轴箱仍然采用原来的润滑系统。

控制变压器 TC：交流 380V/220V/110V/24V，1000VA。主要为控制回路提供 110V 电源，数控装置和冷却风扇提供 220V 电源，机床照明提供 24V 交流电源。控制回路 24V 直流电源由数控装置自备电源提供。

接触器构成该车床电气输出执行元件；继电器构成该车床电气输出放大元件；按钮等构成该车床电气输入元件。

④ 主要开关电器型号、规格见表 8-5。

表 8-5 主要开关电器型号、规格

名称	型号	整定值	用途
QF1	DZ47-63D3P	32A	总开关
QF2	DZ47-63D3P	20A	主轴电动机(变频器)
QF3	DZ47-63D3P	1A	刀台电动机
QF4	DZ47-63D3P	1A	冷却电动机
QF5	DZ47-63D3P	3A	伺服电动机
QF6	DZ47-63D2P	3A	TC 原边
QF7	DZ47-63D2P	3A	TC 副边 220V
QF8	DZ47-63D1P	3A	TC 副边 110V
	DZ47-63D1P	3A	TC 副边 24V

⑤ 保护接地。

本车床接地系统如图 8-6 所示。

电柜与车床接地线用 $6mm^2$ 黄绿双色线；电柜与其他部件接地线用 1～3mm^2 黄绿双

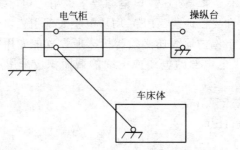

图 8-6　C6150 数控车床接地系统

色线。

（4）改造后的 C6150 数控车床电气控制图　电气控制图包括电气原理图（主电路图、电源电路图、控制电路图）、电气系统图和电气安装接线图。设计电气控制图时应注意以下几点。

① 在设计电气控制原理图时，必须考虑电器元件的技术参数和技术指标，各部分的电流、电压值。

② 主电路必须反映拖动电动机和执行电器的启动、转向控制、调速、制动等控制方式和安全保护。

③ 控制电路的设计应简单明了并符合电气控制规则，机床电气控制不只是单纯的机械和电气相互控制关系，还经常伴随液压或气动，设计时应给予重视。

④ 生产机械对于安全性、可靠性有很高的要求。电气联锁和电气保护环节是保证这一要求的重要内容，这部分分析不可忽视。

⑤ 电源电路设计要考虑各部分容量。

改造后的 C6150 数控车床主电路图、数控装置外部控制连接图、X5 伺服电机控制接口接线图、X3 主轴编码器接口接线图、X4 刀架接口接线图、X6 输入接口接线图、X7 输出接口接线图、强电控制电路如图 8-7～图 8-14 所示。

一般情况下，数控装置与伺服驱动器，伺服驱动器与伺服电动机，数控装置与主轴编码器，数控装置与刀架控制器，刀架控制器与刀架电动机等连接电缆在出厂时已经做好，根据用户要求发货，连接时按照说明书把对应的插头插紧锁住即可。所以，用户二次开发时，只需设计输入接口电路、输出接口电路和强电主回路和控制回路。

输入、输出接口电路的设计要根据数控装置接口定义排图设计。在输入接口排各功能端与 0V 之间接入开关（机械或电子的）就可实现对数控系统对应功能的输入控制。在接入电子开关时，要注意电子开关的开关接点与电子开关的电源端子用法，不可接错。在输出接口排各功能端子与 DC24V 之间接入 DC24V 继电器线圈就可实现对数控系统对应功能的输出控制。在接入 DC24V 继电器线圈的两端必须并联二极管且注意极性。

强电主回路和控制回路的设计与一般继电接触器电路设计方法相同，要注意各部分之间的连锁关系。不同的是在设计变频主轴电路时，要显示电动机的正反转控制以及报警电路和模拟量输入端子接线（有必要时）。

6. 参数设置

系统所有参数如表 8-6 所示。表中初始值为出厂设定值，用户可根据具体使用要求，自行设定各参数值。各参数含义见表 8-6 后的解释。参数设置方法见《GSK928TC-3 使用手册》。

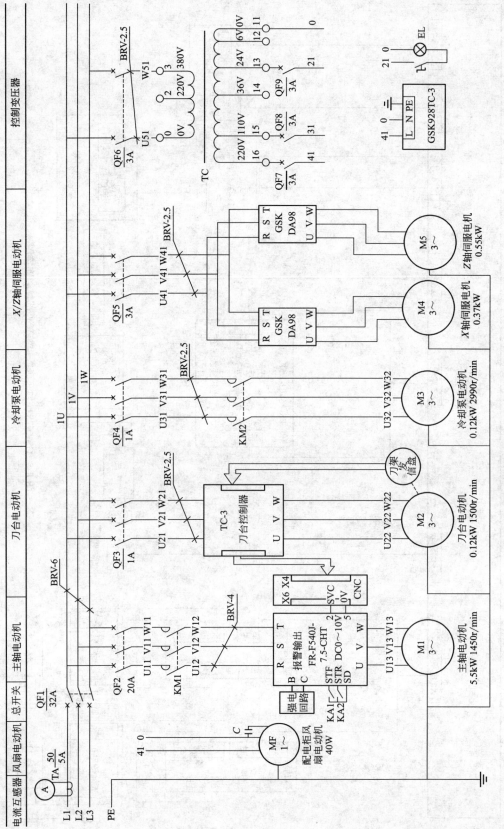

图 8-7　改造后的C6150数控车床主电路图

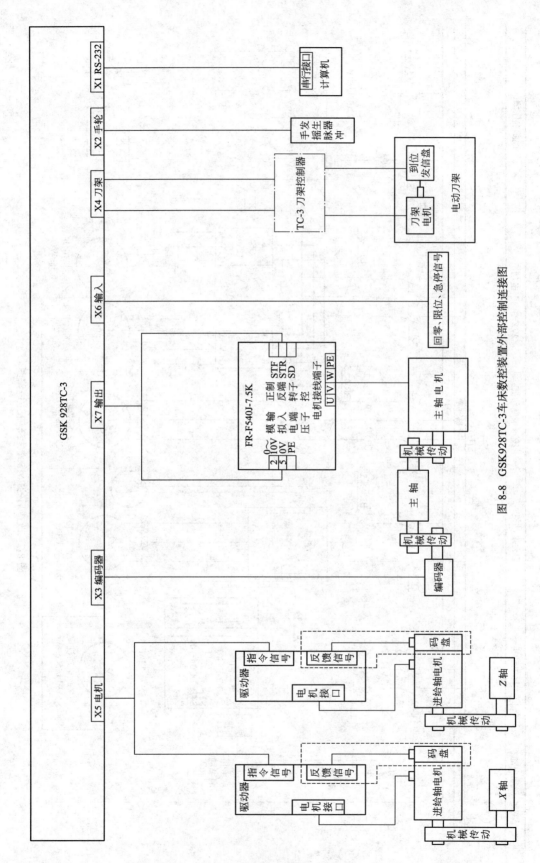

图 8-8　GSK928TC-3车床数控装置外部控制连接图

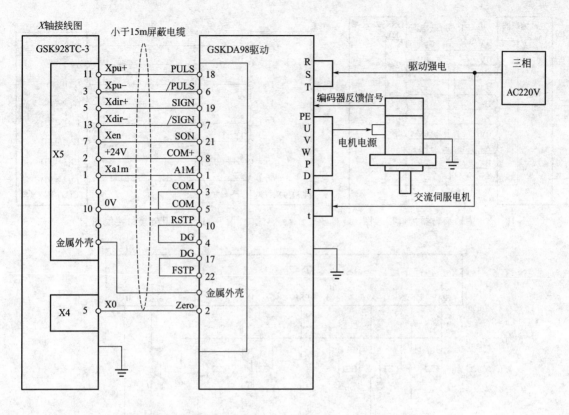

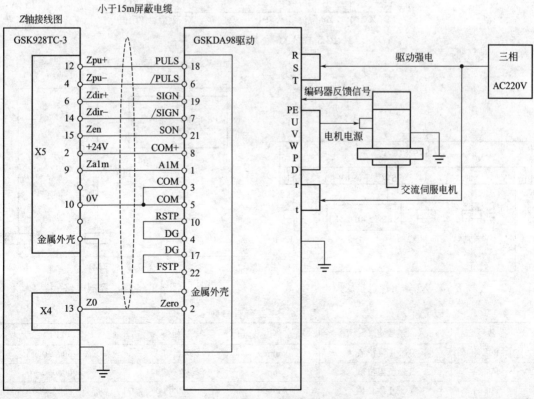

图 8-9　X5 伺服电机控制接口接线图

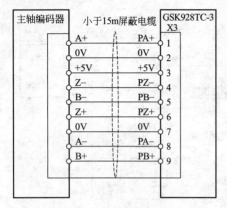

图 8-10　X3 主轴编码器接口接线图

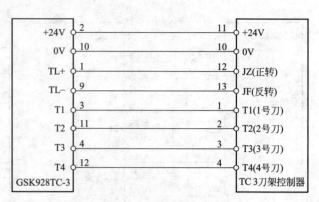

图 8-11　X4 刀架接口接线图

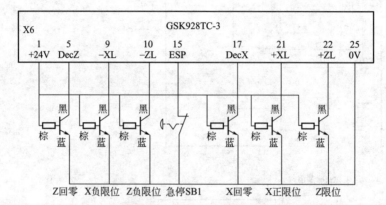

图 8-12　X6 输入接口接线图

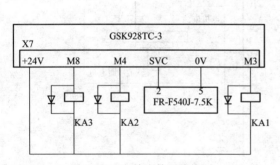

图 8-13　X7 输出接口接线图

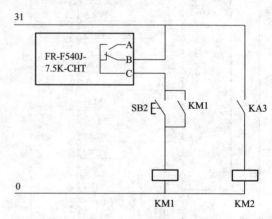

图 8-14　强电控制电路

表 8-6　系统所有参数

参数号	参数定义	单位	初始值	范围
P01	Z 轴正限位值	mm	8000.000	0～8000.000
P02	Z 轴负限位值	mm	−8000.000	−8000.000～0
P03	X 轴正限位值	mm	8000.000	0～8000.000
P04	X 轴负限位值	mm	−8000.000	−8000.000～0

参数号	参数定义	单位	初始值	范围
P05	Z 轴最快速度值	mm	6000	8～15000
P06	X 轴最快速度值	mm	6000	8～15000
P07	Z 轴反向间隙	mm	00.000	0～10.000
P08	X 轴反向间隙	mm	00.000	0～10.000
P09	主轴低挡转速	r/min	1000	0～9999
P10	主轴高挡转速	r/min	3000	0～9999
P11	位参数 1		00000000	0～11111111
P12	位参数 2		00000000	0～11111111
P13	最大刀位数		4	1～8
P14	刀架反转时间	0.1s	10	1～255
P15	M 代码时间	0.1s	10	1～255
P16	主轴制动时间	0.1s	10	1～255
P17	Z 轴最低起始速度	mm/min	50/150	8～9999
P18	X 轴最低起始速度	mm/min	50/150	8～9999
P19	Z 轴加速时间	ms	600/300	8～9999
P20	X 轴加速时间	ms	600/300	8～9999
P21	切削进给起始速度	mm/min	50/100	8～9999
P22	切削进给加减速时间	ms	600/400	8～9999
P23	程序段号间距		10	1～255
P24	主轴中挡转速	r/min	2000	0～9999
P25	位参数 3		00000000	0～11111111
P26	位参数 4		00000000	0～11111111
P27	Z 倍频数		1	1～255
P28	Z 分频数		1	1～255
P29	X 倍频数		1	1～255
P30	X 分频数		1	1～255

参数说明：

P01、P02——Z 轴正、负方向行程限位值（软限位）

P01、P02 参数分别确定刀架在 Z 轴正、负方向的最大行程，若 Z 轴坐标大于或等于 P01 参数的值（正限位值），则 Z 轴不能再向正方向移动，只能向负方向移动。若 Z 轴坐标小于或等于 P02 参数的值（负限位值），则 Z 轴不能再向负方向移动，只能向正方向移动。（单位：mm）

P03、P04——X 轴正负方向行程限位值（软限位）

P03、P04 参数分别确定了刀架在 X 轴正、负方向的最大行程。若 X 轴坐标大于或等于 P03 参数的值（正限位值），则 X 轴不能再向正方向移动，只能向负方向移动。若 X 坐标小于或等于 P04 参数的值（负限位值），X 轴不能向负方向移动，只能向正方向移动。（单位：mm）

注：虽然坐标范围为 8000－（－8000）＝16000，但自动方式中相对移动距离不能超过 8000。

P05——Z 轴快速移动速度

P05 参数确定了 Z 轴在手动快速及 G00 指令中的快速移动速度，Z 轴的实际快速移动速度，还受快速倍率的控制。

Z 轴实际快速速度＝P05×快速倍率（单位：mm/min）

P06——X 轴快速移动速度

P06 参数确定了 X 轴在手动快速及 G00 指令中的快速移动速度，X 轴的实际快速移动速度，还受快速倍率的控制。

X 轴实际快速速度＝P06×快速倍率（单位：mm/min）

P07、P08——Z 轴、X 轴反向间隙值

P07、P08 参数分别确定 Z 轴、X 轴的机械传动的反向间隙值。单位：mm。由于机床中的丝杠、减速器等传动部分不可避免地存在间隙，因此刀架在往复运动中就会因间隙的存在而产生误差。为补偿间隙造成的误差而设置了 P07、P08

参数。通过设置这两个参数，机床在运动中改变方向时，数控系统会自动补偿间隙误差。

P09——主轴低挡转速

P09 参数确定了系统在使用变频器控制主轴，主轴齿轮挡位处于低挡位（M41 有效），系统输出 10V 模拟电压时，机床所对应的最高转速。在用主轴多挡开关量控制主轴时 P09 参数无效。（单位：r/min）

P10——主轴高挡转速

P10 参数确定了系统在使用变频器控制主轴，主轴齿轮挡位处于高挡位（M43 有效），系统输出 10V 模拟电压时，机床所对应的最高转速。在用主轴多挡开关量控制主轴时 P10 参数无效。（单位：r/min）

注：当主轴无高、中、低挡位时，系统以 P10 作为输出基准。此时 P09、P23 无效。系统上电后主轴高挡位有效。

P11、P12——位参数 1，位参数 2

数控系统的某些控制功能可以通过 P11、P12 参数中相应位设置成 0 或设置成 1，而实现不同的控制功能，以适应不同机床的各种需求。

位参数的位从左到右为 Bit7～Bit 0，共 8 位，每一位都可设置成 0 或设置成 1。

• P11 参数的位说明

Bit7	Bit6	Bit5	Bit4	Bit3	Bit2	Bit1	Bit0

Bit 7　0　手脉方式时 0.1mm 倍率有效。

　　　 1　手脉方式时 0.1mm 倍率无效，上电延时 15s 才能进入菜单操作。

Bit 6　0　执行刀补时移动机床拖板而不修改坐标。

　　　 1　执行刀补时修改坐标而机床拖板不移动。

Bit 5　0　系统使用普通电机回转刀架。

　　　 1　系统使用排刀架。

Bit 4　0　主轴转速挡位输出为 S1～S4 四挡直接输出。

　　　 1　主轴转速挡位输出为 S0～S15 16 位编码输出，编码输出如下表。

参数中 S 代码编码表：

	S00	S01	S02	S03	S04	S05	S06	S07	S08	S09	S10	S11	S12	S13	S14	S15
S1		★		★		★		★		★		★		★		★
S2			★	★			★	★			★	★			★	★
S3					★	★	★	★					★	★	★	★
S4									★	★	★	★	★	★	★	★

表中"★"表示对应位输出有效。

Bit 3　0　诊断、手动方式中不检测编码器线数，手动、自动方式显示主轴编程转速。

　　　 1　诊断、手动方式中检测编码器线数，手动、自动方式显示主轴实际转速。

Bit 2　0　主轴编码器每转脉冲数为 1200pulse/r。

　　　 1　主轴编码器每转脉冲数为 1024pulse/r。（要求主轴转速大于 120r/min，否则不能正常检查）

Bit 1　Z 轴电机旋转方向选择。

Bit 0　X 轴电机旋转方向选择。

注 1：通过 DIRX　DIRZ 设置成 0 或 1，可以在不改变其他外部条件的情况下，改变电机的旋转方向。使刀架实际移动方向和系统定义方向相同，改变电机方向参数后，按 ▓ 键或重新上电后方能有效。

注 2：Bit 7—Bit 6 位暂未用。

• P12 参数的位说明

Bit7	Bit6	Bit5	Bit4	Bit3	Bit2	Bit1	Bit0

P12 参数的位说明

Bit 7　0　系统回机床参考点（机械零点）功能无效。

　　　 1　系统回机床参考点（机械零点）功能有效。

Bit 6　0　Z 轴驱动单元报警输入信号（Zalm）为高电平时产生"Z 轴驱动报警"

　　　 1　Z 轴驱动单元报警输入信号（Zalm）为低电平时产生"Z 轴驱动报警"

Bit 5　0　X 轴驱动单元报警输入信号（Xalm）为高电平时产生"X 轴驱动报警"

　　1　X 轴驱动单元报警输入信号（Xalm）为低电平时产生"X 轴驱动报警"

Bit 4　0　回机械零点方式一：不检查一转信号。

　　　　1　回机械零点方式二：检查一转信号。

Bit 3　0　主轴停止时不输出主轴制动信号。

　　　　1　主轴停止时输出主轴制动信号。（制动信号的保持时间由 P16 号参数确定）

Bit 2　0　主轴启停冷却液开关控制为电平控制方式。（仅 M03/04/05 M08/09 受控）

　　　　1　主轴启停冷却液开关控制为脉冲控制方式。（其他 M 信号始终为电平控制式）

Bit 1　0　按换刀键后刀架立即转动换刀。

　　　　1　换刀键需按"回车"确认后刀架才转动换刀。

Bit 0　0　主轴转速为开关量换挡控制。

　　　　1　主轴转速为 0～10VDC 模拟量控制（变频调速主轴）。

P13——最大刀位数

　　P13 参数确定机床电动刀架上的最大刀位数。GSK928TC-3 数控系统标准配置为四工位电动刀架。刀位信号按照特定的编码输入可扩展到 6～8 工位电动刀架。

P14——刀架反转时间

　　P14 参数确定电动刀架在换刀时，刀架电机反转锁紧信号的持续时间。（单位：0.1s）

　　注：P14 参数的值在配不同的电动刀架时应作相应调试，并调到合适的值。参数值太大，会使刀架电机发热甚至损坏。参数值太小会使刀架不能锁紧，所以调试时应使用不同的值来进行调试并选择合适的参数值。

P15——M 代码脉冲时间

　　P15 参数确定了主轴、冷却液、液压卡盘、液压尾座为脉冲控制方式时，脉冲信号的持续时间。（单位 0.1s）

P16——主轴制动信号时间

　　P16 参数确定了输出主轴制动信号时，制动信号的持续时间。（单位：0.1s）

P17——Z 轴最低起始速度

　　P17 参数确定 Z 轴 G00 或手动方式时的最低起始速度。（单位：mm/min）

　　当 Z 轴的速度低于 P17 的值时，Z 轴无升降速过程。应根据实际的机床负载将此参数的值调整在合适的值。

P18——X 轴最低起始速度

　　P18 参数确定 X 轴 G00 或手动方式时的最低起始速度。（单位：mm/min）当 X 轴的速度低于 P18 的值时，X 轴无升降速过程。应根据实际的机床负载将此参数的值调整在合适的值。

P19——Z 轴加减速时间

　　P19 参数确定 Z 轴 G00 或手动方式时，由最低起始速度（P17）以直线方式上升到最高速度（P5）的时间。（单位：ms）P19 的值越大，Z 轴的加速过程越长。在满足负载特性的基础上，应尽量减小 P19 的值以提高加工效率。

P20——X 轴加减速时间

　　P20 参数确定 X 轴 G00 或手动方式时，由最低起始速度（P18）以直线方式上升到最高速度（P6）的时间。（单位：ms）P20 的值越大，X 轴的加速过程越长。在满足负载特性的基础上，应尽量减小 P20 的值以提高加工效率。

P21——切削进给起始速度

　　P21 参数确定了系统自动加工过程中 G01、G02、G03 等切削指令的起始速度。（单位：mm/min）当程序中指定的 F 速度值小于 P21 的值时无升降速过程。

P22——切削进给加减速时间

　　P22 参数确定了系统自动加工过程中 G01、G02、G03 等切削指令的速度由 P21 指定的值加速到 600mm/min 的时间。（单位：ms）通过对 P5、P6、P17～P22 等参数的调整，可使系统适应不同类型的电机或不同负载的机床，提高加工效率。

P23——程序段号间距

　　P23 参数确定编辑工作方式中，自动产生程序段号时的前后程序段号的增量值，即行号与行号之间的差值。

P24——主轴中挡转速

　　P24 号参数确定了系统在使用变频器控制主轴时，主轴齿轮处于中挡位（M42 有效）时，系统输出 10V 模拟电压时机床对应的最高转速。在用主轴多挡开关量控制主轴时 P24 参数无效。（单位：r/min）

P25——位参数 3

· P25 参数的位说明

Bit7	Bit6	Bit5	Bit4	Bit3	Bit2	Bit1	Bit0

Bit 7　0　减速到零有效。

　　　　1　不减速到零有效。

本参数决定系统在自动方式下，连续执行程序段时，指令与指令的衔接方式。若设置为 1，则上条指令执行完毕减速到零后再执行下条指令。若设置为 1，则更有利于圆弧与圆弧、圆弧与直线相切的快速过渡，从而避免在工件上产生顿痕。

Bit 6　0　反向间隙运行倍率为 1 倍。

　　　　1　反向间隙运行倍率为 2 倍。

Bit 5　0　反向间隙运行倍率 1 倍。

　　　　1　反向间隙运行倍率 4 倍。

　　　　反向间隙补偿的执行速度＝最低起始速度×(P25Bit6)×(P25Bit5)。P25d6/P25d5 可组合为 1、2、4、8 倍数；步进电机不应大于 1 倍数。步进电机不应大于 1 倍数，伺服电机可以根据实际负载调整。

Bit 4　0　液压卡盘/尾控制信号为电平信号。

　　　　1　液压卡盘/尾控制信号为脉冲信号。脉冲宽度由 P15 号参数确定。

Bit 3　0　液压卡盘控制需要检测卡紧/松开到位信号。当液压卡盘控制有效，检测卡盘到位时，不可以使用 M91～M94 指令。即使编程，M91～M94 指令，系统也不执行。

　　　　1　液压卡盘控制不需要检测卡紧/松开到位信号。当液压卡盘控制有效，不检测卡盘到位时，可以使用 M91～M94 指令。

Bit 2　0　卡盘夹紧方式为外卡方式。

　　　　1　卡盘夹紧方式为内卡方式。（夹紧、松开信号输出与外卡方式相反）

Bit 1　0　液压卡盘功能无效。

　　　　1　液压卡盘功能有效。

Bit 0　0　液压尾座功能无效。

　　　　1　液压尾座功能有效。

P26——位参数 4

- P26 参数的位说明

未用	未用	Bit5	Bit4	Bit3	Bit2	Bit1	Bit0

Bit 5　0　不使用防护门保护功能。

　　　　1　防护门保护功能有效。

　　　　防护门保护功能有效时，检测点从系统的 X4（刀架）7 号引脚输入，信号为常闭触点输入。

Bit 4　0　P24 号参数作为主轴中速使用。

　　　　1　P24 号参数作为主轴实际限速使用。此时主轴中挡无效，M42 与 M43 效果相同。当使用变频控制主轴转速时，需要在规定的最高主轴速度范围内再限制一个实际主轴速度。此时，使用 P24 号参数作为实际主轴速度的最大值。

Bit 3　0　不重新设位置。系统自动检查当前坐标与 G50 定义是否相同。

　　　　1　自动重新设位置。系统不执行回到程序起始点动作，而直接将当前坐标修改为 G50。

　　　　本参数决定系统在自动方式下执行 G50 指令的方式。P26Bit3＝1 时，系统不作应答提示，直接将当前坐标修改为 G50 定义的坐标值，再执行下一段程序。

Bit 2　0　限位报警减速。

　　　　1　限位报警急停。

　　　　此参数指定系统碰到硬限位采取哪种处理方式。若设置为 0，碰到硬限位报警，运动轴减速停止，坐标与实际位置是吻合的；若设置为 1 时，碰到硬限位报警，运动轴突然停止，坐标与实际位置可能不吻合。

Bit 1　0　自动可控主轴。

　　　　1　自动不可手控主轴。本参数决定系统在自动方式下，是否允许对主轴启停进行按键操作。

Bit 0　0　主轴速度平滑无效。

　　　　1　主轴速度平滑有效。本参数用于螺纹切削。一般来说，设置为 0 更有利于系统对主轴转速的跟踪。但如果在极低转速下切削特大螺距的螺纹，则可设置为 1，更有利于步进电机的平稳运行。

P27——Z 倍频数　表示 Z 轴电子齿轮分子。（范围 1～255）

P28——Z 分频数　表示 Z 轴电子齿轮分母。（范围 1～255）

P29——X 倍频数　表示 X 轴电子齿轮分子。（范围 1～255）

P30——X 分频数　表示 X 轴电子齿轮分母。（范围 1～255）

使用电子齿轮功能后，在输入单位和输出单位不同的情况下，如果反向间隙是通过系统坐标测量而来，则间隙值可以直接输入。如果通过百分表测量而来的值，则需要将测量出来的值乘电子齿轮比的倒数。试切对刀的坐标值也需要同样处理。

比如：Z 轴电子齿轮比为 1：2 试切对刀时，测量出的 Z 轴尺寸是 15mm，输入 K 值时，应将 $K×2$，输入的 $K=30$。

使用电子齿轮功能后，系统的最快速度与输出分辨率将随之发生变化。当电子齿轮分子大于分母时，系统允许的最高速度将降低。随电子齿轮比值的不同而变化，无论如何必须保证以下关系：

$$电子齿轮分母/电子齿轮分子×F≤15000$$

系统输出的分辨率与电子齿轮比值成反比。电子齿轮比值越大，系统分辨率越低。反之，电子齿轮比值越小，系统分辨率越高。为了保证系统定位精度何速度指标，在配套伺服驱动时，建议将系统的电子齿轮比设置为 1：1，而在伺服驱动中设置实际的电子齿轮比。配套步进驱动时，建议尽可能选用带步进细分功能的驱动单元，尽可能保持系统的电子齿轮比为 1：1，并避免系统电子齿轮比的分子分母数值相差过大。

7. 调试运行

参数设置完毕后即可调试运行，编制说明书，改造完工。

8.2　中、高频淬火装置控制系统的数控化改造示例

淬火就是将钢加热到临界温度 A_{c3}（亚共析钢）或 A_{c1}（过共析钢）以上某一温度，保温一段时间，使之全部或部分奥氏体化，然后以大于临界冷却速度的冷速快冷到 M_s 以下（或 M_s 附近等温）进行马氏体（或贝氏体）转变的热处理工艺。过去工匠们形象地称淬火为蘸火，即把烧红的钢铁突然放入冷水中，以增加钢铁的硬度。

中、高频淬火多数用于工业金属零件表面淬火，是使工件表面产生一定的感应电流，迅速加热零件表面，然后迅速淬火的一种金属热处理方法。感应加热设备，即对工件进行感应加热，以进行表面淬火的设备。中、高频淬火是用感应加热的原理，将工件放到感应线圈（空心铜管绕制）内，线圈内输入中频或高频交流电（1000～300000Hz 或更高）产生交变磁场，在工件中产生出同频率的感应电流，这种感应电流在工件的分布是不均匀的，在表面强，而在内部很弱，到心部接近于 0，利用这个集肤效应，可使工件表面迅速加热，在几秒内表面温度上升到 800～1000℃，而心部温度升高很小，频率越高加热的深度越浅。

高频（10kHz 以上）加热的深度为 0.5～2.5mm，一般用于中小型零件的加热，如小模数齿轮及中小轴类零件等。

中频（1～10kHz）加热深度为 2～10mm，一般用于直径大的轴类和大中模数的齿轮加热。

工频（50Hz）加热淬硬层深度为 10～20mm，一般用于较大尺寸零件的透热，大直径零件如轧辊等的表面淬火。

感应加热表面淬火具有表面质量好，脆性小，淬火表面不易氧化脱碳，变形小等优点，所以感应加热设备在金属表面热处理中得到了广泛应用。

1. 中、高频淬火装置的结构组成、运动形式、控制要求

中、高频淬火装置主要由中、高频电源，感应圈，冷却系统，工件卡具以及工件转动和进给拖动与控制系统组成。图 8-15 为淬火装置局部结构示意图。工作时，将工件置于底部支撑座上，感应线圈套在工件外部（感应线圈与工件不接触，直径大小可根据工件直径大小选装），工件上部由升降顶尖顶紧。工件旋转电动机带动工件作水平旋转运动；底部支座、工件及顶尖机构整体由升降电动机带动作上下运动（感应线圈不作运动）。工件上下行程由升降电动机通过丝杠带动控制，工件在上下运动过程中速度应可调，有停顿要求且时间应可调；工件旋转速度应可调；喷水时间及间隔应可调。

传统的中、高频淬火工艺控制是由 PLC 通过接近开关控制工件的淬火行程，通过定时

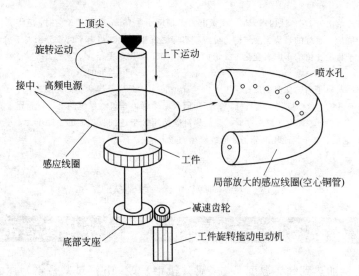

图 8-15　淬火装置局部结构示意图

器控制加热和冷却时间。由于接近开关感应距离的误差，控制工件行程精度不高且升降速度为两级速度，使得工件表面该淬火的地方没有淬火，而不该淬火的地方却被淬火，淬火深度误差较大。

改由数控系统控制工件行程后，工件升降由步进电动机拖动，其转速由数控装置控制实现了无级调速，升降行程由步进电动机带动丝杠，可使淬火行程精度大大提高，从而提高了工件质量。

2. 采用数控系统控制方式下拖动方式与控制方案的确定

为满足中、高频运动形式及功能要求，可采用以下拖动方式与控制方案（机械结构基本不变）：

① 工件旋转由变频器控制三相异步电动机拖动，转速控制、异常输出采用变频器内部调速模式，正反转由 M03、M04、M05 控制。

② 升降机构由步进驱动器控制步进电动机拖动，步进驱动器连接数控装置进给轴，升降速度由步进电动机旋转速度决定，停顿时间由 G04 控制。

③ 冷却喷水电磁阀由数控装置 M08 控制。

④ 顶尖升降由升降电动机正反转控制，正反转由升降按钮控制。

⑤ 加热过程应有信号指示。

3. 数控系统的选择

（1）选择凯恩帝 KND0S 单轴数控装置，完全可以满足要求。KND0S 单轴数控装置技术规格如表 8-7 所示。

表 8-7　KND0S 单轴数控装置技术规格

功　能	名　称	规　格
控制轴	控制轴数	1 轴（X）
输入指令	最小设定单位	0.001mm
	最小移动单位	0.001mm
	最大指令值	±9999.999mm

功　　能	名　　称	规　　格
进给	快速进给速度	15 米/分（最大值）
	进给速度范围（每分进给）	1～15000mm/min
	自动加减速	有（直线，指数）
	进给速度倍率	0～150％
手动	手动连续进给，手动返回参考点，	有
	单步进给	0.001、0.01、0.1、1
轴运动方式	快速定位，直线运动	G00，G01
调试机能	试运行，单程序段	有
坐标系及暂停	暂停(s)	G04
	坐标系设定	G50
	自动坐标系设定	有
运转方式	MDI，自动，手动，单步，编辑	有
安全机能	存储型行程检查	有
	紧急停	有
程序存储及编辑	程序存储容量，存储程序个数	16K，63 个
	程序编辑	插入，修改，删除
	程序号，顺序号，地址，字检索	有
	小数点编程	有
	电子盘	有，6 个区
显示	192×64 点阵液晶显示器	
	位置，程序，变量，报警，调试，诊断，参数	有
输入/输出	16/8 点	16 入，8 出
M 机能	辅助功能	M2 位数
补偿机能	反向间隙补偿	有
宏程序机能	宏程序机能（A 型）	有
	M 调用子程序机能	有
	子程序保护机能	有
其他机能	电子齿轮比	有
	任意位置启动程序机能	有

　　KND0S 单轴数控装置后视图及接口定义如图 8-16 所示。

　　各接口排定义图（从装置后面看）如图 8-17 所示。

　　(2) 选择凯恩帝 KND-BD3H-C 步进机驱动器作为 X 向驱动装置；X 轴步进电机选用 FHB31115 三相混合步进电动机。凯恩帝 KND-BD3H-C 步进机驱动器接口如图 8-18 所示。FHB31115 步进电机参数如表 8-8 所示。

　　(3) 选择 OMRON 3G3JZ-A4015 变频器作为 0.8kW 工件旋转拖动电机控制器。

　　OMRON 3G3JZ-A4015 变频器端子接线图如图 8-19 所示。控制回路端子功能如表 8-9 所示。参数一览表见《SYSDRIVE-3G3JZ 操作手册》。

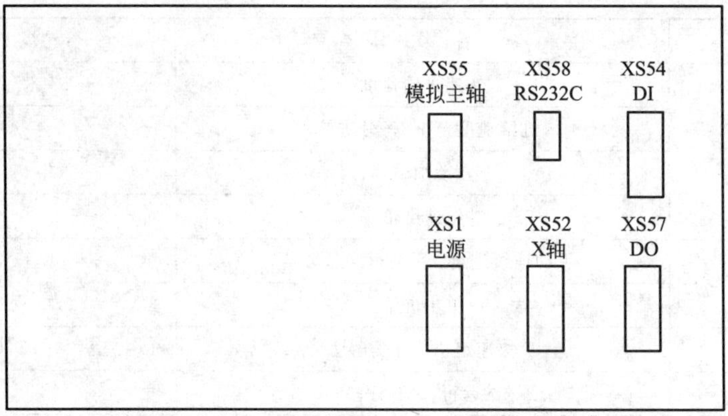

图 8-16 KND0S 单轴数控装置后视图及接口定义

XS55—模拟主轴接口，DB9 针座；XS58—RS-232C 接口，DB9 针座；

XS54—输入信号接口，DB25 针座；XS57—输出信号接口，DB15 孔座；

XS52—X 电机信号接口，DB15 孔座；XS1—电源插孔，3 针座

XS52：DB15F(X轴)

1	XCP+	9	XCP−
2	XDIR+	10	XDIR−
3	XPC+	11	XPC−
4		12	VP
5	XDALM	13	VP
6		14	0V
7	XMRDY1	15	0V
8	XMRDY2		

XS55：(DB9M)

1		6	
2	0V	7	
3	0V	8	
4	0V	9	
5	SVC		

XS54：DB25F

1	UI8	14	UI9
2	UIA	15	UIB
3	UIC	16	UID
4	UIE	17	UIF
5	UI1	18	UI0
6	UI3	19	UI2
7	U15	20	*ESP1
8	*DECX	21	UI6
9	0V	22	+24V
10	0V	23	+24V
11	0V	24	+24V
12	0V	25	+24V
13			

XS57：DB15M

1	M03	9	M04
2	U02	10	M32
3	M08	11	U05
4	U06	12	SPZD
5	0V	13	+24V
6	0V	14	+24V
7	0V	15	+24V
8	0V		

XS58：DB9

1		6	
2	RXD	7	
3	TXD	8	
4		9	
5	0V		

XS1：DB3M

1	L
2	N
3	PE

图 8-17 接口排定义图（从装置后面看）

表 8-8 FHB31115 步进电机参数

型号	相数	保持转矩	步距角/(°)	相电流电机△接法	空载运行频率/kHz	空载启动频率/Hz	转动惯量/(kg/cm²)	驱动器相电流设置 SW2 的设定			
								SW2-1	SW2-2	SW2-3	SW2-4
FHB31115	3	11Nm	0.6/1.2	3.8A	30	1600	9.72	ON	ON	ON	OFF

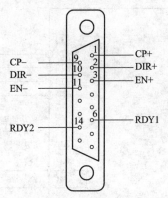

CN插座：DB15孔型

CN信号定义表

引脚	名称	信号定义
1	CP+	脉冲信号输入(+)
9	CP−	脉冲信号输入(−)
2	DIR+	方向信号输入(+)
10	DIR−	方向信号输入(−)
6	RDY1	准备好信号输出1
14	RDY2	准备好信号输出2
3	EN+	使能信号(+)
11	EN−	使能信号(−)

图 8-18　GSK DA98 交流伺服驱动器与数控装置以及各轴伺服电机连接图

表 8-9　控制回路端子功能

	记号	内容	规　格
输入	S1	多功能输入 1(正转/停止)	光耦合器 DC ＋24V(±10%)　16mA ※1. 初期设定时设定于 NPN,因此请用 GND 公共端配线,不需要使用外部电源 ※2. 使用外部电源在＋侧公共端配线时,将 SW1 切换为 PNP,使用 DC24V±10%电源
	S2	多功能输入 2(反转/停止)	
	S3	多功能输入 3(外部异常)	
	S4	多功能输入 4(异常复位)	
	S5	多功能输入 5(多段速指令 1)	
	S6	多功能输入 6(多段速指令 2)	
	SC	时序输入公共端	
	SP	时序电源＋24V	＋24VDC　20mA
	AC	模拟公共端	模拟输入、模拟输出的 0V
	A1	频率指令输入	0～＋10VDC(10 位)/47kΩ
	＋V	频率指令电源	＋10VDC　20mA
输出	MA	多功能异常输出 1a 常开接点	继电器输出 • 电阻负载时≤＋24VDC　3A/250VAC　3A • 电感负载时≤＋24VDC 0.5A 以下/250VAC 0.5A
	MB	多功能异常输出 1b 常闭接点	
	MC	多功能输出 1 公共端	
	AM	多功能模拟输出	0～＋10VDC(8 位)　2mA※ 4
	(AC)	模拟公共端　※3	

※1. 多功能输入 1～6、多功能输出 1 可通过参数设定选择多种功能。
　　功能栏中记载于 (　　) 内的功能为出厂时已经设定的功能。

※2. 频率指令输入、多功能模拟输出的输出可通过参数设定来变更功能及调整输入/输出电压（电流）的规格。已经记载的规格为出厂时设定的规格。

※3. 模拟输入和模拟输出共用模拟公共端。

※4. 3G3JZ的模拟量输出为载波频率 1kHz 的 PWM 波形,可以直接与模拟量输入连接。如果需要使用示波器观察波形,须添加滤波器。电路图如下,其中 $R＝100kΩ$,$C＝0.1μF$。

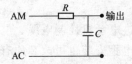

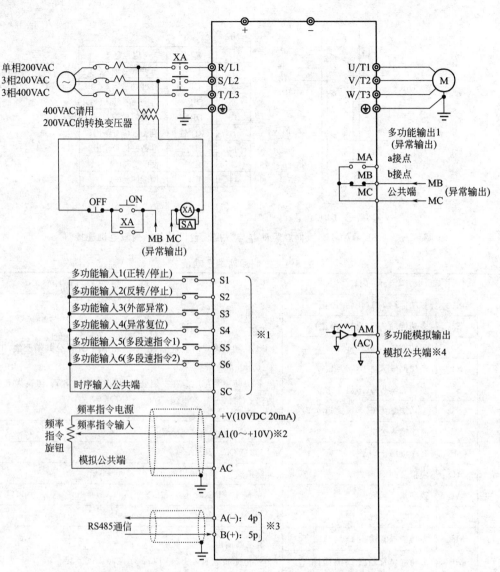

※1. 控制回路端子显示为初始设定的 NPN 配线。可通过时序输入方法切换 SW 的设定变更为 PNP 输入。

※2. 频率指令输入 A1 初始为电压输入，可通过模拟输入选择方法切换 SW 和参数设定变更为电流输入。

※3. RS485 的配线请用标准 Ethernet 用连接器配线。

※4. 模拟输入和模拟输出共用模拟公共端。模拟量输出为载波频率 1kHz 的 PWM 波形，可以直接与模拟量输入连接。

图 8-19 3G3JZ-A4015 变频器端子接线图

（4）顶尖升降机构不变。

（5）淬火冷却水供给系统不变。

4. 电路设计

改造后的中、高频淬火装置主电路图、0S 数控装置外部控制连接图、XS52X 轴伺服电机控制接口接线图、XS54 输入接口接线图、XS57 输出接口接线图、强电控制电路如图 8-20～图 8-25 所示。

数控装置与步进驱动器以及步进电动机控制电缆、电源线已由厂家做好，安装时正确插接即可。其他电路需要另行制作配电柜安装也可改装原有配电柜。

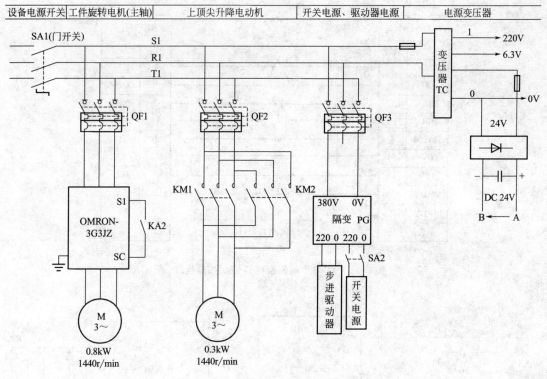

设备电源开关 | 工件旋转电机(主轴) | 上顶尖升降电动机 | 开关电源、驱动器电源 | 电源变压器

图 8-20 高频淬火装置主电路图

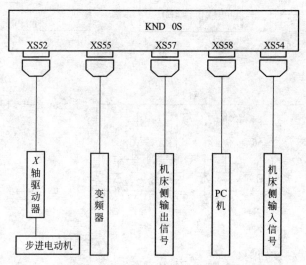

图 8-21 0S 数控装置外部控制连接图

由数控装置控制的有主轴启停，加热启停与时间控制，喷水启停与时间控制，工件行程控制。由手动控制的有中/高频转换，顶尖升降，工件升降快慢转换，急停（KND-0S 不设内部急停）。

5. 参数设置

（1）数控系统参数设置　系统所有参数如表 8-10 所示。表中数据为出厂设定值，用户可根据具体使用要求，自行设定各参数值。各参数含义及设置方法见《KND0S 使用手册》。

221

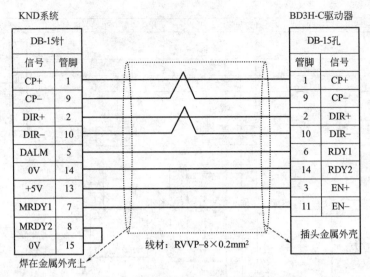

图 8-22　XS52X 轴伺服电机控制接口接线图

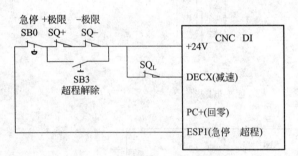

图 8-23　XS54 输入接口接线图

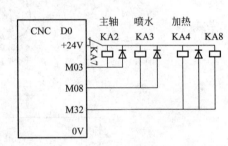

图 8-24　XS57 输出接口接线图

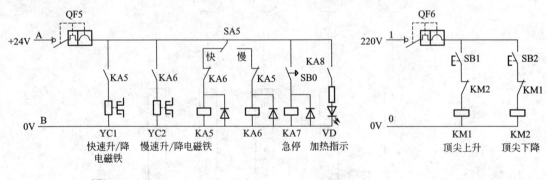

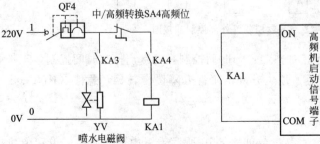

图 8-25　强电控制电路

表 8-10　系统所有参数

参数号	数据	含　义
1	10100111	位参数
2	10000000	位参数
3	1	X 轴指令倍乘比
4	10	X 轴指令分频系数
5	200	加减数系数
6	2	信号有效宽度
7	0	X 轴间隙补偿量
8	4000	X 轴快速速率
9	4000	切削进给上限速度
10	200	返回参考点时的低速
11	1024	M 代码等待时间
12	400	主轴制动输出时间
13	400	返回参考点坐标值设定
14	0	在自动坐标系速度中,X 轴返回参考时的坐标值设定
15	9999999	X 轴正向行程限位
16	−9999999	X 负正向行程限位
17	10	自动插入程序序号增量值
18	9999	10V 模拟主轴电压对应转速
19	00000000	位参数
20	00000000	位参数

（2）步进驱动器拨码开关设置　BD3H-C 驱动器有两个拨码开关，SW1（6 位拨码）是功能设置开关，SW2（4 位拨码）用于设置电机相电流。BD3H-C 驱动器拨码开关如图8-26所示。

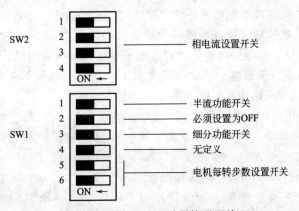

图 8-26　BD3H-C 驱动器拨码开关

① 相电流设置。步进电机内部线圈必须接成三角形，驱动器的相电流设置值必须小于或等于电机铭牌上的额定相电流。具体设置见表 8-11。

223

表 8-11　相电流设置

开关＼A	1.0	1.2	1.6	1.9	2.6	2.8	3.1	3.5	4.1	4.4	4.8	5.1	5.8	6.1	6.4	6.8
SW2-1	OFF	ON	OFF	ON	OFF	ON	OFF	ON	OFF	ON	OFF	ON	OFF	ON	OFF	ON
SW2-2	OFF	OFF	ON	ON	OFF	OFF	ON	ON	OFF	OFF	ON	ON	OFF	OFF	ON	ON
SW2-3	OFF	OFF	OFF	OFF	ON	ON	ON	ON	OFF	OFF	OFF	OFF	ON	ON	ON	ON
SW2-4	OFF	OFF	OFF	OFF	OFF	OFF	OFF	OFF	ON	ON	ON	ON	ON	ON	ON	ON

注：若电机额定电流标称值是"Y"接法的电流值时，设定电流值≤额定值的$\sqrt{3}$倍。

② 半流功能设置。SW11 设为 OFF，有半流功能；SW11 设为 ON，无半流功能。半流功能是指驱动器在 100ms 内无脉冲输入时，输出相电流减小到额定值的 60%，可防止电机发热。通常设置为 OFF。

③ 电机每转步数设置。SW13、5、6 可用于设置电机每转步数，见表 8-12。

表 8-12　电机每转步数设置

开关＼步距角	3000 0.12	6000 0.06	8000 0.045	12000 0.03	2000 0.18	4000 0.09	5000 0.072	10000 0.036
SW1-3	OFF	OFF	OFF	OFF	ON	ON	ON	ON
SW1-5	OFF	ON	ON	OFF	OFF	ON	ON	OFF
SW1-6	ON	ON	OFF	OFF	ON	ON	OFF	OFF

本例中，SW2-1、SW2-2、SW2-3、SW2-4 设置为：ON、ON、ON、OFF。SW1-1、SW1-2、SW1-3、SW1-4、SW1-5、SW1-6 设置为：OFF、OFF、ON、ON、OFF、OFF。

6. 调试运行

参数设置完毕后即可调试运行，编制说明书，改造完工。

8.3　液压油缸环缝自动焊接设备的数控化设计示例

环缝焊接是液压油缸焊接中施焊量最大的一种焊接工艺。

1. 数控液压油缸环缝自动焊接设备的主要结构、运动形式、拖动方式与控制要求

如图 8-27 所示，数控液压油缸环缝自动焊接设备主要由门架、主传动系统、进给传动系统、数控系统、焊枪摆动器、滚轮架、焊接电源、送丝机构等几部分构成。

数控液压油缸环缝自动焊接设备的运动形式有：工件（液压油缸）的旋转运动（主运动），焊枪的上下运动（进给运动）和左右运动以及左右摆动。

主运动要求速度可调、转动角度可调、启动停止无惯量。为满足这些要求，可利用数控系统 Z 轴运动作为主运动，精确地控制其速度（即油缸转速）与位置（即油缸转过的圈数），驱动电机使用步进电动机，通过摆线式减速器，由卡盘驱动工件旋转。转速和定位由快速定位指令"G00 Z（W）"和直线插补指令"G01 Z（W）　F"决定。

进给运动要求上下速度可调、上下进给量自由设定、进给时间间隔任意设定。为满足要求，可利用数控系统 X 轴控制进给运动，精确地控制其上下速度（即焊枪运动速度）与位置（即焊枪移动位置），驱动电机使用步进电动机，X 轴步进电动机由联轴器连接滚珠丝杠螺母副带动托板上下运动，托板上固定焊枪摆动电动机及其摆动机构，焊枪固定

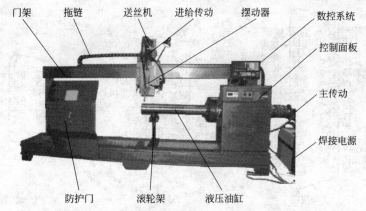

图 8-27　数控液压油缸环缝自动焊接设备外形结构图

在摆动机构上,与托板一起作上下进给运动。左右摆动采用专用焊枪摆动器,可有效控制其摆动角度、摆速、左中右暂停时间。托板拖动摆动机构、焊枪在水平导轨上由手动左右运动。

数控系统分别控制主运动(Z 轴旋转运动)、进给运动(X 轴上下运动)、焊枪摆动启停(M10/M11)及焊接电源启停(M08/M09)等。

2. 数控系统的选择

由于此数控系统用于焊接,所以要求有很强的抗干扰性能;且使用功能不多,所以价格应较低。本例选择南京大地数控 300T 2 轴联动数控系统。其系统技术指标如下。

① 脉冲当量:X:0.001mm(直径量),Z:0.001mm。

② 控制/联动轴数:2 轴控制 2 轴联动。

③ 编程范围:$-99999.999\sim+99999.999$mm。

④ 最大快进速度:步进:10000mm/min,伺服:30000mm/min。最大工进速度:步进:9000mm/min,伺服:20000mm/min。

⑤ 程序容量:2MB 电子盘,共 252 个程序。

⑥ 显示:7in 彩色 LCD(液晶屏),显示无雪花。480×234 点阵,全中文显示。各窗口实时显示当前机床运行及所处状态。

⑦ I/O 口:输入 36 个,经光电隔离。输出 16 个,可直接驱动 24V 直流继电器。每个输出口均带有自恢复熔丝。

300T 数控系统采用数控装置、步进驱动器、电源变压器一体式安装结构。300T 2 轴数控系统后视接口排定义如图 8-28 所示。(不含 X 轴和 Z 轴步进电动机接口以及电源插孔排列图)

步进电动机选用大地配套三相混合式步进电动机,Z 轴 30N·m,X 轴 16N·m。

3. 电路设计

数控液压油缸环缝自动焊接设备主电路和控制电路如图 8-29、图 8-30 所示。

4. 参数设置

本例中的大部分数值按出厂设定值不变(主轴、I/O 端口、其他参数),只有移动轴的个别参数用户可根据具体使用要求,自行设定各参数值。

(1) 数控装置移动轴参数一览表如表 8-13 所示。

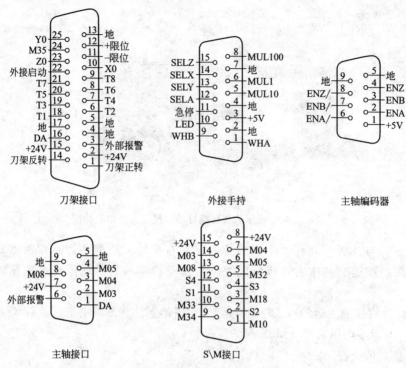

图 8-28　300T 2 轴数控系统后视接口排定义

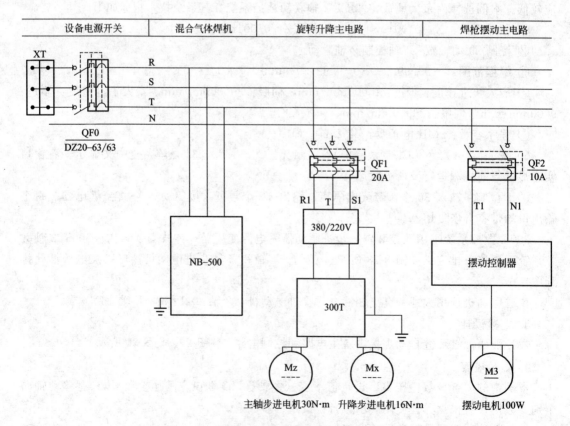

图 8-29　数控液压油缸环缝自动焊接设备主电路

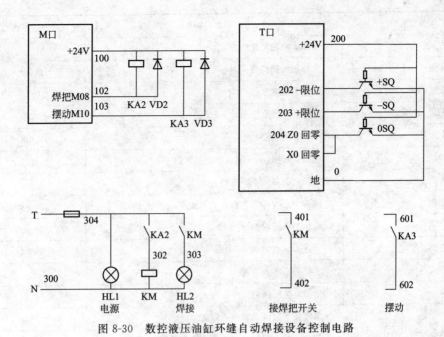

图 8-30　数控液压油缸环缝自动焊接设备控制电路

表 8-13　300T 移动轴参数一览表

参数名称	参数说明	取值范围
X 轴 G00	X 轴 G00 快速移动时速度	1～10000
Z 轴 G00	Z 轴 G00 快速移动时速度	1～10000
切削上限	切削加工时的速度上限	1～10000
手动上限	手动正常移动时的速度上限	0.1～10000
手动高速	手动加速移动时的速度	0.1～10000
速度下限	坐标轴移动的速度下限	0.01～10mm/min
X 轴间隙	X 坐标的间隙补偿量	＜10mm
Z 轴间隙	Z 坐标的间隙补偿量	＜10mm
间补初速	间隙补偿的初速度	＜100mm/min
间补时间	间隙补偿时的加速时间 0 为恒速	50～2000ms
X 轴加速	X 轴加速性能,X 轴电机起步的时间	50～2000ms
Z 轴加速	Z 轴加速性能,Z 轴电机起步的时间	50～2000ms
X 轴减速	X 轴减速性能,X 轴电机降速的时间	50～2000ms
Z 轴减速	Z 轴减速性能,Z 轴电机降速的时间	50～2000ms
X 轴齿轮比	X 坐标的指令倍乘比和分频系数	±1/127～±127
Z 轴齿轮比	Z 坐标的指令倍乘比和分频系数	±1/127～±127
X 编程	选择 X 坐标编程方式	
驱动类型	系统配置的驱动类型	
手轮方向	选择手轮走步的方向	
输出走步	同一段内输出延时期间是否同时走步	

续表

参数名称	参数说明	取值范围
限位方式	选择运动轴限位的方式	
X＋限位	X 轴正向限位值	−20000～20000mm
X−限位	X 轴负向限位值	20000～20000mm
Z＋限位	Z 轴正向限位值	−20000～20000mm
Z−限位	Z 轴负向限位值	−20000～20000mm
旋转轴	选择旋转轴，＋−限位设定整圈值	
回零方向	选择返回参考点时方向	
回零低速	回参考点时接近零点开关的低速	0.1～100mm/min
参考点 X	到达参考点时的 X 坐标	−10000～10000mm
参考点 Z	到达参考点时的 Z 坐标	−10000～10000mm
回零方式	选择回参考点方式	
限位停	限位发生时运动轴停止方式	
急停	急停按下时运动轴停止方式	
波开启动	三位开关拨到启动时是否再按启动键	

（2）步进电机电流，每转步数、驱动方式调整　300T 数控系统配 YB306 驱动板，该驱动板上有三个指示状态的发光二极管。红色发光二极管：报警指示灯。驱动器出现过流保护、过压保护、欠压保护、短路保护、上电和关电时此红色发光二极管亮。此时电机相电流为零，电机处于自由状态。

绿色发光二极管 1：此发光管紧挨红色发光二极管，为脉冲指示发光管。每接收 4 个脉冲，此二极管亮一次。连续接收脉冲时，此管常亮。当接收脉冲数为 4 的倍数时，即使之后无脉冲，此管也亮。

绿色发光二极管 2：此发光二极管为电源指示，通电时，该绿管亮。

B306 驱动器共有 8 个拨码开关，分别标有数字 1～8。其中开关 1、2、3 用于设置电机的相电流（步进电动机端部标有相电流值），分别对应见表 8-14。

表 8-14　电机的相电流设置

开关 ＼ 相电流 A	1.2	2.3	2.7	3.3	3.7	4.5	4.9	5.8
开关 1	OFF	OFF	ON	OFF	ON	OFF	ON	ON
开关 2	OFF	OFF	OFF	ON	OFF	ON	ON	ON
开关 3	OFF	ON	OFF	OFF	ON	ON	OFF	ON
	配 90 系列电机			配 110 系列电机				
						配 130 系列电机		

本例 X 轴相电流 3.0A；Z 轴相电流 5.0A。

拔码开关 4 处在 ON 时，只要一有驱动脉冲，电机就处于全电流状态；拨到 OFF 时，当输入到驱动板的脉冲频率小于 800Hz 时，输出电流只有实际设定值的 60%，这主要用于减少电机低频振动和发热。

X 轴每转步数设置见表 8-15。

表 8-15 *X* 轴电机每转对应的步数

电机减速比 ＼ 丝杠螺距	2mm	3mm	4mm	5mm	6mm
1∶1	4000 步	6000 步	8000 步	10000 步	12000 步
4∶3	3000 步	—	6000 步	—	—
3∶2	—	4000 步	—	—	8000 步

本例丝杠螺距 6mm，电机减速比 1∶1，所以 *X* 轴每转步数 12000 步。

Z 轴每转步数设置见表 8-16。

表 8-16 *Z* 轴电机每转对应的步数

电机减速比 ＼ 丝杠螺距	3mm	4mm	5mm	6mm	10mm	12mm
1∶1	3000 步	4000 步	5000 步	6000 步	10000 步	—
4∶3	—	3000 步	—	—	—	—
3∶2	2000 步	—	—	4000 步	—	8000 步

本例丝杠螺距 10mm，电机减速比 1∶1，所以 *Z* 轴每转步数 10000 步。

拔码开关 5、6、7 可设置电机每转对应的步数。对应见表 8-17。

表 8-17 电机每转对应的步数

开关 ＼ 每转步数	12000	10000	8000	6000	5000	4000	3000	1200
开关 5	ON	OFF	OFF	OFF	OFF	ON	ON	ON
开关 6	ON	OFF	OFF	ON	ON	OFF	OFF	ON
开关 7	ON	OFF	ON	OFF	ON	OFF	ON	OFF

本例 *X* 轴 ON，ON，ON；*Z* 轴 OFF，OFF，OFF。

5. 调试运行

参数设置完毕后即可调试运行，编制说明书。

思考题及习题

8-1 专用数控系统和通用数控系统各有什么特点？适合什么样的操作人员？

8-2 简述数控系统输入接口与输入开关的连接方法。

8-3 简述数控系统输出接口与输出继电器的连接方法。

8-4 简述数控系统强电回路的设计方法。

参 考 文 献

[1] 常晓玲 . 电气控制系统与可编程控制器 . 北京：机械工业出版社，2005.

[2] 许翏，王淑英 . 电气控制与 PLC 应用 . 北京：机械工业出版社，2005.

[3] 廖兆荣 . 数控机床电气控制 . 北京：高等教育出版社，2005.

[4] 姚永刚 . 数控机床电气控制 . 西安：西安电子科技大学出版社，2006.

[5] 朱仕学编著 . 数控机床系统故障诊断与维修 . 北京：清华大学出版社，2007.

[6] 陈吉红，杨克冲主编 . 数控机床实验指南 . 武汉 . 华中科技大学出版社，2003.